小城镇污水处理厂的
运行管理

XIAOCHENGZHEN
WUSHUI CHULICHANG DE
YUNXING GUANLI

李亚峰　马学文　李倩倩　等编著

（第二版）

化学工业出版社
·北京·

本书共分为13章，主要内容包括小城镇污水的水质指标与排放标准、小城镇污水处理技术与工艺系统、小城镇污水厂的试运行、处理构筑物的构造及功能、处理构筑物经常出现的问题以及解决这些问题的措施办法、小城镇污水处理常用机械设备维护和保养、小城镇污水处理厂自动控制系统以及污水处理厂的分析监测和安全生产的基本要求。

　　本书可供从事小城镇污水处理的管理人员、技术人员、工人学习使用，也可供高等学校市政工程、环境工程等相关专业师生参考，还可以作为小城镇污水处理厂工程管理技术人员和操作工上岗培训的教材。

图书在版编目（CIP）数据

小城镇污水处理厂的运行管理/李亚峰等编著. —2 版. —北京：化学工业出版社，2017.11（2023.6 重印）
ISBN 978-7-122-30591-6

Ⅰ.①小…　Ⅱ.①李…　Ⅲ.①小城镇-污水处理厂-运行
Ⅳ.①X505

中国版本图书馆 CIP 数据核字（2017）第 221033 号

责任编辑：董　琳　　　　　　　　　　　　装帧设计：韩　飞
责任校对：宋　夏

出版发行：化学工业出版社（北京市东城区青年湖南街 13 号　邮政编码 100011）
印　　装：北京天宇星印刷厂
787mm×1092mm　1/16　印张 15　字数 377 千字　　2023 年 6 月北京第 2 版第 2 次印刷

购书咨询：010-64518888　　　　　　　　　售后服务：010-64518899
网　　址：http://www.cip.com.cn
凡购买本书，如有缺损质量问题，本社销售中心负责调换。

定　　价：98.00 元　　　　　　　　　　　　版权所有　违者必究

前　言

　　近几年国家越来越重视小城镇污水处理，投入使用的小城镇污水处理厂的数量也越来越多。同时，对小城镇污水处理厂的运行管理要求也越来越高。为了满足小城镇污水处理厂工程管理技术人员和操作工上岗培训的需求，在本书第一版的基础上，结合小城镇污水处理技术的发展和应用情况对原书进行了重新编著。

　　本书第二版仍然坚持第一版的编著风格，以小城镇污水处理厂运行管理、设备检修维护为重点，紧密结合城镇污水处理厂运行、维护及安全技术规程（CJJ 60—2011），突出实用性和针对性。在结构上做了一定的调整，由原来的 12 章改为 13 章，使得知识结构更加合理。在内容上进行了有机地整合，并增加了人工湿地运行管理等一些新的内容。

　　本书共分为 13 章，主要内容包括小城镇污水的水质指标与排放标准、小城镇污水处理技术与工艺系统、小城镇污水厂的试运行、处理构筑物的构造及功能、处理构筑物经常出现的问题以及解决这些问题的措施办法、小城镇污水处理常用机械设备维护和保养、小城镇污水处理厂自动控制系统以及污水处理厂的分析监测和安全生产的基本要求。本书可供从事小城镇污水处理的管理人员、技术人员、工人使用，也可以作为小城镇污水处理厂工程管理技术人员和操作工上岗培训的教材。

　　本书第 1 章、第 2 章由李亚峰、李倩倩编著；第 3 章、第 4 章由李亚峰、马学文编著；第 5 章、第 6 章由吴娜娜、杨曦编著；第 7 章、第 8 章由唐婧、陈金楠编著；第 9 章、第 12 章由刘军、马学文编著；第 10 章由张文文、冯宁编著；第 11 章、第 13 章由马学文、武利编著。全书最后由李亚峰统编、定稿。

　　由于编者知识水平有限，对于书中缺点和不妥之处，请读者不吝指教。

编著者

2017 年 6 月

第一版前言

　　近年来，投入使用的小城镇污水处理厂的数量迅速增加，小城镇污水处理厂的运行管理也越来越重要。而且随着新设备和新技术在小城镇处理厂的广泛应用，对工程技术员和操作工人的要求也越来越高。为了提高小城镇污水处理厂的运行管理水平，更好地发挥污水处理设施的作用，提高污水处理厂技术人员和操作工人的素质和能力非常重要。

　　本书针对小城镇污水处理厂的工艺特点，重点介绍小城镇污水处理厂的运行管理，同时也系统地介绍了适用于小城镇污水处理厂的处理工艺及基本原理。另外，对小城镇污水处理厂处理设施运行和管理中容易遇到的问题和解决办法进行了全面的归纳和总结。

　　本书共分为 12 章。第 1 章、第 2 章、第 3 章、第 4 章由李亚峰、刘元编著；第 5 章、第 6 章由刘强、李亚峰编著；第 7 章、第 8 章由李亚峰、杨辉编著；第 9 章、第 11 章、第 12 章由李亚峰、班福忱编著；第 10 章由马学文编著。全书最后由李亚峰统稿定稿。

　　由于编者时间有限，书中难免存在疏漏之处，请读者不吝指教。

编著者

2011 年 1 月

目 录

第1章 总论

1.1 小城镇污水的特点

小城镇排放的污水一般由居民日常生活、小型餐饮服务、小型轻工业和手工业生产以及公共卫生服务设施排放的污水组成；污染物质主要有 SS、COD、BOD、TN、TP、动植物油和粪大肠菌群。小城镇排放的污水水质和水量受地区生活习惯、经济发展水平及设施完善程度的不同而有一定差异。

小城镇排放的污水有以下几个特点。

① 人口少，用水量标准较低，污水处理规模小。小城镇污水处理规模多集中在2000～5000 m^3/d，一般不超过 20000 m^3/d。

② 排水纳污面积小，污水量少，因此变化系数大，进水水质、水量波动都较大，在选择污水处理工艺时需要选择耐冲击的污水处理工艺。

③ 多数小城镇的工业废水、生活污水合流排放，且由于受到小城镇经济条件的制约，部分工业企业超标排放，给水质造成一定冲击。

④ 所在城市的发展可能出现跳跃式的发展，近期污水量比较少，规划远期污水量较大。

⑤ 粪便水占排放污水比例大，生活污水中尽管含的粪便量不大，但却是严重的污染源。目前粪便污水的去向：一是清运到郊区或蔬菜基地作肥料，二是经城市下水管道排放。

对于小城镇家庭厕所分为老式旱厕和新式水厕。新式水厕对于粪便污水采取全部排放方式。老式旱厕比较复杂：有排放的，有清运的，而有的则有时排放有时清运。而旱厕中清运的只占30%，其余70%的旱厕粪便则以污水引入下水道排走。这样每天数十吨乃至数百吨粪便污水由下水道排入江河，严重地污染了江河的水质，给人民的健康造成了很大的影响。

⑥ 污水、雨水没有完全分流，收集的污水还带有一定的雨水入流和地下水的入渗，水质浓度偏低。表1-1是一些小城镇的污水水质情况。

表 1-1　部分中小城镇的污水水质特性　　　　　　　单位：mg/L

中小城镇		SS	BOD₅	COD	TN	NH₄⁺-N	TP
黑龙江	大庆乘风庄	78.1～168.5	46.3～89.4	112.1～205.6	23.2～28.6	15.6～23.4	4.5～7.3
	绥化城关镇	118.2～213.4	86.2～102.1	207.3～235.6	25.7～32.5	21.2～28.9	5.1～8.4
	安达城关镇	103.2～185.3	112.6～36.5	234.6～311.8	35.6～48.7	30.2～36.9	5.6～9.1
山东	广饶城关镇	158.6～290.3	86.3～125.1	183.1～313.2	39.6～36.8	18.4～24.5	3.2～6.8
	东营西城	56.4～89.5	36.4～74.5	83.5～154.3	26.5～31.4	16.4～24.2	3.9～7.2
	胶州城关镇	268.5～389.5	223.4～356.7	458.3～693.1	50.3～62.4	32.5～43.1	4.9～10.5

	中小城镇	SS	BOD$_5$	COD	TN	NH$_4^+$-N	TP
广东	番禺石桥镇	61.4～142.6	43.2～80.1	89.4～135.2	8.4～38.3	22.5～31.2	3.8～7.8
	佛山镇安	55.4～96.5	38.6～73.2	78.5～146.8	27.5～32.3	20.6～28.4	4.5～7.2
内蒙古	集宁市城关镇	180.5～255.3	78.4～110.2	486.3～210.5	29.2～36.4	21.2～26.5	4.6～8.2
河南	嵩山城关镇	121.5～156.3	68.2～102.1	150.1～232.4	—	18.6～23.2	4.5～7.5

1.2 小城镇污水的水质指标与排放标准

1.2.1 污水的主要污染指标

污水的污染指标是用来衡量水在使用过程中被污染的程度，也称污水的水质指标。下面介绍最常用的几项主要水质指标。

1.2.1.1 生物化学需氧量（BOD）

生物化学需氧量（BOD）是一个反映水中可生物降解的含碳有机物的含量及排到水体后所产生的耗氧影响的指标。它表示在温度为20℃和有氧的条件下，由于好氧微生物分解水中有机物的生物化学氧化过程中消耗的溶解氧量，也就是水中可生物降解有机物物稳定化所需要的氧量，单位为mg/L。BOD不仅包括水中好氧微生物的增长繁殖或呼吸作用所消耗的氧量，还包括了硫化物、亚铁等还原性无机物所耗用的氧量，但这一部分的所占比例通常很小。BOD越高，表示污水中可生物降解的有机物越多。

污水中可降解有机物的转化与温度、时间有关。在20℃的自然条件下，有机物氧化到硝化阶段、即实现全部分解稳定所需时间在100d以上，但实际上常用20℃时20d的生化需氧量BOD$_{20}$近似地代表完全生化需氧量。生产应用中仍嫌20d的时间太长，一般采用20℃时5d的生化需氧量BOD$_5$作为衡量污水有机物含量的指标。

1.2.1.2 化学需氧量（COD）

尽管BOD$_5$是城市污水中常用的有机物浓度指标，但是存在分析上的缺陷：①5天的测定时间过长，难以及时指导实践；②污水中难生物降解的物质含量高时，BOD$_5$测定误差较大；③工业废水中往往含有抑制微生物生长繁殖的物质，影响测定结果。因此有必要采用COD这一指标作为补充或替代。化学需氧量（COD）是指在酸性条件下，用强氧化剂重铬酸钾将污水中有机物氧化为CO$_2$、H$_2$O所消耗的氧量，用COD$_{Cr}$表示，一般写成COD。单位为mg/L。重铬酸钾的氧化性极强，水中有机物绝大部分（约90%～95%）被氧化。化学需氧量的优点是能够更精确地表示污水中有机物的含量，并且测定的时间短，不受水质的限制。缺点是不能像BOD那样表示出微生物氧化的有机物量。另外还有部分无机物也被氧化，并非全部代表有机物含量。

城市污水的COD一般大于BOD$_5$，两者的差值可反映废水中存在难以被微生物降解的有机物。在城市污水处理分析中，常用BOD$_5$/COD的比值来分析污水的可生化性。当BOD$_5$/COD>0.3时，可生化性较好，适宜采用生化处理工艺。

1.2.1.3 悬浮物（SS）

悬浮固体是水中未溶解的非胶态的固体物质，在条件适宜时可以沉淀。悬浮固体可分为有机性和无机性两类，反映污水汇入水体后将发生的淤积情况，其含量的单位为mg/L。因悬浮固体在污水中肉眼可见，能使水浑浊，属于感官性指标。

悬浮固体代表了可以用沉淀、混凝沉淀或过滤等物化方法去除的污染物，也是影响感官性状的水质指标。

1.2.1.4 pH值

酸度和碱度是污水的重要污染指标，用pH值来表示。它对保护环境、污水处理及水工构筑物都有影响，一般生活污水呈中性或弱碱性，工业污水多呈强酸或强碱性。城市污水的pH呈中性，一般为6.5~7.5。pH值的微小降低可能是由于城市污水输送管道中的厌氧发酵；雨季时较大的pH值降低往往是城市酸雨造成的，这种情况在合流制系统尤其突出。pH值的突然大幅度变化不论是升高还是降低，通常是由于工业废水的大量排入造成的。

1.2.1.5 总氮（TN）、氨氮（NH_3-N）、凯氏氮（TKN）

（1）总氮（TN）

为水中有机氮、氨氮和总氧化氮（亚硝酸氮及硝酸氮之和）的总和。有机污染物分为植物性和动物性两类：城市污水中植物性有机污染物如果皮、蔬菜叶等，其主要化学成分是碳（C），由BOD_5表征；动物性有机污染物质包括人畜粪便、动物组织碎块等，其化学成分以氮（N）为主。氮属植物性营养物质，是导致湖泊、海湾、水库等缓流水体富营养化的主要物质，成为废水处理的重要控制指标；

（2）氨氮（NH_3-N）

氨氮是水中以NH_3和NH_4^+形式存在的氮，它是有机氮化物氧化分解的第一步产物。氨氮不仅会促使水体中藻类的繁殖，而且游离的NH_3对鱼类有很强的毒性，致死鱼类的浓度在0.2~2.0mg/L之间。氨也是污水中重要的耗氧物质，在硝化细菌的作用下，氨被氧化成NO_2^-和NO_3^-，所消耗的氧量称硝化需氧量。

（3）凯氏氮（TKN）

是氨氮和有机氮的总和。测定TKN及NH_3-N，两者之差即为有机氮。

1.2.1.6 总磷（TP）

总磷是污水中各类有机磷和无机磷的总和。与总氮类似，磷也属植物性营养物质，是导致缓流水体富营养化的主要物质。受到人们的关注，成为一项重要的水质指标。

1.2.1.7 非重金属无机物质有毒化合物和重金属

（1）氰化物（CN）

氰化物是剧毒物质，急性中毒时抑制细胞呼吸，造成人体组织严重缺氧，对人的经口致死量为0.05~0.12g。

排放含氰废水的工业主要有电镀、焦炉和高炉的煤气洗涤，金、银选矿和某些化工企业等，含氰浓度约20~70mg/L之间。

氰化物在水中的存在形式有无机氰（如氰氢酸HCN、氰酸盐CN^-）及有机氰化物（称为腈，如丙烯腈C_2H_3CN）。

我国饮用水标准规定，氰化物含量不得超过0.05mg/L，农业灌溉水质标准规定为不大于0.5mg/L。

（2）砷（As）

砷是对人体毒性作用比较严重的有毒物质之一。砷化物在污水中存在形式有无机砷化物（如亚砷酸盐AsO_2，砷酸盐AsO_4^{3-}）以及有机砷（如三甲基砷）。三价砷的毒性远高于五价砷，对人体来说，亚砷酸盐的毒性作用比砷酸盐大 60 倍，因为亚砷酸盐能够和蛋白质中的硫反应，而三甲基砷的毒性比亚砷酸盐更大。

砷也是累积性中毒的毒物，当饮水中砷含量大于 0.05mg/L 时就会导致累积。近年来发现砷还是致癌元素（主要是皮肤癌）。工业中排放含砷废水的有化工、有色冶金、炼焦、火电、造纸、皮革等行业，其中以冶金、化工排放砷量较高。

我国饮用水标准规定，砷含量不应大于 0.04mg/L，农田灌溉标准是不高于 0.05mg/L，渔业用水不超过 0.1mg/L。

1.2.1.8 重金属

重金属指原子序数在 21～83 之间的金属或相对密度大于 4 的金属，其中汞（Hg）、镉（Cd）、铬（Cr）、铅（Pb）毒性最大，危害也最大。

（1）汞（Hg）

汞是重要的污染物质，也是对人体毒害作用比较严重的物质。汞是累积性毒物，无机汞进入人体后随血液分布于全身组织，在血液中遇氯化钠生成二价汞盐累积在肝、肾和脑中，在达到一定浓度后毒性发作，其毒理主要是汞离子与酶蛋白的硫结合，抑制多种酶的活性，使细胞的正常代谢发生障碍。

甲基汞是无机汞在厌氧微生物的作用下转化而成的。甲基汞在体内约有 15％累积在脑内，侵入中枢神经系统，破坏神经系统功能。

含汞废水排放量较大的是氯碱工业，因其在工艺上以金属汞作流动阴电极，以制成氯气和苛性钠，有大量的汞残留在废盐水中。聚氯乙烯、乙醛、醋酸乙烯的合成工业均以汞作催化剂，因此上述工业废水中含有一定数量的汞。此外，在仪表和电气工业中也常使用金属汞，因此也排放含汞废水。

我国饮用水、农田灌溉水都要求汞的含量不得超过 0.001mg/L，渔业用水要求更为严格，不得超过 0.0005mg/L。

（2）镉（Cd）

镉也是一种比较广泛的污染物质。

镉是一种典型的累积富集型毒物，主要累积在肾脏和骨骼中，引起肾功能失调，骨质中钙被镉所取代，使骨骼软化，造成自然骨折，疼痛难忍。这种病潜伏期长，短则 10 年，长则 30 年，发病后很难治疗。

每人每日允许摄入的镉量为 0.057～0.071mg。我国饮用水标准规定，镉的含量不得大于 0.01mg/L，农业用水与渔业用水标准则规定要小于 0.005mg/L。

镉主要来自采矿、冶金、电镀、玻璃、陶瓷、塑料等生产部门排出的废水。

（3）铬（Cr）

铬也是一种较普遍的污染物。铬在水中以六价和三价 2 种形态存在，三价铬的毒性低，作为污染物质所指的是六价铬。人体大量摄入能够引起急性中毒，长期少量摄入也能引起慢性中毒。

六价铬是卫生标准中的重要指标，饮用水中的浓度不得超过 0.05mg/L，农业灌溉用水与渔业用水应小于 0.1mg/L。

排放含铬废水的工业企业主要有电镀、制革、铬酸盐生产以及铬矿石开采等。电镀车间是产生六价铬的主要来源，电镀废水中铬的浓度一般在 50～100mg/L。生产铬酸盐的工厂，其废水中六价铬的含量一般在 100～200mg/L 之间。皮革鞣制工业排放的废水中六价铬的含量约为 40mg/L。

（4）铅（Pb）

铅对人体也是累积性毒物。据美国资料报道，成年人每日摄取铅低于 0.32mg 时，人体可将其排除而不产生积累作用；摄取 0.5～0.6mg，可能有少量的累积，但尚不至于危及健康；如每日摄取量超过 1.0mg，即将在体内产生明显的累积作用，长期摄入会引起慢性中毒。其毒理是铅离子与人体内多种酶络合，从而扰乱了机体多方面的生理功能，可危及神经系统、造血系统、循环系统和消化系统。

我国饮用水、渔业用水及农田灌溉水都要求铅的含量小于 0.1mg/L。

铅主要含于采矿、冶炼、化学、蓄电池、颜料工业等排放的废水中。

1.2.1.9 微生物指标

污水生物性质的检测指标有大肠菌群数（或称大肠菌群值）、大肠菌群指数、病毒及细菌总数。

（1）大肠菌群数（大肠菌群值）与大肠菌群指数

大肠菌群数（大肠菌群值）是每升水样中所含有的大肠菌群的数目，以个/L 计；大肠菌群指数是查出 1 个大肠菌群所需的最少水量，以毫升（mL）计。可见大肠菌群数与大肠菌群指数是互为倒数，即

$$大肠菌群指数 = \frac{1000}{大肠菌群数} \text{（mL）} \tag{1-1}$$

若大肠菌群数为 500 个/L，则大肠菌群指数为 1000/500 等于 2mL。

大肠菌群数作为污水被粪便污染程度的卫生指标，原因有两个：①大肠菌与病原菌都存在于人类肠道系统内，它们的生活习性及在外界环境中的存活时间都基本相同。每人每日排泄的粪便中含有大肠菌约 $10^{11} \sim 4 \times 10^{11}$ 个，数量大大多于病原菌，但对人体无害。②由于大肠菌的数量多，且容易培养检验，但病原菌的培养检验十分复杂与困难。故此，常采用大肠菌群数作为卫生指标。水中存在大肠菌，就表明受到粪便的污染，并可能存在病原菌。

（2）病毒

污水中已被检出的病毒有 100 多种。检出大肠菌群，可以表明肠道病原菌的存在，但不能表明是否存在病毒及其他病原菌（如炭疽杆菌）。因此还需要检验病毒指标。病毒的检验方法目前主要有数量测定法与蚀斑测定法两种。

（3）细菌总数

细菌总数是大肠菌群数，病原菌，病毒及其他细菌数的总和，以每毫升水样中的细菌菌落总数表示。细菌总数愈多，表示病原菌与病毒存在的可能性愈大。因此用大肠菌群数、病毒及细菌总数等 3 个卫生指标来评价污水受生物污染的严重程度就比较全面。

1.2.2 水污染物排放标准

小城镇污水处理的水质目标和污水处理程度是选择污水处理方法、流程的依据。

目前，我国城镇污水处理厂污染物的排放均执行由原国家环境保护总局和国家技术监督检验总局批准发布的《污水处理厂污染物排放标准》（GB 18918—2002）。该标准是专门针对城镇污水处理厂污水、废气、污泥污染物排放制定的国家专业污染物排放标准，适用于城镇污水处理厂污水排放、废气的排放和污泥处置的排放与控制管理。根据国家综合排放标准与国家专业排放标准不交叉使用的原则，该标准实施后，城镇污水处理厂污水、废气和污泥的排放不再执行综合排放标准。

该标准将城镇污水污染物控制项目分为两类。

第一类为基本控制项目，主要是对环境产生较短期影响的污染物，也是城镇污水处理厂常规处理工艺能去除的主要污染物，包括 BOD、COD、SS、动植物油、石油类、LAS、总氮、氨氮、总磷、色度、pH 值和粪大肠菌群数共 12 项，一类重金属汞、烷基汞、镉、铬、六价铬、砷、铅共 7 项。

第二类为选择控制项目，主要是对环境有较长期影响或毒性较大的污染物，或是影响生物处理、在城市污水处理厂又不易去除的有毒有害化学物质和微量有机污染物如酚、氰、硫化物、甲醛、苯胺类、硝基苯类、三氯乙烯、四氯化碳等 43 项。

该标准制定的技术依据主要是处理工艺和排放去向，根据不同工艺对污水处理程度和受纳水体功能，对常规污染物排放标准分为三级：一级标准、二级标准、三级标准。一级标准分为 A 标准和 B 标准。一级标准是为了实现城镇污水资源化利用和重点保护饮用水源的目的，适用于补充河湖景观用水和再生利用，应采用深度处理或二级强化处理工艺。二级标准主要是以常规或改进的二级处理为主的处理工艺为基础制定的。三级标准是为了在一些经济欠发达的特定地区，根据当地的水环境功能要求和技术经济条件，可先进行一级半处理，适当放宽的过渡性标准。一类重金属污染物和选择控制项目不分级。

一级标准的 A 标准是城镇污水处理厂出水作为回用水的基本要求。当污水处理厂出水引入稀释能力较小的河湖作为城镇景观用水和一般回用水等用途时，执行一级标准的 A 标准。

城镇污水处理厂出水排入 GB 3838 地表水 Ⅲ 类功能水域（划定的饮用水水源保护区和游泳区除外）、GB 3097 海水二类功能水域和湖、库等封闭或半封闭水域时，执行一级标准的 B 标准。

城镇污水处理厂出水排入 GB 3838 地表水 Ⅳ、Ⅴ 类功能水域或 GB 3097 海水三、四类功能海域，执行二级标准。

非重点控制流域和非水源保护区的建制镇的污水处理厂，根据当地经济条件和水污染控制要求，采用一级强化处理工艺时，执行三级标准。但必须预留二级处理设施的位置，分期达到二级标准。

城镇污水处理厂水污染物排放基本控制项目，执行表 1-2 和表 1-3 的规定。选择控制项目按表 1-4 的规定执行。

表 1-2 基本控制项目最高允许排放浓度（日均值）　　　　　单位：mg/L

序号	基本控制项目		一级标准		二级标准	三级标准
			A 标准	B 标准		
1	化学需氧量（COD）		50	60	100	120①
2	生化需氧量（BOD₅）		10	20	30	60①
3	悬浮物（SS）		10	20	30	50
4	动植物油		1	3	5	20
5	石油类		1	3	5	15
6	阴离子表面活性剂		0.5	1	2	
7	总氮（以 N 计）		15	20		
8	氨氮（以 N 计）②		5(8)	8(15)	25(30)	
9	总磷（以 P 计）	2005 年 12 月 31 日前建设的	1	1.5	3	5
		2006 年 1 月 1 日起建设的	0.5	1	3	5
10	色度（稀释倍数）		30	30	40	50
11	pH 值		6,9			
12	粪大肠菌群数/（个/L）		10^3	10^4	10^4	

① 下列情况下按去除率指标执行：当进水 COD>350mg/L 时，去除率应大于 60%；BOD>160mg/L 时，去除率应大于 50%。

② 括号外数值为水温>12℃时的控制指标，括号内数值为水温≤12℃时的控制指标。

表 1-3 部分一类污染物最高允许排放浓度（日均值） 单位：mg/L

序号	项目	标准值	序号	项目	标准值
1	总汞	0.001	5	六价铬	0.05
2	烷基汞	不得检出	6	总砷	0.1
3	总镉	0.01	7	总铅	0.1
4	总铬	0.1			

表 1-4 选择控制项目最高允许排放浓度（日均值） 单位：mg/L

序号	选择控制项目	标准值	序号	选择控制项目	标准值
1	总镍	0.05	23	三氯乙烯	0.3
2	总铍	0.002	24	四氯乙烯	0.1
3	总银	0.1	25	苯	0.1
4	总铜	0.5	26	甲苯	0.1
5	总锌	1.0	27	邻二甲苯	0.4
6	总锰	2.0	28	对二甲苯	0.4
7	总硒	0.1	29	间二甲苯	0.4
8	苯并[a]芘	0.00003	30	乙苯	0.4
9	挥发酚	0.5	31	氯苯	0.3
10	总氰化物	0.5	32	1,4-二氯苯	0.4
11	硫化物	1.0	33	1,2-二氯苯	1.0
12	甲醛	1.0	34	对硝基氯苯	0.5
13	苯胺类	0.5	35	2,4-二硝基氯苯	0.5
14	总硝基化合物	2.0	36	苯酚	0.3
15	有机磷农药(以 P 计)	0.5	37	间甲酚	0.1
16	马拉硫磷	1.0	38	2,4-二氯酚	0.6
17	乐果	0.5	39	2,4,6-三氯酚	0.6
18	对硫磷	0.05	40	邻苯二甲酸二丁酯	0.1
19	甲基对硫磷	0.2	41	邻苯二甲酸二辛酯	0.1
20	五氯酚	0.5	42	丙烯腈	2.0
21	三氯甲烷	0.3	43	可吸附有机卤化物(AOX 以 Cl 计)	1.0
22	四氯化碳	0.03			

在确定小城镇污水处理厂排放标准时，应根据污水处理厂出水的利用情况、受纳水体水域使用功能的环境保护要求以及当地的技术经济条件综合考虑。

对于一些城镇化发展中的地区而言，建设及运营资金短缺，土地资源紧张，有限的投资与较高的排放标准存在一定的矛盾。但我国目前尚无小城镇的污水排放标准，能否将小城镇的污水排放标准进行调整或放宽，也是目前大家十分关心的问题。

1.2.3 污水再生回用水质标准

污水再生利用水质标准应根据不同的用途具体确定。

再生水用于冲厕、道路清扫、消防、城市绿化、车辆冲洗、建筑施工等杂用的水质应符合《城市污水再生利用　城市杂用水水质》（GB/T 18920—2002）的规定，见表 1-5。再生水用于景观环境用水的水质应符合国家标准《城市污水再生利用　景观环境用水水质》（GB/T 18921—2002）的规定，见表 1-6。再生水用于农田灌溉的水质应符合国家标准《农田灌溉水质标准》（GB 5084）的规定，见表 1-7。再生水用作冷却用水的水质指标应符合表1-8 的要求。

再生水用于工业用水中的洗涤用水、锅炉用水、工艺用油田注水时，其水质应达到相应的水质标准。当无相应标准可通过试验、类比调查或参照以天然水为水源的水质标准确定。

表 1-5　城镇杂用水水质标准

项目		冲厕	道路清扫、消防	城市绿化	车辆冲洗	建筑施工
pH 值	≤	6.0~9.0				
色度/度	≤	30				
臭		无不快感觉				
浊度/NTU	≤	5	10	10	5	20
溶解性固体/(mg/L)	≤	1500	1500	1000	1000	—
BOD$_5$/(mg/L)	≤	10	15	20	10	15
氨氮(以 N 计)/(mg/L)	≤	10	10	20	10	20
阴离子表面活性剂/(mg/L)	≤	1.0	1.0	1.0	0.5	1.0
铁/(mg/L)	≤	0.3	—	—	0.3	—
锰/(mg/L)	≤	0.1	—	—	0.1	—
溶解氧/(mg/L)	≥	1.0				
总余氯/(mg/L)	≤	接触30min后≥1.0,管网末端≥0.2				
总大肠菌群指数/(个/L)	≤	3				

注：混凝土拌和水还应符合 JGJ 63 的规定。

表 1-6　景观环境用水的再生水水质指标

序号	项目	观赏性景观环境用水			娱乐性景观环境用水		
		河道类	湖泊类	水景类	河道类	湖泊类	水景类
1	基本要求	无漂浮物,无令人不愉快的嗅和味					
2	pH 值(无量纲)	6~9					
3	5 日生化需氧量(BOD$_5$)/(mg/L) ≤	10	6		6		
4	悬浮物(SS)/(mg/L) ≤	20	10		—①		
5	浊度/NTU ≤	—①			5.0		
6	溶解氧/(mg/L) ≥	1.5			2.0		
7	总磷(以 P 计)/(mg/L) ≤	1.0	0.5		1.0	0.5	
8	总氮/(mg/L) ≤	15					
9	氨氮(以 N 计)/(mg/L) ≤	5					
10	粪大肠菌群/(个/L) ≤	10000	2000	500	不得检出		
11	余氯②/(mg/L) ≥	0.05					
12	色度/度 ≤	30					
13	石油类/(mg/L) ≤	1.0					
14	阴离子表面活性剂/(mg/L) ≤	0.5					

①"—"表示对此项无要求。

②氯接触时间不应低于 30min 的余氯。对于非加氯方式无此项要求。

注：1. 对于需要通过管道输送再生水的非现场回用情况采用加氯消毒方式；而对于现场回用情况不限制消毒方式。

2. 若使用未经过除磷脱氮的再生水作为景观环境用水，鼓励使用本标准的各方在回用地点积极探索通过人工培养具有观赏价值水生植物的方法，使景观水的氮磷满足表中的要求，使再生水中的水生植物有经济合理的出路。

表 1-7　农田灌溉水质标准

项目		水 作	旱 作	蔬 菜
五日生化需氧量(BOD$_5$)/(mg/L)	≤	60	100	40①,15②
化学需氧量(COD$_{Cr}$)/(mg/L)	≤	150	200	100①,60②
悬浮物/(mg/L)	≤	80	100	60①,15②
阴离子表面活性剂(LAS)/(mg/L)	≤	5	8	5

项目		水 作	旱 作	蔬 菜
水温/℃	≤	35		
pH 值		5.5～8.5		
全盐量/(mg/L)	≤	1000[②](非盐碱土地区)2000[③](盐碱土地区)		
氯化物/(mg/L)	≤	350		
硫化物/(mg/L)	≤	1		
总汞/(mg/L)	≤	0.001		
镉/(mg/L)	≤	0.01		
总砷/(mg/L)	≤	0.05	0.1	0.05
铬(六价)/(mg/L)	≤	0.1		
铅/(mg/L)	≤	0.2		
铜/(mg/L)	≤	0.5	1	
锌/(mg/L)	≤	2		
硒/(mg/L)	≤	0.02		
氟化物/(mg/L)	≤	2(一般地区),3(高氟区)		
氰化物/(mg/L)	≤	0.5		
石油类/(mg/L)	≤	5	10	1
挥发酚/(mg/L)	≤	1		
苯/(mg/L)	≤	2.5		
三氯乙醛/(mg/L)	≤	1	0.5	0.5
丙烯醛/(mg/L)	≤	0.5		
硼/(mg/L)	≤	1.(对硼敏感作物,如黄瓜、豆类、马铃薯、笋瓜、韭菜、洋葱、柑橘等) 2.(对硼耐受性较强的作物,如小麦、玉米、青椒、小白菜、葱等) 3.(对硼耐受性强的作物,如水稻、萝卜、油菜、甘蓝等)		
粪大肠菌群数/(个/100mL)	≤	4000	4000	2000[①],1000[②]
蛔虫卵数/(个/L)	≤	2		2[①],1[②]

① 加工、烹调及去皮蔬菜。

② 生食类蔬菜、瓜类和草本水果。

③ 具有一定的水利灌排设施,能保证一定的排水和地下水径流条件的地区,或有一定淡水资源能满足冲洗土体中盐分的地区,农田灌溉水质全盐量指标可以适当放宽。

表 1-8　再生水用作冷却用水的水质指标

序号	项目		分类	
			直流冷却水	循环冷却系统补充水
1	pH 值		6.0～9.0	6.5～9.0
2	SS/(mg/L)	≤	30	
3	浊度/NTU	≤		3
4	BOD$_5$/(mg/L)	≤	30	10
5	COD$_{Cr}$/(mg/L)	≤		60
6	铁/(mg/L)	≤		0.3
7	锰/(mg/L)	≤		0.2
8	Cl$^-$/(mg/L)	≤	300	250
9	总硬度(以 CaCO$_3$ 计)/(mg/L)	≤	850	450
10	总碱度(以 CaCO$_3$ 计)/(mg/L)	≤	500	350
11	氨氮/(mg/L)	≤		10[①]
12	总磷(以 P 计)/(mg/L)	≤		1
13	溶解性总固体/(mg/L)	≤	1000	1000
14	游离余氯/(mg/L)		末端 0.1～0.2	末端 0.1～0.2
15	粪大肠菌群/(个/L)	≤	2000	2000

① 当循环冷却系统为铜材换热器时,循环冷却系统水中的氨氮指标应小于 1mg/L。

1.3 小城镇污水处理厂运行管理的内容

小城镇污水厂的运行管理的主要内容如下。

① 污水厂运行所需的技术人员、操作工人的培训；污水厂各种处理单元所需化学药剂的准备；污水处理工艺控制及设备维护所应有的技术准备等。

② 编制污水、污泥处理的运行控制方案和阶段执行计划，以便使生产有据可依，也有利于企业节能降耗，提高管理效益。

③ 合理安排运行过程中操作岗位，并做好各岗位之间的协调，制订好岗位责任制和岗位操作规程。

④ 对运行过程实行全面控制，包括进度、消耗、成本、质量、故障等的控制。

1.4 小城镇污水处理厂运行管理的技术经济指标和运行报表

1.4.1 技术指标

（1）处理污水量

污水处理厂的处理污水量一般要记录每日平均时流量、最大时流量、平均日流量、年流量等。

（2）污染物去除指标

包括 COD_{Cr}、BOD_5、SS、TN、$NH_3\text{-}N$、TP 等污染物指标的总去除量、去除率。必要时应分析主要处理单元的污染物去除指标。

（3）出水水质达标率

出水水质达标率是全年出水水质达标天数与全年总运行天数之比。一般要求出水质达标率在95%以上。

（4）设备完好率和设备使用率

城市污水处理厂的设备完好率是设备实际完好台数与应当完好台数之比。设备使用率是设备使用台数与设备应当完成台数之比。管理良好的城市污水处理厂的设备完好率应在95%以上，设备使用率则取决于设计、建设时采购安装的容余程度和其后管理改造等因素。较高的设备使用率说明设计、建设和管理合理、经济。

（5）污泥、渣、沼气产量及其利用指数

城市污水厂的预处理与一级处理，每天都要去除栅渣、砂及浮渣。运行记录应有各种设施或设备的渣、砂净产量及单位产量。

不论是污泥干重或湿重产量，一般都与污水水质、污水处理工艺、污泥处理工艺有关，应记录其湿、干污泥和总产量、单位产量及污泥利用产量等指标。若采用传统活性污泥法处理污水，每处理 $1000m^3$ 污水可由带式脱水机产生湿泥、污泥饼 $0.7m^3$（含水率75%～80%）。

当生污泥进行厌氧消化时，均会产生沼气。一般每消化 1.0kg 的挥发性有机物可产生

$0.75 \sim 1.0 m^3$ 的沼气。沼气的甲烷含量约 $55\% \sim 70\%$，热值约为 $23MJ/m^3$。运行指标应包括沼气产量、单位沼气产量、沼气利用量。

1.4.2 经济指标

（1）电耗

包括污水厂全天消耗的电量、每处理 1t 污水的电耗，各处理单元（包括污泥处理部分）的电耗。

（2）药材消耗指标

包括各种药品、水、蒸汽和其他消耗材料的总用量、单位用量指标。

（3）维修费用指标

各种机电设备检查、养护、维修费用指标。

（4）产品收益指标

沼气、污泥或再生水等副产品销售量、销售收入指标。

（5）处理成本指标

城市污水厂处理污水污泥发生的各种费用之和扣去副产品销售收益后的费用，为污水处理成本，并计算单位污水处理成本。

1.4.3 运行记录与报表

污水厂的运行记录及报表能够反映一个城市污水厂每日或全年处理污水处理量，处理效果，节能降耗情况，处理过程出现的异常现象和采用的解决方式与结果等。城市污水厂的原始记录与报表是一项重要的文字记录与档案材料，可为管理人员提供直接的运转数据、设备数据、财务数据、分析化验数据，可依靠这些数据对工艺进行计算与调整，对设施设备状况进行分析、判断，对经营情况进行调整，并据此而提出设施设备维修计划，或据此进行下一步的生产调度。

1.4.3.1 生产运行记录

（1）生产运行记录应如实反映全厂设备、设施、工艺及生产运行情况，并应包括下列内容。

① 化验结果报告和原始记录；

② 各类设备、仪器、仪表运行记录；

③ 运行工艺控制参数记录；

④ 生产运行计量及材料消耗记录；

⑤ 库存材料、设备、备件等库存记录。

（2）每班应有真实、准确，字迹清晰且用碳素墨水笔填写的值班记录，并应由责任人签字。

（3）记录应由相关人员审核无误并签名确认后方可按月归档。

1.4.3.2 计划、统计报表

（1）城镇污水处理厂应执行计划、统计报表和报告制度。

（2）计划报表应根据城镇污水处理厂正常运行的需要，全面反映进出水水量、进出水水质、污泥处理、沼气产量、再生水利用量、能源材料消耗量、维护、维修项目和资金预算等运营指标。

（3）统计报表应依据生产运行及维护、维修记录，全面反映城镇污水处理厂运行情况。

（4）中控室应结合生产运行工程中的进出水量和水质、用电量、污泥产量、各类材料消耗量及在线工艺运行参数等，生成报表、绘制参数曲线保留一年。

（5）计划、统计报表内容应主要包括生产指标报表、运行成本报表、能源及药剂消耗报表、工艺控制报表以及运行分析等。计划、统计报表应按月、年填报。

（6）报告制度：应包括：生产运营计划执行情况、安全生产、设施和设备大修及更新、信息上报和财务年度预、决算等。分析报告应按月、年完成。

（7）报表应经审批、签字、盖章后方可报出。

1.4.3.3 维护、维修记录

（1）运行管理中应建立健全电气、仪表、机械设备的台账。

（2）维护、维修记录应包括下列内容。

① 电气、仪表、机械设备累计运行台时记录。

② 电气、仪表、机械设备维修及保养记录。

③ 设施维护、维修记录。

1.4.3.4 交接班记录

（1）交班人员应做好巡视维护、工艺及机组运行、责任区卫生及随班各种工具使用情况等记录。

（2）接班人员应对交班情况做接班意见记录。

（3）交、接双方必须对规定内容逐项交接，双方均确认无误后方可签字。

（4）当遇有事故处理或正在工艺、电器、设备操作过程中，暂不进行交接班，接班人员应协助交班人员处理后方可交接；并应由交班人员整理工作记录，接班人员确认。

（5）遇到异常情况，应在交接班记录中详细记录。

第2章 小城镇污水处理技术与工艺系统

2.1 污水处理的基本方法与工艺

2.1.1 污水处理的基本方法

污水处理的基本方法就是采用各种技术与手段，将污水中所含的污染物质分离去除、回收利用，或将其转化为无害物质，使水得到净化。

现代污水处理技术，按原理可分为物理处理法、化学处理法和生物化学处理法3类。

（1）物理处理法

利用物理作用分离污水中呈悬浮状态的固体污染物质。方法有：筛滤法、沉淀法、上浮法、气浮法，过滤法和反渗透法等。

（2）化学处理法

利用化学反应的作用，分离回收污水中处于各种形态的污染物质（包括悬浮的、溶解的、胶体的等）。主要方法有中和、混凝、电解、氧化还原、气提、萃取、吸附、离子交换和电渗析等。化学处理法多用于处理生产污水。

（3）生物化学处理法

利用微生物的代谢作用，使污水中呈溶解、胶体状态的有机污染物转化为稳定的无害物质。主要方法可分为两大类，即利用好氧微生物作用的好氧法（好氧氧化法）和利用厌氧微生物作用的厌氧法（厌氧还原法）。前者广泛用于处理城镇污水及有机性生产污水，其中有活性污泥法和生物膜法两种；后者多用于处理高浓度有机污水与污水处理过程中产生的污泥，现在也开始用于处理城镇污水与低浓度有机污水。

由于污水中的污染物是多种多样的，因此，在实际工程中，往往需要将几种方法的组合在一起，通过几个处理单元去除污水中的各类污染物，使污水达到排放标准。

2.1.2 城镇污水处理工艺系统

城镇污水处理技术，按处理程度划分，可分为一级处理、二级处理和三级处理。

（1）城镇污水一级处理

一级处理主要去除污水中呈悬浮状态的固体污染物质，物理处理法大部分只能完成一级处理的要求。城镇污水一级处理的主要构筑物有格栅、沉砂池和初沉池。一级处理的工艺流程如图 2-1 所示。

格栅的作用是去除污水中的大块漂浮物，沉砂池的作用是去除相对密度较大的无机颗粒，沉淀池的作用主要是去除无机颗粒和部分有机物质。经过一级处理后的污水，SS 一般可去除 40%～55%，BOD 一般可去除 30%左右，达不到排放标准。一级处理属于二级处理的预处理。

图 2-1 一级处理的工艺流程

（2）城镇污水二级处理

城镇污水二级处理是一级处理的基础之上增加生化处理方法，其目的主要去除污水中呈胶体和溶解状态的有机污染物质（即 BOD、COD 物质）。二级处理采用的生化方法主要有活性污泥法和生物膜法，其中采用较多的是活性污泥法。经过二级处理，城镇污水有机物的去除率可达 90%以上，出水中的 BOD、SS 等指标能够达到排放标准。二级处理是城镇污水处理的主要工艺，应用非常广泛。图 2-2 为城镇污水二级处理典型的工艺流程。

图 2-2 城镇污水二级处理典型的工艺流程

（3）城镇污水三级处理

城镇污水三级处理是在一级处理、二级处理后，进一步处理难降解的有机物、磷和氮等能够导致水体富营养化的可溶性无机物等。主要方法有生物脱氮除磷法、混凝沉淀法、砂滤法、活性炭吸附法、离子交换法和电渗析法等。三级处理是深度处理的同义语，但两者又不完全相同。三级处理常用于二级处理之后，而深度处理则以污水回收、再用为目的，在一级或二级处理后增加的处理工艺。

2.2 活性污泥法

活性污泥法是以活性污泥为主体的污水生物处理技术，是污水自净的人工强化。活性污泥法有很多工艺系统，在城镇污水处理中得到广泛的应用。

2.2.1 活性污泥

2.2.1.1 活性污泥的组成

活性污泥是活性污泥处理系统中的主体作用物质。正常的处理城市污水的活性污泥的外观为黄褐色的絮绒颗粒状，粒径为 $0.02\sim0.2mm$，单位表面积可达 $2\sim10m^2/L$，相对密度为 $1.002\sim1.006$，含水率在 99% 以上。

在活性污泥上栖息着具有强大生命力的微生物群体。这些微生物群体主要由细菌和原生动物组成，也有真菌和以轮虫为主的后生动物。

活性污泥的固体物质含量仅占 1% 以下，由 4 部分组成：①具有活性的生物群体 (M_a)；②微生物自身氧化残留物 (M_e)，这部分物质难于生物降解；③原污水中不能为微生物降解的惰性有机物质 (M_i)；④原污水挟入并附着在活性污泥上的无机物质 (M_{ii})。

2.2.1.2 活性污泥微生物及其在活性污泥反应中的作用

细菌是活性污泥净化功能最活跃的成分，污水中可溶性有机污染物直接为细菌所摄取，并被代谢分解为无机物，如 H_2O 和 CO_2 等。

活性污泥处理系统中的真菌是微小腐生或寄生的丝状菌，这种真菌具有分解碳水化合物、脂肪、蛋白质及其他含氮化合物的功能，但若大量异常的增殖会引发污泥膨胀现象。

在活性污泥中存活的原生动物有肉足虫、鞭毛虫和纤毛虫等 3 类。原生动物的主要摄食对象是细菌，因此，活性污泥中的原生动物能够不断地摄食水中的游离细菌，起到进一步净化水质的作用。原生动物是活性污泥系统中的指示性生物，当活性污泥出现原生动物，如钟虫、等枝虫、独缩虫、聚缩虫和盖纤虫等，说明处理水水质良好。

后生动物（主要指轮虫）捕食原生动物，在活性污泥系统中是不经常出现的，仅在处理水质优异的完全氧化型的活性污泥系统，如延时曝气活性污泥系统中才出现，因此，轮虫出现是水质非常稳定的标志。

在活性污泥处理系统中，净化污水的第一承担者，也是主要承担者是细菌，而摄食处理中游离细菌，使污水进一步净化的原生动物则是污水净化的第二承担者。

原生动物摄取细菌，是活性污泥生态系统的首次捕食者。后生动物摄食原生动物，则是生态系统的第二次捕食者。

2.2.1.3 活性污泥净化污水的过程

活性污泥净化污水主要通过三个阶段来完成。在第一阶段，污水主要通过活性污泥的吸附作用而得到净化。吸附作用进行得十分迅速，一般在 30min，BOD_5 的除率可高达 70%。同时还具有部分氧化的作用，但吸附是主作用。

第二阶段，也称氧化阶段，主要是继续分解氧化前阶段被吸和吸收的有机物，同时继续吸附一些残余的溶解物质。这个阶段进行得相当缓慢。实际上，曝气池的大部分容积都用在有机物的氧化和微生物细胞物质的合成。氧化作用在污泥同有机物开始接触时进行得最快，随着有机物逐渐被消耗掉，氧化速率逐渐降低。因此如果曝气过分，活性污泥进入自身氧化阶段时间过长，回流污泥进入曝气池后初期所具有的吸附去除效果就会降低。

第三阶段是泥水分离阶段，在这一阶段中，活性污泥在二沉池之中进行沉淀分离。只有将活性污泥从混合液中去除才能实现污水的完全净化处理。

2.2.1.4 活性污泥微生物的增殖与活性污泥的增长

在活性污泥微生物的代谢作用下，污水中的有机物得到降解、去除，与此同步产生的则是活性污泥微生物本身的增殖和随之而来的活性污泥的增长。控制污泥增长的至关重要的因素是有机底物量（F）与微生物量（M）的比值F/M，也即活性污泥的有机负荷。同时受有机底物降解速率、氧利用速率和活性污泥的凝聚、吸附性能等因素有关。

活性污泥微生物增殖与活性污泥的增长分为适应期、对数增殖期，减衰增殖期和内源呼吸期。图2-3为活性污泥增长曲线。

图2-3 活性污泥增长曲线

（1）适应期

亦称延迟期或调整期。这是活性污泥培养的最初阶段，微生物不增殖但在质的方面却开始出现变化，如个体增大，酶系统逐渐适应新的环境。在本阶段后期，酶系统对新的环境已基本适应，个体发育达到了一定的程度，细胞开始分裂，微生物开始增殖。

（2）对数增长期

有机底物非常丰富，F/M值很高，微生物以最大速率摄取有机底物和自身增殖。活性污泥的增长与有机底物浓度无关，只与生物量有关。在对数增长期，活性污泥微生物的活动能力很强，不易凝聚，沉淀性能欠佳，虽然去除有机物速率很高。但污水中存留的有机物依然很多。

（3）减衰增殖期

有机底物已不甚丰富，F/M值较低，已成为微生物增殖的控制因素，活性污泥的增长与残存的有机底物浓度有关，呈一级反应，氧的利用速率也明显降低。由于能量水平低，活性污泥絮凝体形成较好，沉淀性能提高，污水水质改善。

（4）内源呼吸期

又称衰亡期。营养物质基本耗尽，F/M值降至很低程度。微生物由于得不到充足的营养物质，而开始利用自身体内储存的物质或衰死菌体，进行内源代谢以营生理活动。在此期，多数细菌进行自身代谢而逐步衰亡，只有少数微生物细胞继续裂殖，活菌体数大为下降，增殖曲线呈显著下降趋势。

2.2.1.5 活性污泥性能指标

活性污泥性能指标主要有两类，一类是表示混合液中活性污泥微生物量的指标，一类是表示活性污泥的沉降性能的指标。

（1）表示混合液中活性污泥微生物量的指标

这类指标主要有混合液悬浮固体浓度MLSS和混合液挥发性悬浮固体浓度MLVSS。

混合液悬浮固体浓度MLSS，又称混合液污泥浓度，它表示的是在曝气池单位容积混合液内所包含的活性污泥固体物的总重量，即：

$$MLSS = M_a + M_e + M_i + M_{ii}$$

表示单位为mg/L混合液，或g/L混合液、g/m³混合液，或kg/m³混合液。

由于M_a只占其中一部分，因此，用MLSS表征活性污泥微生物量存在一些误差。但MLSS容易测定，且在一定条件下，M_a在MLSS中所占比例较为固定，故为常用。

混合液挥发性悬浮固体浓度MLVSS，表示混合液活性污泥中有机固体物质的浓度，即：

$$MLVSS = M_a + M_e + M_i$$

MLVSS 能够较准确地表示微生物数量，但其中仍包括 M_e 及 M_i 等惰性有机物质。因此，也不能精确地表示活性污泥微生物量，它表示仍然是活性污泥量的相对值。

MLSS 和 MLVSS 都是表示活性污泥中微生物量的相对指标，MLVSS/MLSS 在一定条件下较为固定，对于城市污水，该值在 0.75 左右。

（2）表示活性污泥的沉降性能的指标

这类指标主要有污泥沉降比 SV 和污泥容积指数 SVI。

污泥沉降比 SV，又称 30min 沉淀率。混合液在量筒内静置 30min 后所形成的沉淀污泥与原混合液的体积比，以％表示。

污泥沉降比 SV 能够反映正常运行曝气池的活性污泥量，可用以控制、调节剩余污泥的排放量，还能通过它及时地发现污泥膨胀等异常现象。处理城市污水一般将 SV 控制在 20％～30％之间。

污泥容积指数 SVI，简称污泥指数。指曝气池出口处混合液经 30min 静沉后，1g 干污泥所形成的沉淀污泥所占有的容积，以 mL 计。

污泥容积指数 SVI 的计算式为：

$$SVI = \frac{混合液（1L）30min 静沉形成的活性污泥容积（mL）}{混合液（1L）中悬浮固体干重（g）} = \frac{SV（mL/L）}{MLSS（g/L）} \tag{2-1}$$

SVI 的表示单位为 mL/g，习惯上只称数字，而把单位略去。

SVI 较 SV 更好地反映了污泥的沉降性能，其值过低，说明活性污泥无机成分多，泥粒细小密实。过高又说明污泥沉降性能不好。城市污水处理的 SVI 值介于 50～150 之间。

2.2.2 活性污泥法基本概念与流程

图 2-4 所示为活性污泥法处理系统的基本流程。系统是以活性污泥反应器——曝气池作为核心处理设备，此外还有二次沉淀池、污泥回流系统和曝气与空气扩散系统所组成。

在投入正式运行前，在曝气池内必须进行以污水作为培养基的活性污泥培养与驯化工作。经初次沉淀池或水解酸化装置处理后的污水从一端进入曝气池，与此同时，从二次沉淀池连续回流的活性污泥，作为接种污泥，也于此同一步进入曝气池。曝气池内设有空气管和空气扩散装置。由空压机站送来的压缩气，通过铺设在

图 2-4 活性污泥法的基本流程系统（传统活性污泥法系统）

曝气池底部的空气扩散装置对混合液曝气，使曝气池内混合液得到充足的氧气并处于剧烈搅动的状态。活性污泥与污水互相混合、充分接触，使废水中的可溶性有机污染物被活性污泥吸附，继而被活性污泥的微生物群体降解，使废水得到净化。完成净化过程后，混合液流入二沉池，经过沉淀，混合液中的活性污泥与已被净化的废水分离，处理水从二沉池排放，活性污泥在沉淀池的污泥区受重力浓缩，并以较高的浓度由二沉池的吸刮泥机收集流入回流污泥集泥池，再由回流泵连续不断地回流污泥，使活性污泥在曝气池和二沉池之间不断循环，始终维持曝气池中混合液的活性污泥浓度，保证来水得到持续的处理。微生物在降解 BOD 时，一方面产生 H_2O 和 CO_2 等代谢产物，另一方面自身不断增殖，系统中出现剩余污泥，需要向外排泥。

2.2.3 活性污泥法的基本工艺系统

2.2.3.1 传统活性污泥法

传统活性污泥法又称普通活性污泥法或推流式活性污泥法，是最早成功应用的运行方式，其他活性污泥法都是在其基础上发展而来的。曝气池呈长方形，污水和回流污泥一起从曝气池的首端进入，在曝气和水力条件的推动下，污水和回流污泥的混合液在曝气池内呈推流形式流动至池的末端，流出池外进入二沉池。在二沉池中处理后的污水与活性污泥分离，部分污泥回流至曝气池，部分污泥则作为剩余污泥排出系统。推流式曝气池一般建成廊道型，为避免短路，廊道的长宽比一般不小于5：1。根据需要，有单廊道、双廊道或多廊道等形式。曝气方式可以是机械曝气，也可以采用鼓风曝气。其基本流程见图2-5。

图 2-5　传统活性污泥法基本流程

1—经预处理后的污水；2—活性污泥反应器—曝气池；3—从曝气池流出的混合液；
4—二次沉淀池；5—处理后污水；6—污泥泵站；7—回流污泥系统；
8—剩余污泥；9—来自空压机站的空气；10—曝气系统与空气扩散装置

传统活性污泥法的特征是曝气池前段液流和后段液流不发生混合，污水浓度自池首至池尾呈逐渐下降的趋势，需氧率沿池长逐渐降低。因此，有机物降解反应的推动力较大，效率较高。曝气池末端溶解氧一般处于过剩状态，在保证末端溶解氧正常的情况下，前段混合液中溶解氧含量可能不足。

（1）优点

① 处理效果好，BOD去除率可达90%以上。适用于处理净化程度和稳定程度较高的污水。

② 根据具体情况，可以灵活调整污水处理程度的高低。

③ 进水负荷升高时，可通过提高污泥回流比的方法予以解决。

（2）缺点

① 曝气池首端有机污染物负荷高，耗氧速度也高，为了避免由于缺氧形成厌氧状态，进水有机物负荷不宜过高，因此，曝气池容积大，占用的土地较多，基建费用高。

② 为避免曝气池首端混合液处于缺氧或厌氧状态，进水有机负荷不能过高，因此曝气池容积负荷一般较低。

③ 曝气池末端有可能出现供氧速率大于需氧速率的现象，动力消耗较大。

④ 对进水水质、水量变化的适应性较低，运行效果易受水质、水量变化的影响。

2.2.3.2 阶段曝气活性污泥法

也称分段进水活性污泥法或多段进水活性污泥法，是针对传统活性污泥法存在的弊端进行了一些改革的运行方式。本工艺与传统活性污泥法主要不同点是污水沿池长分段注入，使有机负荷在池内分布比较均衡，缓解了传统活性污泥法曝气池内供氧速率与需氧速率存在的矛盾。曝气方式一般采用鼓风曝气。阶段曝气法基本流程见图 2-6。

图 2-6　阶段曝气法基本流程

阶段曝气活性污泥法于 1939 年在美国开始应用，迄今应用广泛，效果良好。阶段曝气活性污泥法具有如下特点。

(1) 曝气池内有机污染物负荷及需氧率得到均衡，一定程度上缩小了耗氧速度充氧速度之间的差距，有助于能耗的降低。活性污泥微生物的降解功能也得以正常发挥。

(2) 污水分散均衡注入，提高了曝气池对水质、水量冲击负荷的适应能力。

(3) 混合液中的活性污泥浓度沿池长逐步降低，出流混合液的污泥较低，减轻二次沉淀池的负荷，有利于提高二次沉淀池固、液分离效果。

阶段曝气活性污泥法分段注入曝气池的污水，不能与原混合液立即混合均匀，会影响处理效果。

2.2.3.3　吸附-再生活性污泥法

吸附-再生活性污泥法又称生物吸附法或接触稳定法。本工艺在 20 世纪 40 年代后期出现在美国，其基本流程如图 2-7 所示。

(a)分建式吸附-再生活性污泥处理系统　　(b)合建式吸附-再生活性污泥处理系统

图 2-7　吸附-再生法基本流程

吸附-再生活性污泥法主要是利用微生物的初期吸附作用去除有机污染物，其主要特点是将活性污泥对有机污染物降解的两个过程——吸附和代谢稳定，分别在各自反应器内进行。吸附池的作用是吸附污水中的有机物，使污水得到净化。再生池的作用是对污泥进行再生，使其恢复活性。

吸附-再生活性污泥法的工作过程是：污水和经过充分再生、具有很高活性的活性污泥一起进入吸附池，二者充分混合接触 15～60min 后，使部分呈悬浮、胶体和溶解性状态的有机污染物被活性污泥吸附，污水得到净化。从吸附池流出的混合液直接进入二沉池，经过一定时间的沉淀后，澄清水排放，污泥则进入再生池进行生物代谢活动，使有机物降解，微生物进入内源代谢期，污泥的活性、吸附功能得到充分恢复后，再与污水一起进入吸附池。

吸附-再生活性污泥法虽然分为吸附和再生两个部分，但污水与活性污泥在吸附池的接触时间较短，吸附池容积较小，而再生池接纳的只是浓度较高的回流污泥，因此再生池的容积也不大。吸附池与再生池的容积之和仍低于传统活性污泥法曝气池的容积。

吸附-再生活性污泥法回流污泥量大，且大量污泥集中在再生池，当吸附池内活性污泥受到破坏后，可迅速引入再生池污泥予以补救，因此具有一定冲击负荷适应能力。

由于该方法主要依靠微生物的吸附去除污水中有机污染物，因此，去除率低于传统活性污泥法，而且不宜用于处理溶解性有机污染物含量较多的污水。

曝气方式可以是机械曝气，也可以采用鼓风曝气。

2.2.3.4 完全混合活性污泥法

完全混合活性污泥法与传统活性污泥法最不同的地方是采用了完全混合式曝气池。其特征是污水进入曝气池后，立即与回流污泥及池内原有混合液充分混合。池内混合液的组成，包括活性污泥数量及有机污染物的含量等均匀一致，而且池内各个部位都是相同的。曝气方式多采用机械曝气，也有采用鼓风曝气的。完全混合活性污泥法的曝气池与二沉池可以合建也可以分建，比较常见的是合建式圆形池。

由于完全混合活性污泥法能够使进水与曝气池内的混合液充分混合，水质得到稀释、均化，曝气池内各部位的水质、污染物的负荷、有机污染物降解工况等都相同。因此，完全混合活性污泥法具有以下特点。

（1）进水在水质、水量方面的变化对活性污泥产生的影响较小，也就是说这种方法对冲击负荷适应能力较强。

（2）有可能通过对污泥负荷值的调整，将整个曝气池的工况控制在最佳条件，使活性污泥的净化功能得以良好发挥。在处理效果相同的条件下，其负荷率较高于推流式曝气池。

（3）曝气池内各个部位的需氧量相同，能最大限度地节约动力消耗。

完全混合活性污泥法容易产生污泥膨胀现象，处理水质在一般情况下低于传统的活性污泥法。这种方法多用于工业废水的处理，特别是浓度较高的工业废水。

2.2.4 间歇式活性污泥法（SBR法）

间歇式活性污泥法又称序批式活性污泥法，简称SBR法。SBR法原本是最早的一种活性污泥法运行方式，由于管理操作复杂，未被广泛应用。近些年来，自控技术的迅速发展重新为SBR法注入了生机，使其发展成为简单可靠、经济有效和多功能的SBR技术。SBR工艺的核心构筑物是集有机污染物降解与混合液沉淀于一体的反应器——间歇曝气曝气池。图2-8为间歇式活性污泥法工艺流程。

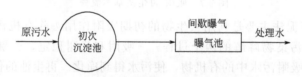

图 2-8　间歇式活性污泥法工艺流程

SBR法主要特征是反应池一批一批地处理污水，采用间歇式运行的方式，每一个反应池都兼有曝气池和二沉池作用，因此不再设置二沉池和污泥回流设备，而且一般也可以不建水质或水量调节池。

SBR法具有以下几个特点。

（1）对水质水量变化的适应性强，运行稳定，适于水质水量变化较大的中小城镇污水处理；也适应高浓度污水处理。

（2）为非稳态反应，反应时间短；静沉时间也短，可不设初沉池和二沉池；体积小，基建费比常规活性污泥法约省22%，占地少38%左右。

（3）处理效果好，BOD_5 去除率达95%，且产泥量少。

（4）好氧、缺氧、厌氧交替出现，能同时具有脱氮（80%～90%）和除磷（80%）的功能。

（5）反应池中溶解氧浓度在 0～2mg/L 之间变化，可减少能耗，在同时完成脱氮除磷的情况下，其能耗仅相当传统活性污泥法。

间歇式活性污泥法曝气池的运行周期由进水、曝气、反应、沉淀、排放、闲置待机 5 个工序组成，而且这 5 个工序都是在曝气池内进行，其工作原理见图 2-9。

图 2-9　间歇式活性污泥法曝气池运行工作原理

流入　　反应　　沉淀　　排放　　待机(闲置)

（1）进水工序

进水工序是指从开始进水至到达反应器最大容积期间的所有操作。进水工序的主要任务是向反应器中注水，但通过改变进水期间的曝气方式，也能够实现其他功能。进水阶段的曝气方式分为非限量曝气、半限量曝气和限量曝气。

非限量曝气就是边进水、边曝气，进水曝气同步进行。这种方式既可取得预曝气的效果，又可取得使污泥再生恢复其活性的作用。限量曝气就是在进水阶段不曝气，只是进行缓速搅拌，这样可以达到脱氮和释放磷的功能。半限量曝气是在进水进行到 1/2 的时候再进行曝气，这种方式既可以脱氮和释放磷，又能使污泥再生恢复其活性。

本工序所用时间则根据实际排水情况和设备条件确定，从工艺效果上要求，注入时间以短促为宜，瞬间最好，但这在实际上有时是难以做到的。

（2）反应工序

进水工序完成后，即污水注入达到预定高度后，就进入反应工序。反应工序的主要任务是对有机物进行生物降解或除磷脱氮。这是本工艺最主要的一道工序。根据污水处理的目的，如 BOD 去除、硝化、磷的吸收以及反硝化等，采取相应的技术措施，如前三项则为曝气，后一项则为缓速搅拌，并根据需要达到的程度以决定反应的延续时间。

在本工序的后期，进入下一步沉淀过程之前，还要进行短暂的微量曝气，脱除附着在污泥上的气泡或氮，以保证沉淀过程的正常进行。

（3）沉淀工序

反应工序完成后就进入沉淀工序，沉淀工序的任务是完成活性污泥与水的分离。在这个工序 SBR 反应器相当于活性污泥法连续系统的二次沉淀池。进水停止，也不曝气、不搅拌，使混合液处于静止状态，从而达到泥水分离的目的。沉淀工序采取的时间基本同二次沉淀池，一般为 1.5～2.0h。

（4）排放工序

排放工序首先是排放经过沉淀后产生的上清液，然后排放系统产生的剩余污泥，并保证 SBR 反应器内残留一定数量的活性污泥，作为种泥。一般而言，SBR 法反应器中的活性污泥数量一般为反应器容积的 50% 左右。SBR 系统一般采用滗水器排水。

（5）待机工序

也称闲置工序，即在处理水排放后，反应器处于停滞状态，等待下一个操作周期开始的阶段。闲置工序的功能是在静置无进水的条件下，使微生物通过内源呼吸作用恢复其活性，并起到一定的反硝化作用而进行脱氮，为下一个运行周期创造良好的初始条件。通过闲置期后的活性污泥处于一种营养物的饥饿状态，单位重量的活性污泥具有很大的吸附表面积，因而当进入下个运行周期的进水期时，活性污泥便可充分发挥其较强的吸附能力而有效地发挥其初始去除作用。闲置待机的时间长短取决于所处理的污水种类、处理负荷和所要达到的处理效果。

经典 SBR 工艺只有一个反应池，间歇进水后，再依次经历反应、沉淀、滗水、闲置四个阶段完成对污水的处理过程，因此在处理连续来水时，一个 SBR 系统就无法应对，工程上采用多池系统，使进水在各个池子之间循环切换，每个池子在进水后按上述程序对污水进行处理，因此使得 SBR 系统的管理操作难度和占地都会加大。

为克服 SBR 法固有的一些不足（比如不能连续进水等），人们在使用过程中不断改进，发展出了许多新型和改良的 SBR 工艺，比如 ICEAS 系统、CASS 系统、DAT-IAT 系统、UNITANK 系统、MSBR 系统等。这些新型 SBR 工艺仍然拥有经典 SBR 的部分主要特点，同时还具有自己独特的优势，但因为经过了改良，经典 SBR 法所拥有的部分显著特点又会不可避免地被舍弃掉。

2.3 生物膜法

2.3.1 生物膜法的基本原理

生物膜法是与活性污泥法并列的一种污水好氧生物处理技术。生物膜法是土壤自净的人工强化，其实质就是使细菌和菌类一类的微生物和原生动物、后生动物一类的微型动物附着在滤料或某些载体上生长繁育，并在其上形成膜状生物污泥——生物膜。污水与生物膜接触，污水中的有机污染物，作为营养物质，为生物膜上的微生物所摄取，污水得到净化，微生物自身也得到繁衍增殖。

污水的生物膜处理法从 19 世纪中叶开始，经过百年沧桑，在一代又一代工程技术人员的努力下，不断创新、改进和发展，迄今为止已有多种处理工艺，被广泛地应用于城市污水和高浓度有机工业废水的处理。属于生物膜处理法的工艺有生物滤池（普通生物滤池、高负荷生物滤池、塔式生物滤池）、生物转盘、生物接触氧化设备、生物流化床和曝气生物滤池等。

2.3.1.1 净化过程

污水与滤料或某种载体流动接触，在经过一段时间后，滤料或某种载体就会生成生物膜。废水连续滴流，使生物膜逐渐成熟。生物膜成熟的标志是：生物膜沿滤池深度的垂直分布、生物膜上由细菌和各种微型生物相组成的生态系、有机物的降解功能等都达到了平衡和稳定状态。从开始布水到生物膜成熟，要经过潜伏和生长两个阶段。一般的城市污水，在 15～20℃条件下，大致需要 50 天左右。附着在生物滤池滤料上的生物膜的构造见图 2-10。

生物膜是高度亲水的物质，在污水不断在其表面更新的条件下，在其外侧总是存在着一层附着水层。生物膜又是微生物高度密集的物质，在膜的表面和一定深度的内部生长繁殖着大量的各种类型的微生物和微型动物，并形成有机污染物—细菌—原生动物（后生动物）的食物链。

生物膜成熟后，微生物仍不断增殖，厚度不断增加，在超过好氧层的厚度后，其深部即

图 2-10 生物膜构造与各种物质传递交换示意

转变为厌氧状态，形成厌氧膜。这样，生物膜便由好氧和厌氧两层组成，一般情况下，好氧膜的厚度约为 $1\sim2\text{mm}$。

有机物的降解是在好氧性生物膜内进行的。由图 2-6 可见，在生物膜内、外，生物膜与水层之间进行着多种物质的传递过程。空气中的氧溶解于流动水层中，从那里通过附着水层传递给生物膜，供微生物用于呼吸；污水中的有机污染物则由流动水层传递给附着水层，然后进入生物膜，并通过细菌的代谢活动而被降解。这样就使污水在其流动过程中逐步得到净化。微生物的代谢产物如 H_2O 等则通过附着水层进入流动水层，并随其排走，而 CO_2 及厌氧层分解产物如 H_2S、NH_3 以及 CH_4 等气态代谢产物则从水层逸出进入空气中。

当厌氧性膜还不厚时，好氧性膜仍然能够保持净化功能，但当厌氧性膜过厚，代谢物过多，两种膜间失去平衡，好氧性膜上的生态系遭到破坏，生物膜呈老化状态从而脱落（自然脱落），再行开始增长新的生物膜。在生物膜成熟后的初期，微生物代谢旺盛，净化功能最好，在膜内出现厌氧状态时，净化功能下降，而当生物膜脱落时，降解效果最差。

供氧是影响生物滤池净化功能的重要因素之一，这一过程主要取决于滤池的通风状况，滤料的形式对滤池的通风有决定性关系，对此，以列管式塑料滤料为最好，块状滤料则以拳状者为宜。

微生物的代谢速度取决于有机物的浓度和溶解氧量，在一般情况下，氧较为充足，代谢速度只决定于有机物的浓度。

2.3.1.2 生物膜上的生物相

生物膜上的生物相是丰富的，形成由细菌、真菌、藻类、原生动物、后生动物以及肉眼可见的其他生物所组成的比较稳定的生态系，其生态、功能如下。

（1）细菌、真菌

细菌是对有机污染物降解起主要作用的生物，在处理城市污水的生物滤池内，生长繁殖的细菌有：假单胞菌属、芽孢杆菌属、产碱杆菌属和动胶菌属等种属。在生物滤池内还增殖球衣菌等丝状菌。丝状菌有很强的降解有机物的能力，在生物滤池内增殖丝状菌，并不产生任何不良影响。

在生物滤池上、中、下各层构成生物膜的细菌，在数量上有差异，种属上也有不同，一般表层多为异养菌，而深层则多为自养菌。

在生物膜中出现真菌也是较为普遍的，其主要有镰刀霉属、地霉属和浆霉菌属等。真菌对某些人工合成的有机物如腈等有一定的降解能力。

（2）微型生物

这是指栖息在生物膜表面上的原生动物和后生动物。

处理城市污水的生物滤池，当其工作正常、降解功能良好时，占优势的原生动物多为钟虫、独缩虫、等枝虫等附着型纤毛虫。而在运行初期，则多出现豆形虫一类的游泳型原生动物。

原生动物以细菌为食，也是废水净化的积极因素，现多作为废水净化状况的指示性生物。

在生物滤池内经常出现的后生动物是线虫，据观察确证，线虫及其幼虫有软化生物膜、促使生物膜脱落，从而能使生物膜经常保持活性和良好的净化功能。

（3）滤池蝇

在生物滤池上还栖息着以滤池蝇为代表的昆虫。这是一种体型较一般家蝇为小的苍蝇。它的产卵、幼虫、成蛹、成虫等过程全部都在滤池内进行。滤池蝇飞散在滤池周围，以微生物及生物膜中的有机物为食，对废水净化有良好的作用。

据观察证明，滤池蝇具有抑制生物膜过速增长的作用，能够使生物膜保持好氧状态。由于具有这样的功能，线虫、滤池蝇也称为生物膜增长控制生物。

2.3.2 生物膜法的特点

（1）参与净化反应微生物多样化

生物膜处理法的各种工艺，都具有适于微生物生长栖息、繁衍的安静稳定环境，生物膜上的微生物不需像活性污泥那样承受强烈的搅拌冲击，宜于生长增殖。因此在生物膜上生长繁育的生物类型广泛，种属繁多，食物链长且较为复杂。

（2）生物的食物链长，剩余污泥产量低

生物膜中存在较高级营养水平的原生动物和后生动物，食物链较长，特别是生物膜较厚时，底部厌氧菌能降解好氧过程中合成的污泥，因而剩余污泥产量低，一般比活性污泥处理系统少1/4左右，可减少污泥处理与处置的费用。

（3）能够存活世代时间较长的微生物

由于微生物固着于填料的表面，生物固体停留时间SRT与水力停留时间HRT无关，因此为增殖速度较慢的微生物提供了生长繁殖的可能性，如硝化菌和反硝化菌。由于硝化菌和反硝化菌的存在，使得生物膜法各种工艺都具有一定硝化功能，采取适当的运行方式，还可能具有反硝化脱氮功能。

（4）易于维护运行、节能

生物滤池、转盘等生物膜法采用自然通风供氧，动力消耗少，运行费用较低。同时装置不会出现泡沫，管理简单，操作稳定性较好。

（5）污泥沉降性能良好，宜于固液分离

由生物膜上脱落下来的生物污泥，所含动物成分较多，相对密度较大，而且污泥颗粒个体较大，沉降性能良好，宜于固液分离。但是，如果生物膜内部形成的厌氧层过厚，在其脱落后，将有大量的非活性的细小悬浮物分散于水中，使处理水的澄清度降低。

（6）对水质、水量变动有较强的适应性

生物膜处理法的各种工艺，对流入污水水质、水量的变化都具有较强的适应性，这种现象已为多数运行的实际设备所证实，即或有一段时间中断进水，对生物膜的净化功能也不会造成致命的影响，通水后能够较快地得到恢复。

2.4 小城镇污水处理常用的工艺系统

2.4.1 一级及一级强化处理工艺系统

一级处理主要去除污水中呈悬浮状态的固体污染物质，物理处理法大部分只能完成一级处理的要求。城市污水一级处理的主要构筑物有格栅、沉砂池和初沉池。经过一级处理后的污水，SS 一般可去除 40%～55%，BOD 一般可去除 30% 左右，达不到排放标准。

一级处理去除效果较差，一般很少单独使用，多作为二级处理工艺预处理。但由于小城镇经济发展水平不高，资金来源不足，因此，在一些经济尚欠发达的地区，小城镇污水可以采用一级强化处理工艺。

一级强化处理增加较少的投资采取强化处理措施，能较大程度地提高污染物的去除率，削减总污染负荷，降低去除单位污染物的费用。

一级强化处理是在普通一级处理的基础上，通过采用物理化学方法或生物处理方法强化预处理和一级处理的效果，使污水达到一定的处理标准，同时节省投资和运行费用。物化法可采用混凝沉淀、过滤技术；生物法可采用不完全生物处理，如高负荷活性污泥法、水解酸化法等。应用结果表明，通过一级强化处理，COD 的去除率可达 70%，BOD 去除率可达 60%。一级强化处理适应于水环境状况亟待改善而经济尚欠发达的地区，是一种高效而低投入的新型技术，有着较高的实用价值和良好的应用前景。

我国《城市污水处理及污染物防治技术政策》建议非重点流域和非水源保护区的建制镇，根据当地经济条件和水污染控制要求，可先行一级强化处理，分期实现二级处理。一级强化处理是用较少的投资削减当前严重的污染负荷，部分解决污染问题，待有能力时再续建二级处理，实现达标排放。这为在我国开展一级强化处理工艺提供了政策依据，对全面实现我国水环境彻底改善的目标具有重大意义。

一级强化处理工艺运行虽然投资省，但处理效果差、运行费用高、污泥量大且后续处理有难度，因此采用较少。一般仅用于生化性较差的污水处理或当做二级生化处理的补充。一级处理和一级强化处理也可以作为污水排海、土地处理或氧化塘处理的预处理。

2.4.2 常用的生物处理工艺系统

2.4.2.1 活性污泥法

在 20 世纪 80 年代，我国城镇污水处理厂的生物处理单元多采用活性污泥法的基本工艺，包括传统活性污泥法、阶段曝气活性污泥法、吸附再生活性污泥法等。虽然活性污泥法的基本工艺对有机物有较高的去除率,但对 TN 和 TP 的去除能力较差。因此,目前新建的城镇污水处理厂很少采用活性污泥法的基本工艺。

2.4.2.2 AB 两段活性污泥法

AB 法是吸附-生物降解工艺的简称,是德国亚琛工业大学宾克教授于 20 世纪 70 年代开创的。其工艺流程如图 2-11 所示。

图 2-11 AB 法污水处理工艺流程

AB 工艺由预处理段和以吸附作用为主的 A 段、以生物降解作用为主的 B 段组成。在预处理段只设格栅、沉砂池等简易处理设备,不设初沉池。A 段由 A 段曝气池与沉淀池构成,B 段由 B 段曝气池与二沉池构成。A、B 两段虽然都是生物处理单元,但两段完全分开,各自拥有独立的污泥回流系统和各自独特的微生物种群。污水先进入高负荷的 A 段,再进入低负荷的 B 段。

A 段可以根据原水水质等情况的变化采用好氧或缺氧运行方式;B 段除了可以采用普通活性污泥法外,还可以生物膜法、氧化沟法、SBR 法、A/O 法或 A²/O 法等多种处理工艺。

A 段的效应与作用主要包括以下几点。

(1)由于本工艺不设初沉池,使 A 段能够充分利用经排水系统优选的微生物种群,培育、驯化、诱导出与原污水适应的微生物种群。

(2)A 段负荷高,为增殖速度快的微生种群提供了良好的环境条件。在 A 段能够成活的微生物种群,只能是抗冲击负荷能力强的原核细菌,而原生动物和后生动物则不能存活。

(3)A 段污泥产率高,并有一定的吸附能力,A 段对污染物的去除,主要依靠生物污泥的吸附作用。这样,某些重金属和难降解有机物质以及氮、磷等植物性营养物质,都能够通过 A 段而得到一定的去除,对此,大大地减轻了 B 段的负荷。

(4)由于 A 段对污染物质的去除,主要是以物理化学作用为主导的吸附功能,因此,其对负荷、温度、pH 值以及毒性等作用具有一定的适应能力。

B 段的效应与作用主要包括以下几点。

(1)B 段接受 A 段的处理水,水质、水量比较稳定,冲击负荷已不再影响 B 段,B 段的净化功能得以充分发挥。

(2)去除有机污染物是 B 段的主要净化功能。

(3)B 段的污泥龄较长,氮在 A 段也得到了部分的去除,BOD:N 比值有所降低,因此,B 段具有产生硝化反应的条件。

(4)B 段承受的负荷为总负荷的 30%~60%,较传统活性污泥处理系统,曝气池的容积可减少 40% 左右。

AB 法适于处理城镇污水或含有城镇污水的混合污水。而对于工业废水或某些工业废水比例较高的城镇污水,由于其中适应污水环境的微生物浓度很低,使用 AB 法时 A 段效率会明显降低,A 段作用只相当于初沉池,对这类污水不宜采用 AB 法。另外,未进行有效预处理或水质变化较大的污水也不适宜使用 AB 法处理，因为在这样的污水管网系统中，微生物不宜生长繁殖，直接导致 A 段的处理效果因外源微生物的数量较少而受到严重影响。

2.4.2.3 缺氧-好氧活性污泥法（A/O法）

缺氧-好氧工艺具有同时去除有机物和脱氮的功能。具体做法是在常规的好氧活性污泥法处理系统前，增加一段缺氧生物处理过程，经过预处理的污水先进入缺氧段，然后再进入好氧段。好氧段的一部分硝化液通过内循环管道回流到缺氧段。缺氧段和好氧段可以是分建，也可以合建。图 2-12 为分建式缺氧-好氧活性污泥处理系统。

图 2-12　分建式缺氧-好氧活性污泥处理系统

A/O 法的 A 段在缺氧条件下运行，溶解氧应控制在 0.5mg/L 以下。缺氧段的作用是脱氮。在这里反硝化细菌以原水中的有机物作为碳源，以好氧段回流液中硝酸盐作为受电体，进行反硝化反应，将硝态氮还原为气态氮（N$_2$），使污水中的氮去除。

好氧段的作用有两个，一是利用好氧微生物氧化分解污水中的有机物，二是利用硝化细菌进行硝化反应，将氨氮转化为硝态氮。由于硝化反应过程中要消耗一定碱度，因此，在好氧段一般需要投碱，补偿硝化反应消耗的碱度。但在反硝化反应过程也能产生一部分碱度，因此，对于含氮浓度不高的城镇污水，可不必另行投碱以调节 pH 值。

A/O 法是生物脱氮工艺中流程比较简单的一种工艺，而且装置少，不必外加碳源，基建费用和运行费用都比较低。但本工艺的出水来自反硝化曝气池，因此，出水中含有一定浓度的硝酸盐，如果沉淀池运行不当，在沉淀池内也会发生反硝化反应，使污泥上浮，使出水水质恶化。

另外，该工艺的脱氮效率取决于内循环量的大小，从理论上讲，内循环量越大，脱氮效果越好，但内循环量越大，运行费用就越高，而且缺氧段的缺氧条件也不好控制。因此，本工艺的脱氮效率很难达到 90%。

A/O 工艺也可以建成合建式的，即反硝化、硝化与有机物的去除均在一个曝气池中完成。现有推流式曝气池改造为合建式 A/O 工艺最为方便。图 2-13 为合建式缺氧-好氧活性污泥处理系统。

2.4.2.4 厌氧-好氧活性污泥法（An/O法）

厌氧-好氧工艺具有同时去除有机物和除磷的功能。具体做法是在常规的好氧活性污泥法处理系统前，增加一段厌氧生物处理过程，经过预处理的污水与回流污泥（含磷污泥）一起进入厌氧段，然后再进入好氧段。回流污泥在厌氧段吸收一部分有机物，并释放出大量磷，进入好氧段后，污水中的有机物得到好氧降解，同时污泥将大量摄取污水中的磷，部分富磷污泥以剩余污泥的形式排出，实现磷的去除。图 2-14 为厌氧-好氧活性污泥处理系统。

图 2-13 合建式缺氧-好氧活性污泥处理系统

图 2-14 厌氧-好氧活性污泥处理系统

An/O 工艺除磷流程简单，不需投加化学药品，也不需要考虑内循环，因此建设费用及运行费用都较低。另外，厌氧段在好氧段之前，不仅可以抑制丝状菌的生长、防止污泥膨胀，而且有利于聚磷菌的选择性增殖。

本工艺存在的问题是除磷效率较低，处理城镇污水时的除磷效率只有 75％左右。

2.4.2.5 厌氧-缺氧-好氧活性污泥法（A²/O 法）

厌氧-缺氧-好氧工艺不仅能够去除有机物，同时还具有脱氮和除磷的功能。具体做法是在 A/O 前增加一段厌氧生物处理过程，经过预处理的污水与回流污泥（含磷污泥）一起进入厌氧段，再进入缺氧段，最后再进入好氧段。图 2-15 为厌氧-缺氧-好氧活性污泥系统。

图 2-15 厌氧-缺氧-好氧活性污泥系统

厌氧段的首要功能是释放磷，同时部分有机物进行氨化。

缺氧段的首要功能是脱氮，硝态氮是通过内循环由好氧反应器送来的，循环的混合液量较大，一般为 $2Q$（Q——原污水流量）。

好氧段是多功能的，去除有机物、硝化和吸收磷等项反应都在本段进行。这三项反应都是重要的，混合液中含有 NO_3-N，污泥中含有过剩的磷，而污水中的 BOD（或 COD）则得到去除。流量为 2Q 的混合液从这里回流缺氧反应器。

本工艺具有以下各项特点。

（1）运行中无须投药，两个 A 段只用轻缓搅拌，以不增加溶解氧为度，运行费用低。

（2）在厌氧、缺氧、好氧交替运行条件下，丝状菌不能大量增殖，避免了污泥膨胀的问题，SVl 值一般均小于 100。

（3）工艺简单，总停留时间短，建设投资少。

本法也存在如下各项的待解决问题。

（1）除磷效果难于再行提高，污泥增长有一定的限度，不易提高，特别是当 P/BOD 值高时更是如此。

（2）脱氮效果也难于进一步提高，内循环量一般以 2Q 为限，不宜太高。

2.4.2.6　改良厌氧-缺氧-好氧活性污泥法（改良的 A^2/O 法）

对于 A^2/O 工艺，由于生物脱氮效率不可能达到 100%，一般情况下不超过 85%，出水中总会有相当数量的硝态氮，这些硝态氮随回流污泥进入厌氧区，将优先夺取污水中易生物降解有机物，使聚磷菌缺少碳源，失去竞争优势，降低除磷效果。在进水碳源（BOD）不足情况下，这种现象尤为明显。针对此情况研究人员又开发了改良 A^2/O 工艺。其改良之处：在普通 A^2/O 工艺前增加一前置反硝化段，全部回流污泥和 10%～30%（根据实际情况进行调节）的水量进入前置反硝化段中，剩下 90%～70% 的水量进入厌氧段。主要目的是利用少量进水中的可快速分解的有机物作碳源去除回流污泥中的硝酸盐氮，从而为后序厌氧段聚磷菌的磷释放创造良好的环境，提高生物除磷效果。改良 A^2/O 工艺流程见图 2-16。

图 2-16　改良 A^2/O 工艺流程

2.4.2.7　百乐卡（BIOLAK）工艺

百乐卡（BIOLAK）工艺是由芬兰开发的专利技术，又叫悬挂链式曝气生物法。目前，世界上已有 350 多套 BIOLAK 系统在运行。百乐卡（BIOLAK）工艺实质上是延时曝气活性污泥法，特点是生物氧化池可以采用土池或人工湖，曝气采用悬挂链式曝气系统。由于生物氧化池可以因地制宜，采用土池或人工湖，因此，投资减少。悬挂链式微孔曝气装置由空气输送管做浮筒牵引，曝气器悬挂于浮链下，利用自身配重垂直于水中。在向曝气器通气时，曝气器由于受力产生不均摆动，不断地往复摆动形成了曝气器有规律的曝气服务区。一个污水生化反应池中有多条这样的曝气链横跨池两岸，每条曝气链在一定区域内运动，不断交替地形成好氧区和缺氧区，每组好氧-缺氧区就形成了一段 A/O 工艺。根据净化对象的差异，污水生化反应池中可设多段这样的好养-缺氧区域，形成多级 A/O 工艺。另外，回流污泥量大，剩余污泥量少，运行管理简单。因此，适用于经济不是很发达的小城镇。

2.4.2.8 循环式活性污泥法（CAST 工艺）

CAST 工艺沉淀阶段不进水，有污泥回流系统。通行的 CAST 反应池一般分为三个反应区：生物选择器、缺氧区和好氧区，这三个部分的容积比通常为 1∶5∶30。CAST 反应池的每个工作周期可分为充水-曝气期、沉淀期、滗水期和充水-闲置期，运行工序如图 2-17 所示。

CAST 工艺的最大特点是将主反应区中的部分剩余污泥回流到选择器中，沉淀阶段不进水，使排水的稳定性得到保证。缺氧区的设置使 CAST 工艺具有较好的脱氮除磷效果。

CAST 工艺周期工作时间一般为 4h，其中充水-曝气 2h，沉淀 1h，滗水 1h。反应池最少设 2 座，使系统连续进水，一池充水-曝气，另一池沉淀和滗水。

图 2-17　CAST 工艺运行工序

2.4.2.9 周期循环活性污泥法（CASS 工艺）

CASS 法与 CAST 法相同之处是系统都由选择器和反应池组成，不同之处是 CASS 为连续进水而 CAST 为间歇进水，而且污泥不回流，无污泥回流系统。CASS 反应器内微生物处于好氧-缺氧-厌氧周期变化之中，因此，CASS 工艺与 CAST 工艺一样，它具有较好的除磷脱氮效果。CASS 法处理工艺流程除无污泥回流系统外，与 CAST 法相同。

CASS 反应池的每工作周期可分为曝气期、沉淀期、滗水期和闲置期，运行工序如图 2-18 所示。

2.4.2.10 进水、连续-间歇曝气法（DAT-IAT 工艺）

DAT-IAT 是 SBR 法的一种变型工艺。DAT-IAT 由 DAT 和 IAT 池串联组成，DAT 池连续进水，连续曝气（也可间歇曝气），IAT 也是连续进水，但间歇曝气。处理水和剩余污泥均由 IAT 池排出。DAT-IAT 的工艺流程如图 2-19 所示。

DAT 池连续曝气，也可进行间歇曝气。IAT 按传统 SBR 反应器运行方式进行周期运转，每个工作周期按曝气期、沉淀期、滗水期和闲置期 4 个工序运行。IAT 向 DAT 回流比控制在 100%～450% 之间。DAT 与 IAT 需氧量之比为 65∶35。

DAT-IAT 工艺既有传统活性污泥法的连续性和高效，又有 SBR 法的灵活性，适用于水质水量变化大的中小城镇污水和工业废水的处理。

2.4.2.11 UNITANK 工艺

UNITANK 工艺是比利时开发的专利。典型的 UNITANK 工艺系统，其主体构筑物为

图 2-18　CASS 反应池的运行工序

图 2-19　DAT-IAT 的工艺流程

三格条形池结构,三池连通,每个池内均设有曝气和搅拌系统,污水可进入三池中的任意一个。外侧两池设出水堰或滗水器以及污泥排放装置。两池交替作为曝气池和沉淀池,而中间池则总是处于曝气状态。在一个周期内,原水连续不断地进入反应器,通过时间和空间的控制,分别形成好氧、缺氧和厌氧的状态。UNITANK 工艺的工作原理如图 2-20 所示。

图 2-20　UNITANK 工艺的工作原理

　　UNITANK 工艺除了保持传统 SBR 的特征以外,还具有滗水简单、池子结构简化、出水稳定、不需回流等特点,通过改变进水点的位置可以起到回流的作用和达到脱氮、除磷的目的。

2.4.2.12　氧化沟

氧化沟又称循环曝气池,是荷兰 20 世纪 50 年代开发的一种生物处理技术,属活性污泥法的一种变法。图 2-21 所示为氧化沟的平面示意图，图 2-22 所示为以氧化沟为生物处理单元的污水处理流程。

图 2-21　氧化沟的平面示意

图 2-22　以氧化沟为生物处理单元的污水处理流程

进入氧化沟的污水和回流污泥混合液在曝气装置的推动下，在闭合的环形沟道内循环流动，混合曝气，同时得到稀释和净化。与入流污水及回流污泥总量相同的混合液从氧化沟出口流入二沉池。处理水从二沉池出水口排放，底部污泥回流至氧化沟。与普通曝气池不同的是氧化沟除外部污泥回流之外，还有极大的内回流，环流量为设计进水流量的 30～60 倍，循环一周的时间为 15～40min。因此，氧化沟是一种介于推流式和完全混合式之间的曝气池形式，综合了推流式与完全混合式优点。

氧化沟的曝气装置有横轴曝气装置和纵轴曝气装置。横轴曝气装置有横轴曝气转刷和曝气转盘；纵轴曝气装置就是表面机械曝气器。

氧化沟按其构造和运行特征可分多种类型。在城镇污水处理中使用较多的有卡罗塞氧化沟、奥贝尔氧化沟、交替工作型氧化沟及 DE 型氧化沟。

（1）卡鲁塞尔氧化沟

典型的卡鲁塞尔氧化沟是一多沟串联系统，一般采用垂直轴表面曝气机曝气。每组沟渠安装一个曝气机，均安设在一端。氧化沟需另设二沉池和污泥回流装置。处理系统如图 2-23 所示。

图 2-23　卡鲁塞尔氧化沟

沟内循环流动的混合液在靠近曝气机的下游为富氧区，而曝气机上游为低氧区，外环为缺氧区，有利于生物脱氮。表面曝气机多采用倒伞型叶轮，曝气机一方面充氧，一方面提供推力使沟内的环流速度在 0.3m/s 以上，以维持必要的混合条件。由于表面叶轮曝气机有较大的提升作用，使氧化沟的水深一般可达 4.5m。

（2）奥贝尔氧化沟

奥贝尔氧化沟是多级氧化沟，一般由若干个圆形或椭圆形同心沟道组成。工艺流程如图 2-24 所示。

图 2-24　奥贝尔氧化沟

废水从最外面或最里面的沟渠进入氧化沟、在其中不断循环流动的同时，通过淹没式从一条沟渠流入相邻的下一条沟渠，最后从中心的或最外面的沟渠流入二沉池进行固液分离。沉淀污泥部分回流到氧化沟，部分以剩余污泥排入污泥处理设备进行处理。氧化沟的每一沟渠都是一个完全混合的反应池，整个氧化沟相当于若干个完全混合反应池串联一起。

奥贝尔氧化沟在时间上和空间呈现出阶段性，各沟渠内溶解氧呈现出厌氧-缺氧-好氧分布，对高效硝化和反硝化十分有利。第一沟内低溶解氧，进水碳源充足，微生物容易利用碳源，自然会发生反硝化作用即硝酸盐转化成氮类气体，同时微生物释放磷。而在后边的沟道溶解氧增高，尤其在最后的沟道内溶解氧达到 2mmg/L 左右，有机物氧化得比较彻底，同时在好氧状态下也有利于磷的吸收，磷类物质得以去除。

（3）交替工作型氧化沟

交替工作型氧化沟有 2 池（又称 D 型氧化沟）和 3 池（又称 T 型氧化沟）两种。

D 型氧化沟由相同容积的 A 和 B 两池组成，串联运行，交替作为曝气池和沉淀池，无须设污泥回流系统，见图 2-25。

一般以 8h 为一个运行周期。此系统可得到十分优质的出水和稳定的污泥。缺点是曝气转刷的利用率仅为 37.5%。

T 型氧化沟由相同容积的 A、B 和 C 池组成。两侧的 A 和 C 池交替作为曝气池和沉淀池，中间的 B 池一直为曝气池。原水交替进入 A 池或 C 池，处理水则相应地从作为沉淀池的 C 池或 A 池流出，见图 2-26。T 型氧化沟曝气转刷的利用率比 D 型氧化沟高，可达 58%左右。这种系统不需要污泥回流系统。通过适当运行，在去除 BOD 的同时，能进行硝化和反硝化过程，可取得良好的脱氮效果。

交替工作型氧化沟必须安装自动控制系统，以控制进、出水的方向，溢流堰的启闭以及曝气转刷的开启和停止。

图 2-25　D 型氧化沟

图 2-26　T 型氧化沟

（4）DE 型氧化沟。

双沟 DE 型氧化沟的特点是在氧化沟前设置厌氧生物选择器（池）和双沟交替工作。设置生物选择池的目的：一是抑制丝状菌的增殖，防止污泥膨胀，改善污泥的沉降性能；二是聚磷菌在厌氧池进行磷的释放。厌氧生物选择池内配有搅拌器，以防止污泥沉积。DE 型没有 T 型氧化沟的沉淀功能，大大提高了设备利用率，但必须像卡罗塞氧化沟一样，设置二沉池及污泥回流设施。DE 型氧化沟的工艺流程如图 2-27 所示。

图 2-27　DE 型氧化沟的工艺流程

2.4.2.13　Linpor 工艺

Linpor 工艺是德国 Linde 公司开发的一种专利技术，是一种传统活性污泥法的改进型工艺。其实质就是在传统工艺曝气池中投加一定量的多孔泡沫塑料颗粒作为生物膜载体，将传统曝气池改为悬浮载体生物膜反应器。放入曝气池中的正方形泡沫塑料块，尺寸为 10mm×10mm，由于其相对密度≈1，故在曝气状态下悬浮于水中。这种多孔泡沫塑料块比表面积大，每 1m³ 泡沫小方块的总表面积达 1000m²，在其上可附着生长大量的生物膜，其混合液的生物量比普通活性污泥法大几倍，MLSS＞10000mg/L，因此其单位体积处理负荷要比普通活性污泥法大，特别适用于一些超负荷污水处理厂的改建和扩建，用 Linpor 法取代常规活性污泥法，不必扩大池的体积，即不必上新的土建工程就可解决问题，而且出水水质也会有所提高。Linpor 工作原理示意如图 2-28 所示。

Linpor 工艺有 3 种不同的方式运行。

① Linpor-C 工艺，其主要用于去除废水中的含碳有机物；

② Linpor-C/N 工艺，其主要用于同时去除废水中碳和氮（硝化或同时反硝化）污染物的场合；

③ Linpor-N 工艺，其主要用于二级处理后的生物脱氮。

图 2-28　Linpor 工作原理示意

2.4.2.14　曝气生物滤池（BAF）

曝气生物滤池主要用于生物处理出水的进一步硝化，以提高出水水质，去除生物处理中的剩余氨氮。近几年又开发出多种形式，使此工艺适用于对原污水进行硝化与反硝化处理。它通过内设生物填料使微生物附着其上，污水从填料之间通过，达到去除有机物、氨氮和SS 的目的。而除磷则主要靠投加化学药剂的方式加以解决。

曝气生物滤池充分借鉴了污水处理接触氧化法和给水快滤池的设计思路，集曝气、高滤速、截留悬浮物、定期反冲洗等特点于一体。其主要特征包括：采用粒状填料作为生物载体，如陶粒、焦炭、石英砂、活性炭等；区别于一般生物滤池及生物塔滤，在去除 BOD、氨氮时需要曝气；高水力负荷、高容积负荷及高的生物膜活性；具有生物氧化降解和截流SS 的双重功能，生物处理单元之后不需再设二沉池；需要定期进行反冲洗，清除滤池中截流的 SS，同时更新生物膜。

2.4.2.15　人工湿地

人工湿地是人工建造的、可控制的和工程化的湿地系统，其设计和建造是通过对湿地自然生态系统中的物理、化学和生物作用的优化组合来进行废水处理的。为保证污水在其中有良好的水力流态和较大体积的利用率，人工湿地的设计应采用适宜的形状和尺寸，适宜的进水、出水和布水系统，以及在其中种植抗污染和去污染能力强的沼生植物。

根据污水在湿地中水面位置的不同，人工湿地可以分为表流人工湿地和潜流人工湿地。

（1）表流人工湿地

表流人工湿地是用人工筑成水池或沟槽状，然后种植一些水生植物，如芦苇、香蒲等。在表流人工湿地系统中，污水在湿地的表面流动，水位较浅，多在 0.1~0.6m 之间。这种湿地系统中水的流动更接近于天然状态。污染物的去除也主要是依靠生长在植物水下部分的茎、杆上的生物膜完成的，处理能力较低。同时，该系统处理效果受气候影响叫较大，在寒冷地区冬天还会发生表面结冰问题。因此，表流人工湿地单独使用较少，大多和潜流人工湿地或其他处理工艺组合在一起。但这种系统投资小。

（2）潜流人工湿地

潜流人工湿地的水面位于基质层以下。基质层由上下两层组成，上层为土壤，下层是由易于使水流通过的介质组成的根系层，如粒径较大的砾石、炉渣或砂层等，在上层土壤层中种植芦苇等耐水植物。床底铺设防渗层或防渗膜，以防止废水流出该处理系统，并具有一定的坡度。潜流人工湿地比表流人工湿地具有更高的负荷，同时占地面积小，效果可靠，耐冲击负荷，也不易滋生蚊蝇。但其构造相对复杂。

人工湿地污水处理技术是 20 世纪 70~80 年代发展起来的一种污水生态处理技术。由于它能有效地处理多种废水，如生活污水、工业废水、垃圾渗滤液、地面径流雨水、合流制下水道暴雨溢流水等，且能高效地去除有机污染物，氮、磷等营养物，重金属，盐类和病原微生物等多种污染物，具有出水水质好，氮、磷去除处理效率高，运行维护管理方便，投资及运行费用低等特点，近年来获得迅速的发展和推广应用。

采用人工湿地处理污水，不仅能使污水得到净化，还能够改善周围的生态环境和景观效果。小城镇周围的坑塘、废弃地等较多，有利于建设人工湿地处理系统。北方地区人工湿地通过增加保温措施能够解决过冬问题，只是投资要高一些，湿地结构要复杂一些。

2.4.2.16 氧化塘

氧化塘又称稳定塘或生物塘，它是天然的或人工修成的池塘，是构造简单，易于维护管理的一种废水处理设施，废水在其中的净化与水的自净过程十分相似。

氧化塘法处理废水时，废水在塘内作长时间停留，有机污染物通过水中微生物的代谢作用而降解。细菌所需的氧气主要是塘内繁殖的藻类供给，这是利用细菌呼吸作用的代谢产物 CO_2、NH_3 等作原料进行光合作用，促使藻类繁殖，而向水中放出氧气。这样在氧化塘内细菌与藻类有着共生关系。因此，氧化塘中的藻类繁殖，对废水处理是有利的。细菌所需氧气的另一个来源是水面大气复氧或人工供氧，也有一些氧化塘的处理过程是厌氧的。

根据氧化塘内溶解氧的来源和塘内有机污染物降解的形式，氧化塘有兼性塘、厌氧塘、好氧塘、曝气塘等多种形式。不同形式的单塘可以不同的组合方式形成多级串联塘系统。多级串联塘系统不仅有很高的 COD、BOD 去除率和较高的氮、磷去除率，还有很高的病原菌、寄生虫卵和病毒去除率。稳定塘系统不仅在发展中国家广泛应用，而且在发达国家应用也很普遍。我国也建造了越来越多的污水处理氧化塘，如黑龙江省齐齐哈尔氧化塘系统、山东省东营氧化塘处理系统、广东省尖峰山养猪场氧化塘、内蒙古集宁市氧化塘系统等。

氧化塘处理工艺具有基建投资省、工程简单、处理能耗低、运行维护方便、成本低、污泥产量少、抗冲击负荷能力强等诸多优点，不足之处就是占地面积大。稳定塘适用于土地资源丰富，地价便宜的城镇污水处理，尤其是有大片废弃的坑塘洼地、旧河道等可以利用的小城镇，可考虑采用该处理系统。

2.4.3 三级（深度）处理工艺系统

小城镇污水三级处理是在一级、二级处理后，进一步处理难降解的有机物、磷和氮等能够导致水体富营养化的可溶性无机物等。主要方法有生物脱氮除磷法，混凝沉淀法，砂滤法，活性炭吸附法，离子交换法和电渗析法等。三级处理是深度处理的同义语，但两者又不完全相同，三级处理常用于二级处理之后。而深度处理则以污水回收、再用为目的，在一级或二级处理后增加的处理工艺。

小城镇污水深度处理工艺方案取决于二级出水水质及再生利用水水质的要求，其基本工艺有如下 4 种。

① 二级处理-消毒；

② 二级处理-过滤-消毒；

③ 二级处理-混凝-沉淀（澄清、气浮）-过滤-消毒；

④ 二级处理-微孔过滤-消毒。

二级处理加消毒工艺可以用于农灌用水和某些环境用水。

二级处理后增加过滤工艺是先通过过滤去除二级出水中的微细颗粒物，然后进行消毒杀菌。该工艺对有机物的去除效果较差。处理后的水可作为工业循环冷却用水、城市浇洒、绿化、景观、消防、补充河湖等市政用水和居民住宅的冲洗厕所用水等杂用水，以及不受限制的农业用水等对水质的要求不高的回用水。

二级处理加混凝、沉淀、过滤、消毒工艺，是国内外许多工程常用的再生工艺。通过混凝进一步去除二级生化处理厂未能除去的胶体物质、部分重金属和有机污染物，处理后出水可以作为城镇杂用水水质，也可作锅炉补给水和部分工艺用水。

二级处理加微孔膜过滤工艺是用微孔膜过滤替代传统的砂滤，其出水效果比砂滤更好。微孔过滤是一种较常规过滤更有效的过滤技术。微滤膜具有比较整齐、均匀的多孔结构。微滤的基本原理属于筛网状过滤，在静压差作用下，小于微滤膜孔径的物质通过微滤膜，而大于微滤膜孔径的物质则被截留到微滤膜上，使大小不同的组分得以分离。

上述基本工艺可满足当前大多数用户的水质要求。当用户对再生水水质有更高要求时，可增加深度处理其他单元技术中的一种或几种组合。其他单元技术有：活性炭吸附、臭氧-活性炭、脱氨、离子交换、超滤、纳滤、反渗透、膜-生物反应器、曝气生物滤池、臭氧氧化、自然净化系统等。

污水处理厂二级出水经物化处理后，其出水中的某些污染物指标仍不能满足再生利用水质要求时，则应考虑在物化处理后增设粒状活性炭吸附工艺。

当再生水水质对磷的指标要求较高，采用生物除磷不能达到要求时，应考虑增加化学除磷工艺。化学除磷是指向污水中投加无机金属盐药剂，与污水中溶解性磷酸盐混合后形成颗粒状非溶解性物质，使磷从污水中去除。

2.5 污水消毒

小城镇污水经二级处理后，水质已经改善，细菌含量也大幅度减少，但细菌的绝对值仍较高，并存在有病原菌的可能。因此，在排放水体前或在农田灌溉等再生回用时，应进行消毒处理。污水消毒应连续运行，特别是在生活水源地的上游、旅游区、夏季或流行病流行季节，应严格连续消毒。非上述地区或季节，在经过卫生防疫部门的同意后，也可考虑采用间歇消毒或酌减消毒剂的投加量。

污水消毒的主要方法是向污水投加消毒剂。目前用于污水消毒的消毒剂有液氯、二氧化氯、臭氧、紫外线、次氯酸钠等。

2.5.1 液氯消毒

氯气溶解在水中后，水解为 HCl 和次氯酸 HOCl，次氯酸再离解为 H^+ 和 OCl^-，HOCl 比 OCl^- 的氧化能力要强得多。另外，由于 HOCl 是中性分子，容易接近细菌而予以氧化，而 OCl^- 带负电荷，难以靠近同样带负电的细菌，虽然有一定氧化作用，但在浓度较低时很难起到消毒作用。

pH 值影响 HOCl 和 OCl^- 的含量，因此对消毒效果影响较大。pH 值小于 7 和温度较低时，OCl^- 含量高，消毒效果较好。pH 值小于 6 时，水中的氯几乎 100% 地以 OCl^- 的形式存在，pH 值为 7.5 时，HOCl 和 OCl^- 的含量大致相等，因此氯的杀菌作用在酸性水中比在碱性水中更有效。如果污水中含有氨氮，加氯时会生成一氯氨 NH_2Cl 和二氯氨 $NHCl_2$，此时消毒作用比较缓慢，效果较差，且需要较长的接触时间。

2.5.2 二氧化氯消毒

二氧化氯对细菌、病毒等有很强的灭活能力，消毒能力比氯强。二氧化氯一般通过发生器现场制备。发生器产生的二氧化氯定量投加到消毒池，并根据出水中的余氯量对投加量进行调整。

2.5.3 臭氧消毒

臭氧具有极强的氧化能力，氧化能力仅次于氟。臭氧消毒可以将现场制备的臭氧直接通入废水中。

2.5.4 紫外线消毒

紫外消毒技术是利用特殊设计制造的高强度、高效率和长寿命的 C 波段 254nm 紫外光发生装置产生的强紫外光照射水流，使水中的各种病原体细胞组织中的 DNA 结构受到破坏而失去活性，从而达到消毒杀菌的目的。污水处理中使用较多的紫外发生器是紫外汞灯。紫外灯可分为低压汞灯（汞蒸气压力为 1.33～133Pa）、中压汞灯（汞蒸气压力为 0.1～1MPa）和高压汞灯（汞蒸气压力达到 20MPa）。

2.5.5 次氯酸钠消毒

次氯酸钠投入水中能够生成 HOCl，因而具有消毒杀菌的能力。次氯酸钠可用次氯酸钠发生器，以海水或食盐水的电解液电解产生。从次氯酸钠发生器产生的次氯酸钠可直接投入水中，进行接触消毒。

上述各种消毒剂的优缺点与适用条件参见表 2-1。

表 2-1 消毒剂优缺点及选择

名称	优点	缺点	适用条件
液氯	效果可靠,投配设备简单,投量准确,价格便宜	氯化形成的余氯及某些含氯化合物低浓度时对水生物有毒害;当污水含工业废水比例大时,氯化可能生成致癌物质	适用于大、中型污水处理厂
臭氧	消毒效率高并能有效地降解污水中残留有机物、色、味等,污水 pH 值与温度对消毒效果影响很小,不产生难处理的或生物积累性残余物	投资大、成本高,设备管理较复杂	适用于出水水质较好,排入水体的卫生条件要求高的污水处理厂
次氯酸钠	用海水或浓盐水作为原料,产生次氯酸钠,可以在污水厂现场产生并直接投配,使用方便,投量容易控制	需要有次氯酸钠发生器与投配设备	适用于中、小型污水处理厂
紫外线	紫外线照射与氯共同作用的物理化学方法,消毒效率高	紫外线照射灯具货源不足,电耗能量较多	适用于小型污水厂
二氧化氯	消毒效果优于液氯消毒,受 pH 值影响较小,消毒副产物少	二氧化氯输送和存储困难,一般采用二氧化氯发生器现场制备	适用于出水水质较好,排入水体的卫生条件要求高的污水处理厂

2.6 小城镇污水处理厂污泥的处理与处置

　　小城镇污水处理厂污泥的产量较小,因此,污泥的处理采用两种方式。一种是在一个区域内设一座污泥处理厂,几个污水处理厂共用一个污泥处理设施。一种是和城市污水处理厂一样,在污水处理厂内单独设置污泥处理设施。当几个污水处理厂共用一个污泥处理设施时,由于处理规模能够得到保证,因此,可以采用城市污水处理厂的处理工艺。当一个污水处理厂单独设置污泥处理设施时,污泥处理一般采用污泥浓缩-脱水工艺。小城镇污水处理厂污泥浓缩多采用重力浓缩法,浓缩后污泥的含水率可降为95%～97%。污泥脱水去除的主要是污泥中的吸附水和毛细水,一般可使污泥含水率从96%左右降低至60%～85%。污泥脱水的方法主要有自然干化和机械脱水。自然干化法目前应用较少,机械脱水方法有真空吸滤法、压滤法和离心法等。

2.6.1 重力浓缩法

　　重力浓缩本质上是一种沉淀工艺,属于压缩沉淀。重力浓缩池按其运转方式可以分为连续式和间歇式两种。连续式主要用于大、中型污水处理厂,间歇式主要用于小型污水处理厂或工业企业的污水处理厂。重力浓缩池一般采用水密性钢筋混凝土建造,设有进泥管、排泥管和排上清液管,平面形式有圆形和矩形两种,一般多采用圆形。

　　间歇式重力浓缩池的进泥与出水都是间歇的,因此,在浓缩池不同高度上应设多个上清液排出管。间歇式操作管理麻烦,且单位处理污泥所需的池容积比连续式重力浓缩池大。图2-29为间歇式重力浓缩池示意图。

图 2-29　间歇式重力浓缩池示意

1—污泥入流槽;2—中心管;3—出水堰;4—上清液排出管;5—闸门;6—吸泥管;7—排泥管

　　连续式重力浓缩池的进泥与出水都是连续的,排泥可以是连续的,也可以是间歇的。当池子较大时采用辐流式浓缩池;当池子较小时采用竖流式浓缩池。竖流式浓缩池采用重力排泥,辐流式浓缩池多采用刮泥机机械排泥,有时也可以采用重力排泥,但池底应作成多斗。图2-30为有刮泥机与搅拌装置的连续式重力浓缩池。

2.6.2 机械脱水法与脱水机械

　　机械脱水法基本原理都是以过滤介质两侧的压力差作为推动力,使污泥中的水分被强制

图 2-30　连续式重力浓缩池

通过过滤介质，形成滤液排出，而固体颗粒被截留在过滤介质上成为脱水后的滤饼（有时称泥饼），从而实现污泥脱水的目的。

1. 真空吸滤法

真空吸滤法依靠减压与大气压产生压力差作为过滤的动力，其优点是操作平稳，处理量大，整个过程可实现自动化，适用于各种污泥的脱水；缺点是脱水前必须进行预处理，附属设备多，工序复杂，运行费用也较高。真空吸滤法采用的脱水设备是真空过滤机。真空过滤机分为转筒式、转盘式和水平式。

2. 压滤法

压滤法利用空压机、液压泵或其他机械形成大于大气压的压差进行过滤脱水。污泥压滤机有板框压滤机和带式压滤机两种，其中板框压滤机一般是间歇运行，而带式压滤机为连续运行。

3. 离心法

离心法利用快速旋转所产生的离心力使污泥中的固体颗粒和水分离。分离性能常用分离因数作为比较系数。分离因数是液体中颗粒在离心场（旋转容器中的液体）的分离速度同其在重力场（静止容器中的液体）的分离速度之比值，分离因数越大，离心分离的效果越好。离心机按分离因数的大小可分为高速离心机、中速离心机和低速离心机；按几何形状不同可分为筒式离心机、盘式离心机和板式离心机等。

由于小城镇污水处理厂的污泥产量较低，因此，有时直接采用离心浓缩脱水一体机，一次完成浓缩和脱水。

2.6.3　污泥的干化

污泥的自然干化是一种简便经济的脱水方法，但容易形成二次污染，适合于有条件的小城镇污水处理厂。污泥自然干化的主要构筑物是干化场。干化场可分为自然滤层干化场与人工滤层干化场两种。前者适用于自然土质渗透性能好，地下水位低的地区。人工滤层干化场的滤层是人工铺设的，又可分为敞开式干化场和有盖式干化场两种。图 2-31 为人工滤层干化场。

干化场脱水主要依靠渗透、蒸发与撇除。影响干化场脱水的因素如下。

（1）气候条件

如当地的降雨量、蒸发量、相对湿度、风速和年冰冻期。

图 2-31　人工滤层干化场

（2）污泥性质

如消化污泥中产生的沼气泡、污泥比阻等。

第3章 小城镇污水厂的试运行

3.1 小城镇污水厂的试运行的内容及目的

污水厂的调试也称为试运行，包括单机试运行与联动试车两个环节，也是正式运行前必须进行前的一项工作。通过试运行可以进一步检验土建工程、设备和安装工程的质量，可以及时修改和处理工程设计和施工带来的缺陷与错误，确保污水厂达到设计功能。试运行是保证正常运行过程能够成功的基础。在调试处理工艺系统过程中，需要机电、自控仪表、化验分析等相关专业的配合，因此系统调试实际是设备、自控、处理工艺联动试车过程。

3.1.1 试运的内容

污水处理厂的试运行包括复杂的生物化学反应过程的启动和调试，过程缓慢，受环境条件和水质水量影响很大。具体包括以下几点。

① 单机试运：包括各种设备安装后的单机运转和处理单元构筑物的试水。在未进水和已进水两种情况下对污水处理设备进行试运行，同时检查水工构筑物的水位和高程是否满足设计和使用要求。

② 联动试车：对整个工艺系统进行设计水量的清水联动试车，打通工艺流程。考核设备在清水流动的条件下，检验部分、自控仪表和连接各工艺单元的管道、阀门等是否满足设计和使用要求。

③ 对各处理单元分别进入污水，检查各处理单元运行效果，为正式运行做好准备工作。

④ 整个工艺流程全部打通后，开始进行活性污泥的培养与驯化，直至出水水质达标，在此阶段进一步检验设备运转的稳定性，同时实现自控系统的连续稳定运行。

3.1.2 试运行目的

污水处理厂的试运行不但要检验工程质量，更重要的是要检验工程运行是否能够达到设计的处理效果。污水处理厂的试运行的目的如下。

① 进一步检验土建、设备和安装工程质量，建立相关的档案资料，对机械、设备、仪表的设计合理性及运行操作注意事项提出建议。

② 通过污水处理设备的带负荷运行，测试其能力是否达到铭牌或设计值。如水泵的提升流量与扬程、鼓风机的出风风量、压力、温度、噪音与振动等，曝气设备充氧能力或氧利用率，刮（排）泥机械的运行稳定性、保护装置的效果、刮（排）泥效果等。

③ 检验各处理单元构筑物是否达到设计值，尤其二级处理构筑物采用生化法处理污水时，一定要根据进水水质选择合适的方法培养和驯化活性污泥，并在达到处理效果的基础上，找出最佳运行工艺参数。

④ 在单项处理设施带负荷试运行的基础上，连续进水打通整个工艺流程，在参照同类污水厂运行经验的基础上，经调整各工艺单元工艺参数，使污水处理尽早达标，并摸索整个系统及各处理单元构筑物转入正常运行后的最佳工艺参数。

3.2 小城镇污水处理厂水质与水量监测

3.2.1 进水水质、水量监测

进入污水厂的水量与水质总是随时间不断变化的。水量和水质的变化，必然导致污水处理系统的水量负荷、无机污染负荷、有机污染负荷的变化，以及污泥处理系统泥量负荷和有机质负荷的变化。因此，应对污水处理厂进水的水量、水质以及各处理单元的水量、水质进行监测，以便各处理单元能够以此采取措施适应水量，水质的变化，保证污水厂试运行顺利进行。

3.2.2 污水处理厂运行监测项目

3.2.2.1 感官指标

在活性污泥法污水厂的运行过程中，操作管理人员通过对处理过程中的现象观测可以直接感觉到进水是否正常，各构筑物运转是否正常，处理效果是否稳定。这些感官指标主要如下。

（1）颜色

以生活污水为主的污水厂，进水颜色通常为粪黄色，这种污水比较新鲜。如果进水呈黑色且臭味特别严重，则污水比较陈腐，可能在管道内存积太久。如果进水中混有明显可辨的其他颜色如红、绿、黄等，则说明有工业废水进入。对一个已建成的污水厂来说，只要它的服务范围与服务对象不发生大的变化，则进厂的污水颜色一般变化不大。

活性污泥正常的颜色应为黄褐色，正常气味应为土腥味，运行人员在现场巡视中应有意识地观察并嗅闻。如果颜色变黑或闻到腐败性气味，则说明供氧不足，或污泥已发生腐败。

（2）气味

污水厂的进水除了正常的粪臭外，有时在集水井附近有臭鸡蛋味，这是管道内因污水腐化而产生的少量硫化氢气体所致。活性污泥混合液也有一定的气味，当操作工人在曝气池旁嗅到一股霉香味或土腥味时，则就能断定曝气池运转良好，处理效果达到标准。

（3）泡沫与气泡

曝气池内往往出现少量的泡沫，类似肥皂泡，较轻，一吹即散。一般这时曝气池供气充足，溶解氧足够，污水处理效果好。但如果曝气池内有大量白色泡沫翻滚，且有黏性不易自然破碎，常常飘到池子走道上，这种情况则表示曝气池内活性污泥异常。

对曝气池表面应经常观察气泡的均匀性及气泡尺寸的变化，如果局部气泡变少，则说明曝气不均匀，如果气泡变大或结群，则说明扩散器堵塞。应及时采取相应的对策。

当污泥在二沉池泥斗中停留过久，产生厌氧分解而析出气体时，二沉池也会有气泡产生。此时有黑色污泥颗粒随之而上升。另外，当活性污泥在二沉池泥斗中反硝化析出氮气时，氮气泡也带着灰黄色污泥小颗粒上升到水面。

（4）水温

水温对曝气池工作有着很大的关系。一个污水厂的水温是随季节逐渐缓慢变化的，一天内几乎无甚变化。如果发现一天内变化很大，则要进行检查，是否有工业冷却水进入。曝气池在水温 8℃ 以下运行时，处理效率有所下降，BOD_5 去除率常低于 80%。

（5）水流状态

在曝气池内有个别流水段翻动缓慢，则要检查曝气器有否堵塞。如果曝气池入流污水和回流污泥以明渠方式流入曝气池，则要观察交汇处的水流状态，观察污水回流是否被顶托。

在表面曝气池中如果近池壁处水流翻动不剧烈，近叶轮处溅花高度及范围很小，则说明叶轮浸没深度不够，应予以调整。如果在沉砂池或沉淀池周角处有成团污泥或浮渣上浮时，应检查排泥或渣是否及时、通畅，排泥量是否合适。

（6）出水观测

正常污水厂处理后出水透明度很高，悬浮颗粒很少，颜色略带黄色，无气味。在夏季，二沉池内往往有大量的水蚤，此时水质甚好。有经验的操作管理者，往往能用肉眼粗略地判断出水的 BOD 的数值，如果出水透明度突然变差，出水中又有较多的悬浮固体时，则应马上检查排泥是否及时，排泥管是否被堵塞或者是否由于高峰流量对二沉池的冲击太大。

（7）排泥观测

首先要观测二沉池污泥出流井中的活性污泥是否连续不断地流出，且有一定的浓度。如果在排泥时发现有污水流出，则要从闸阀的开启程度和排泥时间的控制来调节。对污泥浓缩池要经常观测撇水中是否有大量污泥带出。

（8）各类流量的观测

充分利用计量设备或水位与流量的关系，牢牢掌握观测时段中的进水量、回流量、排泥量、空气压力的大小与变化。

（9）泵、风机等设备的直观观测

泵、风机等设备的听、嗅、看、摸的直观观测。

3.2.2.2　理化分析指标

理化分析指标多少及分析频率取决于处理厂规模大小及化验人员和仪器设备的配备情况。主要的监测项目如下。

（1）反映效果的项目

进出水总的和溶解性的 BOD、COD，进出水总的和挥发性的 SS，进出水的有毒物质（对应工业废水所占比例很大时）。

（2）反映污泥情况的项目

污泥沉降比（SV%）、MLSS、MLVSS、SVI、微生物相观察等。

（3）反映污泥营养和环境条件的项目

氮、磷、pH 值、溶解氧、水温等。

3.3　小城镇污水处理设施的试运转

3.3.1　处理构筑物或设备的试通水

污水与污泥处理工程竣工后，应对处理构筑物（或设备）、机械设备等进行试运转，检验其工艺性能是否满足设计要求。钢筋混凝土水池或钢结构设备在竣工验收（满水试验）后，其结构性能已达到设计要求，但还应对全部污水或污泥处理流程进行试通水试验，检验在重力流条件下污水或污泥流程的顺畅性，比较实际水位变化与设计水位；检验各处理单元间及全厂连通管渠水流的通畅性，附属设施是否能正常操作；检验各处理单元进出口水流流量与水位控制装置是否有效。

3.3.2 处理机械设备的试运转

污水处理厂污水、污泥处理专用机械设备在安装工程验收后，查阅安装质量记录，当各技术指标符合安装质量要求，其机械与电气性能已得到初步检验，为检验机械设备的工艺性能，在处理构筑物或设备已通水后，可进行机械设备的带负荷试验，在额定负荷或超负荷10%的情况下，机械设备的机械、电气、工艺性能应满足设备技术文件或相关标准的要求，具体参见如下几条。

① 机械设备各部件之间的连接处螺栓不松动、牢固可靠，无渗漏；密封处松紧适当，升温不应过高；转动部件或机构应可用手盘动或人工转动。

② 启动运转要平稳，运转中无振动和异常声响，启动时注意依照有标箭头方向旋转。

③ 各运转啮合与差动机构运转要依照规定同步运行，并且没有阻塞碰撞现象。

④ 在运转中保持动态所应有的间隙，无抖动晃摆现象。

⑤ 各传动件运行灵活（包括链条与钢丝绳等柔质机件不碰不卡、不缠、不跳槽），并保持良好张紧状态。

⑥ 滚动轮与导向槽轨，各自啮合运转，无卡齿、发热现象。

⑦ 各限位开关或制动器，在运转中动作及时，安全可靠。

⑧ 在试运转之前或后，手动或自动操作，全程动作各 5 次以上，动作准确无误，不卡、不碰、不抖。

⑨ 电动机运转中温升在允许范围内。

⑩ 各部轴承注加规定润滑油，应不漏、不发热，升温小于规定要求（如滑动轴承小于60℃，滚动轴承小于 70℃）。

⑪ 试运转时一般空车运转 2h（且不少于两个运行循环周期），带 75%负荷、100%负荷与 115%负荷分别运转 4h，各部分应运转正常、性能符合要求。

⑫ 带负荷运转中要测定转速、电压电流、功率、工艺性能（如流量、泥饼含水率、充氧量、提升高度等），并应符合设备技术要求或设计规定，填写记录表格，建档备查。

3.4 好氧活性污泥的培养与驯化

3.4.1 好氧活性污泥的培养与驯化

所谓活性污泥的培养，就是为活性污泥的微生物提供一定的生长繁殖条件，包括营养物质、溶解氧、适宜的温度和酸碱度等，在这种情况下，经过一段时间，就会有活性污泥形成，并在数量上逐渐增长，并最后达到处理废水所需的污泥浓度。活性污泥的培养方法有接种培养法和自然培养法。

3.4.1.1 接种培养

将曝气池注满污水，然后大量投入接种污泥，再根据投入接种污泥的量，按正常运行负荷或略低进行连续培养。接种污泥一般为城市污水处理厂的干污泥，也可以用化粪池底泥或河道底泥。这种方法污泥培养时间较短，但受接种污泥来源的限制，一般只适合于小型污泥处理厂，或污水厂扩建时采用。对于大型污水处理厂，在冬季由于微生物代谢速率降低，当不受污泥培养时间限制时，可选择污水处理厂的小型处理构筑物（如曝气沉砂池、污泥浓缩池）进行接种培养，然后将培养好的活性污泥转移至曝气池中。

3.4.1.2 自然培养

自然培养，是指不投入接种污泥，利用污水现有的少量微生物，逐渐繁殖的过程。这种方法，适合于污水浓度较高、有机物浓度较高、气候比较温和的条件下采用。必要时，可在培养初期投入少量的河道或化粪池底泥。自然培养又可以有以下几种具体方法。

（1）间歇培养

将曝气池注满水，然后停止进水，开始曝气。只曝气不进水的过程，称之为"闷曝"。闷曝 2～3d 后，停止曝气，静沉 1h，然后排出部分污水并进入部分新鲜污水，这部分污水约占池容的 1/5。以后循环进行闷曝、静沉和进水三个过程，但每次进水量比上次有所增加，每次闷曝时间应比上次缩短，即进水次数增加。在污水的温度为 15～20℃时，采用这种方法，经过 15d 左右即可使曝气池中的 MLSS 超过 1000mg/L。此时可停止闷曝，连续进水连续曝气，并开始污泥回流。最初的回流比不要太大，可取 25%，随着 MLSS 的升高，逐渐将回流比增至设计值。

（2）连续培养

将曝气池注满污水，停止进水，闷曝 1d，然后连续进水连续曝气，当曝气池中形成污泥絮体，二沉池中有污泥沉淀时，可以开始回流污泥，逐渐培养直至 MLSS 达到设计值。在连续培养时，由于初期形成的污泥量少污泥代谢性能不强，应该控制污泥负荷低于设计值，并随着时间的推移逐渐提高负荷。培养过程污泥回流比，在初期也较低（一般为 25%左右），然后随 MLSS 浓度提高逐渐增加污泥回流比，直至设计值。

对于工业废水或以工业废水为主的城市污水，由于其中缺乏专性菌种和足够的营养，因此在投产时除用一般菌种和所需要营养培养足量的活性污泥外，还应对所培养的活性污泥进行驯化，使活性污泥微生物群体逐渐形成具有代谢特定工业废水的酶系统，具有某种专性。

实际上活性污泥的培养和驯化可以同步进行，也可以同时进行。活性污泥的培养和驯化可归纳为异步培养法、同步培养法和接种培养法三种。异步培养法即先培养后驯化；同步培养法则培养和驯化同时进行或交替进行；接种法利用其他污水处理厂的剩余污泥，再进行适当培养和驯化。

3.4.2 好氧活性污泥培养与驯化成功标志

活性污泥培养驯化成功的标志如下。
① 培养出的污泥及 MLSS 达到设计标准；
② 稳定运行的出水水质达到设计要求；
③ 生物处理系统的各项指标达到设计要求；
④ 曝气池微生物镜检生物相要丰富，有原生动物出现。

3.4.3　好氧活性污泥培养时应注意的问题

3.4.3.1　温度

春秋季节污水温度一般在 15～20℃之间，适合进行好氧活性污泥的培养。冬季污水温度较低，不适合微生物生长，因此，污水处理厂一般应避免在冬季培养污泥。若一定要在冬季进行培养，应采用接种培养法，并控制较低的运行负荷。一般而言，冬季培养污泥时，培养时间会增加 30%～50%。

3.4.3.2　污水水质

城市污水的营养成分基本都能满足微生物生长所需的平衡，但我国城市污水有机质浓度大多较低，培养速度较慢。因此，当污水有机质浓度低时，为缩短培养时间，可在进水中增加有机质营养，如小型污水厂可投入一定量的粪便，大型污水厂可让污水超越初沉池，直接进水曝气池。

3.4.3.3　曝气量

污泥培养初期，曝气量一定不能太大，一般控制在设计正常值的 1/2 左右。否则，絮状污泥不易形成。因为在培养初期污泥尚未大量形成，产生的污泥絮凝性能不太好，还处于离散状态，加之污泥浓度较低，微生物易处于内源呼吸状态，因此，曝气量不能太大。

3.4.3.4　观测

污泥培养过程中，不仅要测量曝气池混合液的 SV 与 MLSS，还应随时观察污泥的生物相，了解菌胶团及指示微生物的生长情况，以便根据情况对培养过程进行必要的调整。

3.5　生物膜的培养与驯化

生物膜的培养常称为挂膜。挂膜菌种大多数采用生活粪便污水或活性污泥混合液。由于生物膜中微生物固着生长，适宜特殊菌种的生存，所以，挂膜有时也可采用纯培养的特异菌种菌液。特异菌种可单独使用，也可以同活性污泥混合使用，由于所用特异菌种比一般自然筛选的微生物更适宜于废水环境，因此，在与活性污泥混合使用时，仍可保持特异菌种在生物相中的优势。

挂膜过程必须使微生物吸附在固体支撑物上，同时，还应不断供给营养物，使附着的微生物能在载体上繁殖，不被水流冲走。单纯的菌液或活性污泥混合液接种，即使固相支撑物上吸附有微生物，但还是不牢固，因此，在挂膜时应将菌液和营养液同时投加。

挂膜方法一般有两种。一种是闭路循环法，即将菌液和营养液从设备的一端流入，从另一端流出，将流出液收集在水槽内，槽内不断曝气，使菌与污泥处于悬浮状态，曝气一段时间后，进入分离池进行沉淀（0.5～1.0h），去掉上清液，适当添加营养液或菌液，再回流入生物膜反应设备，如此形成一个闭路系统。直到发现载体上长有黏状泥，即开始连续进入废水。这种挂膜方法需要菌种及污泥数量大，而且由于营养物缺乏，代谢产物积累，因而成膜时间较长，一般需要 10d。另一种挂膜法是连续法，即菌液和污泥循环 1～2 次后即连续进水，并使进水量逐步增大。这种挂膜法由于营养物供应良好，只要控制挂膜液的流速（在转盘中控制转速），以保证微生物的吸附。在塔式滤池中挂膜时的水力负荷可采用 4～7m³/

（m² · d），约为正常运行的 50%～70% 待挂膜后再逐步提高水力负荷至满负荷。

在各种形式的生物膜处理设施中，生物接触氧化池和塔式生物滤池由于具有曝气系统，而且填料量和填料空隙均较大，可以使用连续挂膜法，而普通生物滤池和生物转盘等设施适于使用闭路循环法。挂膜过程中回流沉淀池出水和池底污泥，可促进挂膜的早日完成。

对于生活污水、城市污水或混有较大比例生活污水的工业废水可以采用连续法。对于不易生物降解的工业废水，尤其使用普通生物滤池和生物转盘等设施处理时，为了保证挂膜的顺利进行，可以通过预先培养和驯化相应的活性污泥，然后再投加到生物膜处理系统中进行挂膜，也就是分步挂膜。通常的做法是先将生活污水或其与工业废水的混合污水培养出活性污泥，然后将该污泥与工业废水一起放入一个循环池内，再用泵投入生物膜反应器中，出水和沉淀污泥均回流到循环池。循环运行形成生物膜后，通水运行，并加入要处理的工业废水。可先投配 20% 的工业废水，经分析进出水的水质，生物膜具有一定处理效果后，再逐步加大工业废水的比例，直到全部都是工业废水为止。也可以用掺有少量（20%）工业废水的生活污水直接培养生物膜，挂膜成功后再逐步加大工业废水的比例，直到全部都是工业废水为止。

为了能尽量缩短挂膜时间，应保证挂膜营养液及污泥量具有适宜细菌生长的 pH 值、温度、营养比等，尤其是氮磷等营养元素的数量必须充足（可按进水 COD_{Cr}：N：P＝100：5：1估算）。

在挂膜过程中，应经常采样进行显微镜检验，观察生物相的变化。

挂膜驯化后，系统即可进入试运转，测定生物膜反应设备的最佳工作运行条件，并在最佳条件下转入正常运行。

在生物膜培养挂膜期间，由于刚长成的生物膜适应能力较差，往往会出现膜状污泥大量脱落的现象，这可以说是正常的，尤其是采用工业废水进行驯化时，脱落现象会更严重。

在正常运行阶段，膜大量脱落是不正常的。产生大量脱膜的主要原因是进水水质发生了变化，如抑制性或有毒污染物的含量突然升高或 pH 值发生突变等，解决办法是改善进水水质。

3.6 厌氧消化的污泥培养

厌氧消化系统试运行的一个主要任务是培养厌氧活性污泥，即消化污泥。厌氧活性污泥培养的主要目标是厌氧消化三个阶段所需的细菌，即甲烷细菌、产酸菌、水解酸化菌等。厌氧消化系统的启动，就是完成厌氧活性污泥的培养。当厌氧消化池经过满水试验和气密性试验后，便可开始甲烷菌的培养。厌氧活性污泥的培养有接种培养法和逐步培养法。

3.6.1 培养方法

3.6.1.1 接种培养法

接种培养法，是向厌氧消化装置中投入容积为总容积的 10%～30% 厌氧菌种污泥，接种污泥一般为含固率为 3%～5% 的湿污泥。

接种污泥，一般取自正在运行的厌氧处理装置，尤其是城市污水处理厂的消化污泥，当液态消化污泥运输不便时，可用污水厂经机械脱水后的干污泥。在厌氧消化污泥来源缺乏的地方，可从废坑塘中取腐化的有机底泥，或以人粪、牛粪、猪粪、酒糟或初沉池污泥代替。

大型污水厂，若同时启动所需接种量太大，可分组分别启动。

3.6.1.2 逐步培养法

逐步培养法就是向厌氧消化池内逐步投入生泥，使生泥自行逐渐转化为厌氧活性污泥。该方法要使活性污泥经历一个由好氧向厌氧的转变过程，加之厌氧微生物的生长速率比好氧微生物低很多，因此培养过程很慢，一般需历时 6~10 月左右，才能完成甲烷菌的培养。

3.6.2 注意事项

① 产甲烷细菌对温度很敏感，厌氧消化系统的启动要注意温度的控制。

② 厌氧消化污泥培养，初期生污泥投加量与接种污泥的数量及培养时间有关，早期可按设计污泥量的 30%~50% 投加，到培养经历了 60d 左右，可逐渐增加投泥量。若从监测结果发现消化不正常时，应减少投泥量。

③ 厌氧消化系统处理城市污水处理厂的活性污泥，碳、氮、磷等营养成分能够适应厌氧微生物生长繁殖的需要。因此，厌氧消化污泥培养不需要投加营养物质。

④ 为防止发生沼气爆炸事故，投泥前，应使用不活泼的气体（氮气）将输气管路系统中的空气置换出去，以后再投泥，产生沼气后，再逐渐把氮气置换出去。

3.7 城镇污水处理厂运行管理

3.7.1 城镇污水处理厂运行管理的一般规定

城镇污水厂的运行管理指从接纳原污水至净化处理排出"达标"污水的全过程的管理，运行管理的基本要求包括以下几点。

（1）按需生产

首先应满足城市与水环境对污水厂运行的基本要求，保证处理量，使处理后污水达标。

（2）经济生产

以最低的成本处理好污水，使其"达标"。

（3）文明生产

要求具有全新素质的操作管理人员，以先进的技术文明的方式，安全地搞好生产运行。

城镇污水处理厂运行管理的一般规定如下。

① 城镇污水处理厂应依据本规程制定相应的管理制度、岗位操作规程、设施、设备维护保养手册及事故应急预案，并定期修订。

② 城镇污水处理厂必须建立、健全污水处理设施运行与维护管理制度，各岗位运行操作和维护人员应经培训后持证上岗，并应定期考核。

③ 城镇污水处理厂应有工艺流程图、管网现状图、自控系统及供电系统图等。

④ 城镇污水处理厂各岗位应有健全的技术操作规程、安全操作规程及岗位责任等制度。

⑤ 运行管理、操作和维护人员必须掌握处理工艺和设施、设备的运行、维护要求及技术指标。

⑥ 厂内供水、排水、供电、供热和燃气等设施的运行、维护及管理工作必须符合国家

现行有关标准的规定。

⑦ 污水处理及污泥处理处置工艺运行过程中应配置相应的在线仪表。城镇污水处理厂的进、出水口应安装流量计和化学需氧量等在线监测仪表。

⑧ 能源和材料的消耗应准确计量，并应做好各项生产指标的统计，进行成本核算。

3.7.2 水质管理

污水处理厂（站）水质管理工作是各项工作的核心和目的，是保证"达标"的重要因素。水质管理制度应包括：各级水质管理机构责任制度，"三级"（指环保监测部门、总公司和污水站）检验制度，水质排放标准与水质检验制度，水质控制与清洁生产制度等。

3.7.3 运行人员的职责与管理

污水处理厂操作管理人员的任务是充分发挥各种处理方法的优点，根据设计要求进行科学的管理，在水质条件和环境条件发生变化时，充分利用各种工艺的弹性进行适当的调整，及时发现并解决异常问题，使处理系统高效低耗地完成净化处理作用，以达到理想的环境效益、经济效益和社会效益。具体要求如下。

（1）熟练掌握本职业务

污水与污泥的处理是利用一系列处理构筑物、机械、设备与自控装置，通过物理、化学及生物学的原理来完成的，还涉及各种测试手段。因此，污水处理厂所有运行管理人员除了应具有一定的文化程度外，还应具有较好的物理、化学及微生物学方面知识，同时包括机械及电气方面的知识。

（2）遵守规章制度

为了保证污水处理厂稳定的运行，除了操作管理人员应具备业务知识和能力外，还应有一系列规章制度要共同遵守。除了岗位责任制以外，还包括设施巡视制、设备保养制、交接班制、安全操作制等。

3.7.4 运行记录与报表

一个城镇污水处理厂，每日处理了多少污水，处理效果如何，处理过程节能降耗效果如何，处理过程有什么异常，解决方式与结果如何，全凭污水处理厂的运行记录及报表来反映。城镇污水处理厂的原始记录与报表是一项重要的方案记录与档案材料，可为管理人员提供直接的运转数据、设备数据、财务数据和分析化验数据，可依靠这些数据对工艺进行计算与调整，对设施设备状况进行分析、判断，对经营情况进行调整，并据此提出设施设备维修计划，或据此进行下一步的生产调度。原始记录主要有值班记录、工作日志和设备维修记录，包括各种测试、分析或仪表显示数据的记录。统计报表则是在原始记录基础上汇编而成，可分为年统计、月统计、季统计等。一般由工段每月向科室或处室抄送月统计报表备案，科室或处室每季度或每年向厂抄送季度或年统计报表；各操作岗位每日或每周或每旬向工段抄送日或周或旬的统计报表。原始记录或统计报表，又可以按专业划分为运行、化验、设备、财务等几类报表。运行值班人员在填写原始记录时，一定要及时、清晰、完整、真实、准确，统计报表的编制能定时、系统、简练地反映污水处理过程不同时期、不同专业的运行管理状况的主要信息。

第4章 小城镇污水厂一级处理工艺单元的运行管理

4.1 格栅间的运行管理

4.1.1 格栅的类型与构造

格栅一般安装在污水处理厂、污水泵站之前，用以拦截大块的悬浮物或漂浮物，以保证后续构筑物或设备的正常工作。

格栅一般由相互平行的格栅条、格栅框和清渣耙三部分组成。格栅按不同的方法可分为不同的类型。

按格栅条间距的大小，格栅分为粗格栅、中格栅和细格栅三类，其栅条间距分别为4～10mm、15～25mm和大于40mm。

按清渣方式，格栅分为人工清渣格栅和机械清渣格栅两种。人工清渣格栅主要是粗格栅。

按栅耙的位置，格栅分为前清渣式格栅和后清渣式格栅。前清渣式格栅要顺水流清渣和后清渣式格栅要逆水流清渣。

按形状，格栅分为平面格栅和曲面格栅。平面格栅在实际工程中使用较多。图4-1为平面格栅的一种，图4-2为弧形平面格栅。

按构造特点，格栅分为抓扒式格栅、循环式格栅、弧形格栅、回转式格栅、转鼓式格栅和阶梯式格栅。

格栅栅条间距与格栅的用途有关。设置在水泵前的格栅栅条间距应满足水泵的要求；设置在污水处理系统前的格栅栅条间距最大不能超过40mm，其中人工清除为25～40mm，机械清除为16～25mm。

污水处理厂也可设置两道格栅，总提升泵站前设置粗格栅（50～100mm）或中格栅（10～40mm）。处理系统前设置中格栅或细格栅（3～10mm）。若泵站前格栅栅条间距不大于25 mm，污水处理系统前可不在设置格栅。

栅渣清除方式与格栅拦截的栅渣量有关，当格栅拦截的栅渣量大于 $0.2m^3/d$ 时，一般采用机械清渣方式；栅渣量小于 $0.2m^3/d$ 时，可采用人工清渣方式，也可采用机械清渣方式。机械清渣不仅为了改善劳动条件，而且利于提高自动化水平。

图 4-1 采用机械清渣的平面格栅

1—滑块行程限位螺栓；2—除污耙自锁机构开锁撞块；3—除污耙自锁栓；4—耙臂；5—销轴；
6—除污耙摆动限位板；7—滑块；8—滑块导轨；9—刮板；10—抬耙导轨；11—底座；12—卷筒轴；
13—开式齿轮；14—卷筒；15—减速机；16—制动器；17—电动机；18—扶梯；19—限位器；
20—松绳开关；21，22—上、下溜板；23—格栅；24—抬耙滚子；25—钢丝绳；26—耙齿板

图 4-2 HGS 型弧形平面格栅

1—驱动装置；2—栅条组；3—传动轴；4—齿耙臂；5—旋转耙臂；6—撒渣装置

4.1.2 格栅的运行管理

4.1.2.1 操作要求

（1）格栅开机前应检查系统是否具备开机条件，经确认后方可正常启动。

（2）粉碎型格栅应连续运行。

（3）拦截型格栅应及时清除栅条（鼓、耙）、格栅出渣口及机架上悬挂的杂物，应定期对栅条校正；当汛期及进水量增加时，应加强巡视，增加清污次数。

（4）对栅渣应及时处理或处置。

（5）格栅运行中应定时巡检，发现设备异常应立即停机检修。经常检查电气限位开关是否正常。注意避免钢丝绳错位，当发现钢丝绳已断股或损伤时，应及时换掉。

（6）对传动机构应定期检查，并应保证设备处于良好的运行状态。该加注润滑油的部分要经常检查和加油。

（7）对粉碎型格栅刀片组的磨损和松紧度应定期检查，并及时调整或更换。注意齿耙的位置，当倾斜或搁刹时，不要强行开机，以免损坏机器。

（8）长期停止运行的粉碎型格栅应吊离污水池，不得长期浸泡在污水池中，并做好设备的清洁保养工作。

（9）检修格栅或人工清捞栅渣时，应切断电源，并在有效监护下进行；当需要下井作业的，应符合《城镇污水处理厂运行、维护及安全技术规程》(CJJ 60—2011)第2.2.25条的规定外，还应进行临时性强制性通风。

（10）污水通过格栅的前后水位差宜小于0.3m。

（11）格栅应及时油漆保养。

4.1.2.2 格栅工作台数的确定

通过污水厂前部设置的流量计、水位计可得知进行污水厂的污水流量及渠内水深，再按设计推荐或运行操作规程设计的入流污水量与格栅工作的关系，确定投入运行的格栅数量。也可通过最佳过栅流速的计算来确定格栅投入运行的台数。

4.1.2.3 过栅流速的控制

栅前渠道流速一般应控制在0.4～0.8m/s。过栅流速应控制在0.6～1.0m/s，具体情况应视实际污物的组成、含砂量的多少及格栅距等具体情况而定。在实际运行中，可通过开、停格栅的工作台数，控制过栅流速，当发现过栅流速超过本厂要求的最高值时，应增加投入工作的格栅数量，使过栅流速控制在要求范围内，反之，当过栅流速低于本厂所要求的最低值时，应减少投入工作的格栅数量，使过栅流速控制在所要求的范围内。及时清除栅渣也是控制过栅流速在合理范围内的重要措施。

4.1.2.4 栅渣的清除

单纯从清渣来看，利用栅前、栅后液位差，即采用栅前、栅后水位差来实现自动清渣是最好的办法。还可根据时间的设定，实现自动运行，但必须掌握不同季节的栅渣量变化规律，不断总结经验，确保参数设置合理。但在特殊的情况下，也会造成清污的不及时，也可采取手动开、停方式，虽然操作量较大，但只要精心操作，也能够保证及时清污。不管哪种方式，值班人员都应按时到现场巡检。以手动开停方式积累的栅渣量决定于很多因素，一天、一月或一年中什么时候栅渣量最大，管理人员应注意摸索总结，以利于提高操作效率。此外，要加强巡查，及时发现格栅除污机的故障；及时压榨、清运栅渣；做好格栅间的通气换气。

4.1.2.5 定期检查渠道的沉砂情况

由于污水流速的减慢，或渠道内粗糙度的加大，格栅前后渠道内可能会积砂，应定期检查清理积砂，或修复渠道。

4.1.2.6 做好运行测量与记录

应测定每日栅渣量的重量或容量，并通过栅渣量的变化判断格栅是否正常运行。

4.1.3 格栅除污机的维护保养

格栅除污机是污水处理厂内最容易发生故障的设备之一。巡检时应注意有无异常声音，观察栅条是否变形，应定期加油保养。

4.1.4 卫生安全

污水在长途输送过程中腐化，产生硫化氢和甲硫醇等恶臭毒气，将在格栅间大量释放出来，因此，要加强格栅间通风设施管理，使通风设备处于通风状态。另外，清除的栅渣应及时运走，防止腐败产生恶臭；栅渣堆放处应经常冲洗，很少的一点栅渣腐败后，也能在较大的空间内产生强烈的恶臭。栅渣压榨机排出的压榨液中恶臭物含量也非常高，应及时将其排入污水渠中，严禁明沟流入或在地面漫流。

4.1.5 常见故障原因分析及对策

4.1.5.1 格栅机卡阻

不管连续运行还是间歇运行，因为格栅机长时间与污水接触，容易造成轴承磨损，运行出现卡阻现象，造成链条或耙齿拉偏或其他机械故障。为此，需要加强格栅机相关机械部件的润滑保养，日常巡检要及时到位。

4.1.5.2 格栅流速太高或太低

这是由于进入各个渠道的流量分配不均匀引起的，流量大的渠道对应的格栅流速必然高，反之，流量小的渠道格栅流速则较低。应经常检查并调节栅前的流量调节阀门或闸阀，保证格栅流速的均匀分配。

4.1.5.3 格栅前后水位差增大

当栅渣截留量增加时，水位差增加，因此，格栅前后的水位差能反映截留栅渣量的多少，定时开停的除污方式比较稳定。手动开停方式虽然工作量比较大，但只要工作人员精心操作，能保证及时清污，有些城市污水厂采用超声波测定水位差的方法控制格栅自动除渣。但是，无论采用何种清污方式，工作人员都应该到现场巡察，观察格栅运行和栅渣积累情况，及时合理地清渣，保证格栅正常高效运行。

4.1.5.4 格栅机堵塞

污水中常夹带一些长条状的纤维、塑料袋等易缠绕的杂物，容易造成栅条和耙齿等堵塞。这一方面会使过栅断面减少，造成过栅流速过大，拦污效率下降。另一方面也会造成栅渠过水速率缓慢、沙砾沉积、栅渠溢流等问题。一般只能进行技术改造完善或勤加维护，采用人工清理的方式解决。

实际运行中即使格栅运行正常，但因细格栅的栅条间隙也有 3mm，不能全部拦截如瓜子皮、辣椒核等薄形杂物，造成生化池等后续构筑物还会有一部分漂浮物。

4.2 沉砂池运行管理

4.2.1 沉砂池的种类与特点

在城镇污水处理系统中，沉砂池一般设在初沉池前、常用的沉砂池有平流式沉砂池、曝气沉砂池、涡流式沉砂池和多尔沉砂池等。

4.2.1.1 平流式沉砂池

平流式沉砂池实际上是一个比入流渠道和出流渠道宽而深的渠道，平面为长方形，横断面多为矩形。当污水流过时，由于过水断面增大，水流速度下降，污水中夹带的无机颗粒在重力的作用下下沉，从而达到分离水中无机颗粒的目的。

平流式沉砂池由入流渠、出流渠、闸板、水流部分及沉砂斗组成。图4-3为多斗式平流式沉砂池工艺图。

图 4-3 多斗式平流式沉砂池工艺

沉渣的排除方式有机械排砂和重力排砂两类。图4-3所示为砂斗加底闸，进行重力排砂，排砂管直径200mm。图4-4为砂斗加贮砂罐及底闸，进行重力排砂。这种排砂方法的优点是排砂的含水率低，排砂量容易计算，缺点是沉砂池需要高架或挖小车通道。

图4-5所示为机械排砂法的一种单口泵吸式排砂机。沉砂池为平底，砂泵、真空泵、吸砂管、旋流分离器、均安装在行走桁架上。桁架沿池长方向往返行走排砂。经旋流分离器分离的水分回流到沉砂池，沉砂可用小车、皮带输送器等运至晒砂场或贮砂池。这种排砂方法自动

图 4-4 平流式沉砂池重力排砂法
1—钢制贮砂罐；2，3—手动或电动蝶阀；
4—旁通水管；5—运砂小车

化程度高，排砂含水率低，工作条件好。机械排砂法还有链板刮砂法、抓斗排砂法等。中大型污水处理厂应采用机械排砂法。

4.2.1.2 圆形涡流式沉砂池

圆形涡流式沉砂池是利用水力涡流原理除砂。图4-6为圆形涡流式沉砂池水砂流线图。

污水从切线方向进入，进水渠道末端设有一跌水堰，使可能沉积在渠道底部的砂粒向下滑入沉砂池。池内设有可调速桨板，使池内水流保持螺旋形环流，较重的砂粒在靠近池心的一个环形孔口处落入底部的沉砂斗，水和较轻的有机物被引向出水渠，从而达到除砂的目的。

图 4-5　单口泵吸式排砂机

图 4-6　圆形涡流式沉砂池水砂流线

1—桁架；2—砂泵；3—桁架行走装置；4—回转装置；
5—真空泵；6—旋流分离器；7—吸砂管；8—齿轮；9—操作台

沉砂的排除方式有三种，第一种是采用砂泵抽升，第二种是用空气提升器，第三种是在传动轴中插入砂泵，泵和电机设在沉砂池的顶部。圆形涡流式沉砂池与传统的平流式曝气沉砂池相比，具有占地面积小，土建费用低的优点，对中小型污水处理厂具有一定的适用性。

　　圆形涡流式沉砂池有多种池型，目前应用较多的有英国 Jones & Attwod 公司的钟式（Jeta）沉砂池（见图 4-7）和美国 Smith & Loveless 公司的佩斯塔（Pista）沉砂池（见图 4-8）。

图 4-7　钟式沉砂池

4.2.1.3　多尔沉砂池

　　多尔沉砂池结构上部为方形，下部为圆形，装有复耙提升坡道式筛分机。图 4-9 为多尔沉砂池工艺图。多尔沉砂池属线形沉砂池，颗粒的沉淀是通过减小池内水流速度来完成的。为了保证分离出的砂粒纯净，利用复耙提升坡道式筛分机分离沉砂中的有机颗粒，分离出来的污泥和有机物再通过回流装置回流至沉砂池中。为确保进水均匀，多尔沉砂池一般采用穿孔墙进水，固定堰出水。多尔沉砂池分离出的砂粒比较纯净，有机物含量仅 10% 左右，含水率也比较低。

4.2.1.4 曝气沉砂池

普通沉砂池的最大缺点是在其截留的沉砂中夹杂有一些有机物，这些有机物的存在，使沉砂易于腐败发臭，夏季气温较高时尤甚，因此对沉砂的后处理和周围环境会产生不利影响。普通沉砂池的另一缺点是对有机物包裹的砂粒截留效果较差。

曝气沉砂池的平面形状为长方形，横断面多为梯形或矩形，池底设有沉砂斗或沉砂槽，一侧设有曝气管。在沉砂池进行曝气的作用是使颗粒之间产生摩擦，将包裹在颗粒表面的有

图 4-8　佩斯塔沉砂池

机物摩擦去除掉，产生洁净的沉砂，同时提高颗粒的去除效率。图 4-10 为曝气沉砂池工艺图。曝气沉砂池沉砂的排除一般采用提砂设备或抓砂设备。

图 4-9　多尔沉砂池工艺

曝气沉砂池的停留时间一般为 1～3min，若兼有预曝气的作用的可延长池身，使停留时间达到 15～30 min。为防止水流短路，进水方向应与水在沉砂池内的旋转方向一致，出水口应设在旋流留有的中心部位，出水方向与进水方向垂直，并设置挡板诱导水流。曝气沉砂池的形状以不产生偏流和死角为原则，因此，为改进除砂效果，降低曝气量，应在集砂槽附近安装纵向挡板。

图 4-10　曝气沉砂池工艺

4.2.2　沉砂池的运行管理

4.2.2.1　沉砂池的运行管理的一般规定

（1）各类沉砂池均应根据池组的设置与水量变化情况，调节进水闸阀的开启度。

（2）沉砂池的排砂时间和排砂频率应根据沉砂池类别、污水中含砂量及含砂量的变化情况设定。

（3）曝气沉砂池的空气量应根据水量的变化进行调节。

（4）沉砂量应有记录统计，并定期对沉砂颗粒进行有机物含量分析。

（5）当采用机械除砂时，应每日至少运行一次，并且操作人员应现场监视，如果发现故障，应及时处理，应每日检查吸砂机的液压站油位，并应每月检查除砂机的限位装置。吸砂机在运行时，同时在桥架上的人数，不得超过允许的重量荷载。

（6）对沉砂池排出的砂粒和清捞出的浮渣应及时处理或处置。

（7）对沉砂池应定期进行清池处理并检修除砂设备。

（8）对沉砂池上的电气设备应做好防潮湿、抗腐蚀处理。

（9）旋流沉砂池的搅拌器应保持连续运转，并合理设置搅拌器叶片的转速。当搅拌器发生故障时，应立即停止向该池进水。

（10）采用气提式排砂的沉砂池，应定期检查储气罐安全阀、鼓风机过滤芯及气提管，严禁出现失灵、饱和及堵塞的问题。

（11）各类沉砂池运行参数应符合设计要求，可按照《城镇污水处理厂运行、维护及安全技术规程》(CJJ 60—2011)中的表 3.3.12 规定确定。

（12）沉砂颗粒中的有机物含量宜小于 30%。

4.2.2.2　配水与配气

沉砂池一般都设置水调节闸门，曝气沉砂池还要设置空气调节阀门，应经常巡查沉砂池的运行状况，及时调整入流污水量和空气量，使每一格（池）沉砂池的工作状况（液位、水量、气量、排砂次数）相同。

4.2.2.3　排砂与洗砂

在沉砂池沉积下来的沉砂需要及时清除，排砂操作要点是根据沉砂量的多少及变化规律，合理安排排砂次数，保证及时排砂。排砂次数太多，可能会使排砂含水率太高（除抓斗提砂以外）或因不必要操作增加运行费用；排砂次数太少，就会造成积砂，增加排砂难度，甚至破坏排砂设备。应在定期排砂时，密切注意排砂量、排砂含水率、设备运行状况，及时调整排砂次数。除砂设备较多，小型污水厂采用重力排砂，采用阀门控制；大型水厂采用机械除砂。

沉砂中的有机物较多需要进行有效的清洗，并进行砂水分离。目前有些污水厂采用汽提方式排砂，洗砂采用旋流砂水分离器和螺旋洗砂器，经清洗分离出来的沉砂含有机成分较低，且基本变成固态，可直接装车外运。

有机物对排砂设备有一定影响。当除砂机抽取的砂浆含有的有机物太多时，部分无机砂粒会被黏稠的有机物裹挟，而从水力旋流器的上部的溢流口排出，使除砂率降低；进入螺旋洗砂机的有机物过多，在螺旋的搅拌下砂子、有机物和水会形成胶状物，使砂子无法沉入砂斗底部，螺旋提升机无法将砂子分离出来，如果操作者发现螺旋洗砂机长时间不除砂，而系统设备运行都正常，就可能是上述情况。

对于采用平流式曝气沉砂池或平流式沉砂池，一般排砂机的砂水排入集砂井，集砂井的砂泵也会出现埋泵的情况，应采取措施避免这种情况的发生，运行时应积累经验，砂井内不要积砂过多。如果集砂过多，可打开下部的排污口，将砂排出一部分，或放入另一台潜水砂泵排出过多的积砂。

另外，值得注意的是，无论是行车带泵排砂或链条式刮砂机，由于故障或其他原因停止排砂一段时间后，都不能直接启动。应认真检查池底积砂槽内砂量的多少，如沉砂太多，应排空沉砂池人工清砂，以免由于过载而损坏设备。

4.2.2.4　砂水分离设备

泵吸式或气提式除砂机工作时，可能将沉在池底的有机物连同污泥、砂与水一起抽出，砂浆中含有机物较少时，水力旋流器可将大部分的有机物与砂水分离，并使之随水一起从溢流堰排出，而螺旋洗砂机也可将部分有机物进一步分离，使之随水从溢流堰排出，从而使出砂中的有机物的含量低于35%。

除砂机抽取的砂浆所含的有机物太多时，部分无机砂粒会被黏稠的有机物裹挟，从水力旋流器的上部的溢流口排出，使除砂率降低。

若系统设备运行都正常，但螺旋洗砂机长时间不除砂时，其可能原因是由于进入螺旋洗砂机的有机物过多，在螺旋的搅拌下砂子、有机物和水会形成胶状物，使砂子无法沉入砂斗底部，螺旋提升机无法将砂子分离出来。

对于平流式曝气沉砂池或平流式沉砂池，一般排砂机的砂水排入集砂井，集砂井的砂泵也会出现埋泵的情况，应采取措施避免这种情况的发生，运行时应积累经验，砂井内不要积砂过多。若积砂过多，可打开下部的排污口，将砂排出一部分，或放入另一台潜水砂泵排出过多的积砂。

从格栅流走的是一些破布条、塑料袋等杂物，这些杂物进入浓缩池后，在浓缩机上缠绕，增加阻力，并影响浓缩效果，大量纤维还会堵塞排泥管路、切割机、泥泵，这些杂物如进入离心脱水机，会使转鼓失去平衡，从而产生振动或出现严重噪声，以致无法运行。

大量泥砂进入浓缩池后，可能堵塞管路，使排泥管过度磨损，如大量砂粒进入离心脱水机，将严重磨损进泥管的喷嘴以及螺旋外缘和转鼓，增加更换次数，增加维修费用。

4.2.2.5　清除浮渣

沉砂池上的浮渣应定期以机械或人工方式清除，否则会产生臭味影响环境卫生，或浮渣缠绕造成堵塞设备或管道。

应经常巡视浮渣刮渣出渣设施的运行状况、池面浮渣的多少。

4.2.2.6 做好测量与运行记录

① 每日测量或记录的项目 除砂量、曝气量。

② 定期测量的项目 湿砂中的含砂量、有机成分含量。

③ 可测量的项目 干砂中砂粒级配,一般应按 0.10、0.15、0.2 和 0.3 四级进行筛分测试。

4.2.2.7 旋流沉砂池的运行管理

旋流沉砂池具有占地小,除砂效果好等特点,近几年应用较多。旋流沉砂池的主要控制参数是:进水渠道流速、圆池的水力表面负荷、停留时间和提砂的时间。进水渠道内的流速以控制在 0.6～0.9m/s 为宜,水力表面负荷一般为 $200m^3/(m^2 \cdot h)$,停留时间为 20～30s。根据进水负荷确定涡流沉砂池运行台数,确保各项参数在合理范围,还可以合理调节桨板的转数,可以有效去除在低负荷时难去除的细砂。

目前新建污水厂采用的钟式沉砂池很多,因此,对这种沉砂池的管理显得尤其重要,特别是污水厂的上游管网采用合流制管网,应根据季节变化,污水含砂量的不同,调整运行参数,使集砂斗中的沉砂不能埋没提砂泵或气提管,否则堵塞沉砂池。若发生堵塞现象,应立即停运检修,否则沉砂进入下一个处理单元,尤其没设初次沉淀池的工艺系统中,沉砂可能进入生化系统,造成危害。

4.3 初次沉淀池运行管理

4.3.1 初沉池的类型与特点

初次沉淀池是城市污水一级处理的主体构筑物,用于去除污水中可沉悬浮物。初沉池对可沉悬浮物的去除率在 90% 以上,并能将约 10% 的胶体物质由于黏附作用而去除,总的 SS 去除率为 50%～60%,同时能够去除 20%～30% 的有机物。初次沉淀池有平流式沉淀池、竖流式沉淀池和辐流式沉淀池三种类型,城市污水处理厂一般采用平流式沉淀池和辐流式沉淀池两种类型。

4.3.1.1 平流式沉淀池

平流式沉淀池平面呈矩形,一般由进水装置、出水装置、沉淀区、缓冲区、污泥区及排泥装置等构成。排泥方式有机械排泥和多斗排泥两种,机械排泥多采用链带式刮泥机和桥式刮泥机。图 4-11 为桥式刮泥机平流式沉淀池;图 4-12 为链带式刮泥机平流式沉淀池。

平流式沉淀池沉淀效果好,对冲击负荷和温度变化适应性强,而且平面布置紧凑,施工方便。但配水不易均匀,采用机械排泥时设备易腐蚀。若采用多斗排泥时,排泥不易均匀,操作工作量大。

4.3.1.2 辐流式沉淀池

辐流式沉淀池一般为圆形,也有正方形的。主要由进水管、出水管、沉淀区、污泥区及排泥装置组成。按进出水的形式可分为中心进水周边出水、周边进水中心出水和周边进水周

图 4-11　桥式刮泥机平流式沉淀池

图 4-12　链带式刮泥机平流式沉淀池

边出水三种类型。中心进水周边出水辐流式沉淀池（见图 4-13）应用最为广泛。污水经中心进水头部的出水口流入池内，在挡板的作用下，平稳均匀地流向周边出水堰。随着水流沿径向的流动，水流速度越来越小，利于悬浮颗粒的沉淀。近几年在实际工程中也有采用周边进水中心出水（见图 4-14）或周边进水周边出水辐流式沉淀池（见图 4-15）。周边进水可以降低进水时的流速，避免进水冲击池底沉泥，提高池的容积利用系数。这类沉淀池多用于二次沉淀池。

辐流式沉淀池沉淀的污泥一般经刮泥机刮至池中心排出，二次沉淀池的污泥多采用吸泥机排出。

辐流式沉淀池沉淀的优点如下。

① 用于大型污水处理厂，沉淀池个数较少，比较经济，便于管理；

② 机械排泥设备已定型，排泥较方便。

缺点如下。

① 池内水流不稳定，沉淀效果相对较差；

② 排泥设备比较复杂，对运行管理要求较高；

③ 池体较大，对施工质量要求较高。

4.3.1.3　竖流式沉淀池

竖流式沉淀池一般为圆形或方形，由中心进水管、出水装置、沉淀区、污泥区及排泥装

图 4-13 中心进水周边出水辐流式沉淀池

1—进水管；2—中心管；3—穿孔挡板；4—刮泥机；5—出水槽；6—出水管；7—排泥管

图 4-14 周边进水中心出水辐流式沉淀池

1—进水槽；2—进水管；3—挡板；4—出水槽；5—出水管；6—排泥管

置组成。沉淀区呈柱状，污泥斗呈截头倒锥体。图 4-16 为竖流式沉淀池构造简图。污水自中心管流入后向下经反射板呈上向流流至出水堰，污泥沉入污泥斗并在静水压力的作用下排出池外。竖流式沉淀池的直径（或正方形的一边）一般小于 7.0m，澄清污水沿周边流出；当池子直径大于等于 7.0m 时，应增设辐射式集水支渠。由于竖流式沉淀池池体深度较大，

图 4-15　周边进水周边出水辐流式沉淀池

1—过桥；2—栏杆；3—传动装置；4—转盘；5—进水下降管；6—中心支架；7—传动器罩；
8—桁架式耙架；9—出水管；10—排泥管；11—刮泥板；12—可调节的橡皮刮板

施工困难，对冲击负荷和温度的变化适应性差，造价也相对较高。因此，城市污水处理厂的
初沉池很少采用。

图 4-16　竖流式沉淀池构造简图

4.3.2　初沉池的运行管理

4.3.2.1　一般要求

① 应根据池组设置、进水量变化，调节各池进水量，使各池配水均匀。

② 对沉淀池的沉淀效果，应定期观察，根据污泥沉降性能、污泥界面高度、污泥量等
确定排泥的频率和时间。

③ 沉淀池堰口应保持出水均匀，并不得有污泥溢出。

④ 对浮渣斗和排渣管道的排渣情况，应经常检查，排出的浮渣应及时处理或处置。

⑤ 共用配水井（槽、渠）和集泥井（槽、渠）的初沉池，且采用静压排泥的，应平均分配水量，并应按相应的排泥时间和频率排泥。

⑥ 刮泥机运行时，不得多人同时在刮泥机走道上滞留。

⑦ 根据运行情况应定期对斜板（管）和池体进行冲刷，并应经常检查刮泥机电机的电刷、行走装置、浮渣刮板、刮泥板等易磨损件，发现损坏应及时更换。

⑧ 对斜板（管）及附属设备应定期进行检修。

⑨ 初沉池宜每年排空 1 次，清理配水渠、管道和池体底部积泥并检修刮泥机及水下部件等。

⑩ 辐流式初沉池刮泥机长时间待修或停用时，应将池内污泥放空。

⑪ 各类初沉池运行参数应符合设计要求，可按照《城镇污水处理厂运行、维护及安全技术规程》(CJJ 60—2011)中的表 3.4.12 规定确定。

4.3.2.2 刮泥操作

污泥在排出初沉池之前首先被收集到污泥斗中。刮泥有两种操作方式：连续刮泥和间歇刮泥，采用哪种操作方式，取决于初沉池的结构形式，平流沉淀池采用行车刮泥机只能间歇刮泥，辐流式初沉池应采用连续刮泥方式，运行中应特别注意周边刮泥机的线速度，不能太高，一定不能超过 3m/min，否则会使周边污泥泛起，直接从堰板溢流走。

4.3.2.3 排泥操作

（1）操作

排泥是初沉池运行中最重要也是最难控制的一项操作，有连续和间歇排泥两种操作方式。平流沉淀池采用行车刮泥机只能间歇排泥，因为在一个刮泥周期内只有污泥刮至泥斗后才能排泥，否则将是污水。此时刮泥周期与排泥必须一致，刮泥与排泥必须协同操作。每次排泥持续时间取决于污泥量、排泥泵的容量和浓缩池要求的进泥浓度。一般来说既把污泥干净地排走，又要得到较高的含固量，操作起来非常困难，如果浓缩池有足够的面积，不一定追求较高的排泥浓度。

（2）排泥时间的确定

对于一定的排泥浓度可以估算排泥量，然后根据排泥泵的容量确定排泥时间。排泥时间的确定，当排泥开始时，从排泥管取样口连续取样分析其含固量的变化，从排泥开始到含固量降至基本为零即为排泥时间。排泥的控制方式有很多种，小型污水厂，可以人工控制排泥泵的开停，大型污水处理厂一般采用自动控制，最常用的控制方式是时间程序控制，即定时排泥、定时停泵，这种排泥方式要达到准确排泥，需要经常对污泥浓度进行测定，同时调整泥泵的运行时间。

4.3.2.4 初沉池运行管理的注意事项

① 根据初沉池的形式和刮泥机的形式，确定刮泥方式、刮泥周期的长短，避免沉积污泥停留时间过长造成浮泥，或刮泥过于频繁或刮泥过快扰动已沉下的污泥。

② 初沉池一般采用间歇排泥，最好实现自动控制；无法实现自控时，要总结经验，人工掌握好排泥次数和排泥时间；当初沉池采用连续排泥时，应注意观察排泥的流量和排泥的

颜色，使排泥浓度符合工艺的要求。

③ 巡检时注意观察各池出水量是否均匀，还要观察出水堰口的出水是否均匀，堰口是否被堵塞，并及时调整和清理。

④ 巡检时注意观察浮渣斗上的浮渣是否能顺利排除，浮渣刮板与浮渣斗是否配合得当，并应及时调整，如果刮板橡胶板变形应及时更换。

⑤ 巡检时注意辨听刮泥机、刮渣、排泥设备是否有异常声音，同时检查是否有部件松动等，并及时调整或检修。

⑥ 按规定对初沉池的常规的检测项目进行化验分析，尤其是 SS 等重要项目要及时比较，确定 SS 的去除率是否正常，如果下降应采取整改措施。

4.3.2.5 常见故障原因分析及对策

（1）污泥上浮

有时在初沉池可出现浮渣异常增多的现象，这是由于本可下沉的污泥解体而浮至表面，因废水在进入初沉池前停留时间过长发生腐败时也会导致污泥上浮，这时应加强去除浮渣的撇渣器工作，使它及时和彻底地去除浮渣。在二沉池污泥回流至初沉池的处理系统中，有时二沉池污泥中硝酸盐含量较高，进入初沉池后缺氧时可使硝酸盐反硝化，还原成氮气附着于污泥中，使之上浮。这时可控制后面生化处理系统，使污泥的污泥龄减少。

（2）黑色或恶臭污泥

产生原因是污水水质腐败或进入初沉池的消化池污泥及其上清液浓度过高。解决办法有：切断已发生腐败的污水管道；减少或暂时停止高浓度工业废水（牛奶加工、啤酒、制革、造纸等）的进入；对高浓度工业废水进行预曝气；改进污水管道系统的水力条件，以减少易腐败固体物的淤积；必要时可在污水管道中加氯，以减少或延迟废水的腐败，这种做法在污水管道不长或温度高时尤其有效。

（3）受纳过浓的消化池上清液

解决办法有改进消化池的运行，以提高效率；减少受纳上清液的数量直至消化池运行改善；将上清液导入氧化塘、曝气池或污泥干化床；上清液预处理。

（4）浮渣溢流

产生原因为浮渣去除装置位置不当或不及时。改进措施如下：加快除渣频率；更改出渣口位置，浮渣收集离出水堰更远；严格控制工业废水进入（特别是含油脂、含高浓度碳水化合物等的工业废水）。

（5）悬浮物去除率低

原因是水力负荷过高、短流、活性污泥或消化污泥回流量过大，存在工业废水。解决方法如下：设调节堰均衡水量和水质负荷；投加絮凝剂，改善沉淀条件，提高沉淀效果；由多个初沉池的处理系统中，若仅一个池超负荷则说明因进水口堵塞或堰口不平导致污水流量分布不均匀；防止短流，工业废水或雨水流量不易产生集中流，出水堰板安装不均匀，进水流速过高等，为证实短流的存在与否，可使用染料进行示踪实验；正确控制二沉池污泥回流和消化污泥投加量；减少高浓度的油脂和碳水化合物废水的进入量。

（6）排泥故障

排泥故障分沉淀池结构、管道状况以及操作不当等情况。沉淀池结构：检查初沉池结构是否合理，如排泥斗倾角是否大于 60°，泥斗表面是否平滑，排泥管是否伸到了泥斗底，刮泥板距离池底是否太高，池中是否存在刮泥设施触及不到的死角等。集渣斗、泥斗以及污泥聚集死角排不出浮渣、污泥时应采取水冲，或设置斜板引导污泥向泥斗汇集，必要时进行人工清除。排泥管状况：排泥管堵塞是重力排泥场合下初沉池的常见故障之一。发生排泥管堵塞的原因有管道结构缺陷和操作失误两方面。结构缺陷：如排泥管直径太大、管道太长、弯头太多、排泥水头不足等。操作失误：如排泥间隔时间过长，沉淀池前面的细格栅管理不当，使得纱头、布屑等进入池中，造成堵塞。堵塞后的排泥管有多种清除方法，如将压缩空气管伸入排泥管中进行空气冲动，将沉淀池放空后采取水力反冲洗；堵塞特别严重时需要人工下池清掏。当斜板沉淀池中斜板上集泥太多时，可以通过降低水位使得斜板部分露出，然后使用高压水进行冲洗。

第5章 活性污泥处理系统及消毒设施的运行管理

5.1 曝气池和二沉池

5.1.1 曝气池的类型

活性污泥法的核心处理构筑物是曝气池。曝气池是活性污泥与污水充分混合接触，将污水中有机物吸收并分解的生化场所。从曝气池中混合液的流动形态分，曝气池可以分为推流式、完全混合式和循环混合式 3 种方式。

5.1.1.1 推流式曝气池

一般采用矩形池体，经导流隔墙形成廊道布置，廊道长度以 50~70m 为宜，也有长达100m。污水与回流污泥从一端流入，水平推进，经另一端流出。其特点是：进入曝气池的污水及回流污泥按时间先后互不相干，污水在池内的停留时间相同，不会发生短流，出水水质较好。推流式曝气池多采用鼓风曝气系统，也可以采用表面机械曝气装置，如图 5-1所示。

图 5-1　采用表面机械曝气装置的推流式曝气池

5.1.1.2 完全混合式曝气池

完全混合式曝气池混合液在池内充分混合循环流动，因而污水与回流污泥进入曝气池立即与池中所有混合液充分混合，使有机物浓度因稀释而迅速降至最低值。其特点是对入流水质水量的适应能力强，但受曝气系统混合能力的限制，池型和池容都需符合规定，当搅拌混合效果不佳时易发生短流。

完全混合式曝气池多采用表面机械曝气装置，但也可以采用鼓风曝气系统。在完全混合曝气池中应当首推合建式完全混合曝气沉淀池，简称曝气沉淀池，如图 5-2 所示。其主要特点是曝气反应与沉淀固液分离在同一处理构筑物内完成。

由于城市污水水质水量比较均匀，可生化性好，不会对曝气池造成很大冲击，故基本上采用推流式。相比而言，完全混合式适合于处理工业废水。

图 5-2　圆形曝气沉淀池剖面

5.1.1.3　循环混合式曝气池

循环混合式曝气池主要是指氧化沟。氧化沟是平面呈椭圆环形或环形"跑道"的封闭沟渠，混合液在闭合的环形沟道内循环流动，混合曝气。入流污水和回流污泥进入氧化沟中参与环流并得到稀释和净化，与入流污水及回流污泥总量相同的混合液从氧化沟出口流入二沉池。处理水从二沉池出水口排放，底部污泥回流至氧化沟。氧化沟不仅有外部污泥回流，而且还有极大的内回流。因此，氧化沟是一种介于推流式和完全混合式之间的曝气池形式，综合了推流式与完全混合式优点。氧化沟不仅能够用于处理生活污水和城市污水，也可用于处理机械工业废水。处理深度也在加深，不仅用于生物处理，也用于二级强化生物处理。氧化沟的类型很多，在城市污水处理中，采用较多的有卡鲁塞尔氧化沟、T 型氧化沟和 DE 型氧化沟。图 5-3 所示为普通氧化沟处理系统。

图 5-3　氧化沟处理系统

5.1.2　二沉池

二沉池的作用是将活性污泥与处理水分离，并将沉泥加以浓缩。二沉池的基本功能与初沉池是基本一致的，因此，前面介绍的几种沉淀池都可以作为二沉池，另外，斜板沉淀池也可以作为二沉池。但由于二沉池所分离的污泥质量小，容易产生异重流，因此，二沉池的沉淀时间比初沉池的长，水力表面负荷比初沉池的小。另外，二沉池的排泥方式与初沉池也有所不同。初沉池常采用刮泥机刮泥，然后从池底集中排出；而二沉池通常采用刮吸泥机从池底大范围排泥。

5.2 曝气池的运行与管理

5.2.1 一般规定

① 调节各池进水量，应根据设计能力及进水水量，按池组设置数量及运行方式确定，使各池配水均匀。对于多点进水的曝气池，应合理分配进水量。

② 污泥负荷、泥龄或污泥浓度可通过剩余污泥排放量进行调整。

③ 生物反应池内的营养物质应保持平衡。

④ 运行管理人员应每天掌握生物反应池的 pH、DO、MLSS、MLVSS、SV、SVI、水温等工艺控制指标，并通过微生物镜检检测生物池活性污泥的生物相，观察活性污泥颜色、状态、气味及上清液透明度等，及时调整运行工况。

⑤ 当发现污泥膨胀、污泥上浮等不正常的状况时，应分析原因，针对具体情况调整系统运行工况，应采取有效措施恢复正常。

⑥ 当生物反应池水温较低时，应采取适当延长曝气时间、提高污泥浓度、增加泥龄或其他方法，保证污水的处理效果。

⑦ 根据出水水质的要求及不同运行工况的变化，应对不同工艺流程生物反应池的回流比进行调整与控制。

⑧ 当曝气池中出现泡沫、浮泥等异常现象时，应根据感观指标和理化指标进行分析，并应采取相应的调控措施。

⑨ 操作人员应经常排放曝气系统空气管路中的存水，并应及时关闭放水阀。

⑩ 应经常观察生物反应池曝气装置和水下推动（搅拌）器的运行和固定情况，发现问题应及时修复。

⑪ 采用 SBR 工艺时，应合理调整和控制运行周期，并应按照设备要求定期对滗水器进行检查、清洁和维护，对虹吸式滗水器还应进行漏气检查。

⑫ 应定期对金属材质的空气管、挡墙、法兰接口或丝网进行检查，发现腐蚀或磨损应及时处理。

⑬ 较长时间不用的橡胶材质曝气器，应采取相应措施避免太阳曝晒。

⑭ 对曝气池上的浮渣、附着物以及溢到走道上的泡沫和浮渣，应及时清除，并应采取防滑措施。

⑮ 采用除磷脱氮工艺时，应根据水质要求及工况变化及时调整溶解氧浓度、碳氮比及污泥回流比等。

⑯ 采用化学除磷工艺进行除磷时，应符合《城镇污水处理厂运行、维护及安全技术规程》（CJJ 60—2011）第 3.11 条中的有关规定。

⑰ DO 是污水处理系统最关键的指标，好氧生物处理系统要求 DO 在 2mg/L 以上，过高或过低都会导致出水水质变差，DO 过高容易引起污泥的过氧化，过低使微生物得不到充足的 DO，有机物分解不彻底，除磷脱氮系统好氧段 DO 一定要大于 2mg/L 以上，有利于

氨化、硝化反应的进行以及磷的吸收；缺氧段要求 DO 在 0.5mg/L 以下，确保反硝化反应的进行，有利于脱氮；厌氧段要求 DO 在 0.2mg/L 以下，确保磷的有效释放。

⑱ 曝气池的运行参数应符合设计要求，可按表 5-1 的规定确定。

表 5-1 曝气池正常运行参数

工艺类型		污泥负荷/(kgBOD$_5$/kgMLSS)	污泥龄/d	外回流比/%	内回流比/%	MLSS/(mg/L)	水力停留时间/h
传统活性污泥法		0.2～0.4	4～15	25～75		1500～2500	4～8
吸附再生法		0.2～0.4	4～15	50～100		2500～6000	吸附段1～3
阶段曝气法		0.2～0.4	4～15	25～75		1500～3000	3～8
合建式完全混合曝气法		0.25～0.5	4～15	100～400		2000～4000	3～5
A/O法(厌氧/好氧法)		0.1～0.4	3.5～7	40～100		1800～4500	3～8(厌氧段1～2)
A/A/O法(厌氧/缺氧/好氧法)		0.1～0.3	10～20	20～100	200～400	2500～4000	7～14(厌氧段1～2，缺氧段0.5～3.0)
倒置A/A/O法		0.1～0.3	10～20	20～100	200～400	2500～4000	
AB法	A段	3～4	0.4～0.7	<70		2000～3000	0.5
	B段	0.15～0.3	15～20	50～100		2000～4000	3～8
传统SBR法		0.05～0.15	20～30			4000～6000	4～12
DAT-IAT法		0.045	25		400	4500～5500	8～12
CAST法		0.070～0.18	12～25	20～3		3000～5500	16～12
LUCAS/UNITANK法		0.05～0.10	15～20			2000～5000	8～12
MSBR法		0.05～0.13	8～15	30～50	130～150	2200～4000	12～18
ICEAS法		0.05～0.15	12～25			3000～6000	14～20
卡鲁塞尔式氧化沟		0.05～0.15	12～25	75～150		3000～5500	≥16
奥贝尔式氧化沟		0.05～0.15	12～18	60～100		3000～5000	≥16
双沟式(DE型氧化沟)		0.05～0.15	10～30	60～200		2500～4500	≥16
三沟式氧化沟		0.05～0.15	20～30			3000～6000	≥16
水解酸化法			15～20			7000～15000	5～14
延时曝气法		0.05～0.15	20～30	50～150		3000～6000	18～36

5.2.2 污泥的甄别

5.2.2.1 膨胀污泥

通过测定污泥体积指数（SVI）可以了解活性污泥沉降絮凝的性能，一般规定污泥体积指数（SVI）在 200mL/g 以上，而且量筒内污泥层的浓度从 5g/L 起变为压密相的污泥称为膨胀污泥，一种是由丝状菌形成的，另一种是由非丝状菌形成的。如果将膨胀的污泥置于显微镜下观察就可见到断线条状的丝状微生物互相缠绕着。

5.2.2.2 上升污泥

在 30min 沉降实验的测定时间内，沉降良好但数小时内污泥又上升，如果用棒搅拌对上升污泥加以破坏立即再次沉淀。这种现象是由于已进行硝化作用的污泥混合液进入沉淀池后产生了反硝化作用，并在反硝化过程中产生的氮气附着在污泥上而使其上浮引起的。在发生这种现象时，只要降低溶解氧的浓度，控制硝化过程的发生即可。

5.2.2.3 腐化污泥

有时候，虽然没有发生硝化与反硝化过程，但沉淀下去的污泥再次上浮。这种现象是因为已经沉淀的污泥变成厌氧状态，并产生硫化氢、二氧化碳和甲烷、氢气等气体，结果这些气体将污泥推向表层而发生的，防止的方法是设计沉淀池时不要有"死区"，万一产生浮渣时，必须设置撇渣板，消灭"死区"，改进刮泥机。排泥后在死角区用压缩空气冲或清洗。

5.2.2.4 解絮污泥

对混合液进行沉淀时，虽然大部分污泥容易沉淀下去，但在上清液中仍然有一种能使水浑浊的物质。这时的指示性生物为变形虫属等肉足类，这种现象可以认为是由于毒物的混入、温度急剧变化、废水 pH 值突变等的冲击造成的，使污泥絮体解絮。通过减少污泥回流量能使解絮现象得到某种程度的控制。

5.2.2.5 污泥发黑

此时查看曝气池在线 DO 测定仪会发现 DO 过低，有机物厌氧分解释放 H_2S，其与 Fe 作用生成 FeS，可以采用增加供氧或加大回流污泥量。

5.2.2.6 污泥变白

生物镜检会发现丝状菌或固着型纤毛虫大量繁殖，如果进水 pH 值过低，曝气池 pH 小于 6 引起的丝状霉菌大量生成，只要提高进水 pH 值就能改善；如果是污泥膨胀，应参照膨胀对策，加以解决。

5.2.2.7 过度曝气污泥

由于曝气使细小的气泡黏附于活性污泥絮体上而出现的一种现象。上浮的污泥经过几分钟后与气泡分离而再次沉淀下来，在沉淀池中，有可能于再次沉淀之前越过出水堰而随出水流失。

5.2.2.8 微细絮体

对活性污泥混合液进行沉淀时，分散在上清液中的一些肉眼可以看到的小颗粒称为微细絮体。当有微细絮体存在时，沉淀污泥的污泥体积指数非常小。这一类微细絮体有两种，一种是由普通污泥颗粒变小形成的，具有很高的 BOD 值，另一种带白色的不定形微细颗粒，BOD 值很低。

5.2.2.9 云雾状污泥

污泥在沉淀池中呈云雾状态而得名，这是污泥的一种存在状态，是由沉淀池内的水流、密度流和污泥搅拌机的搅拌而引起的。如果沉淀下去的污泥变成这种状态时，则应该降低沉淀池内的污泥面，减少进水流量。

5.2.3 曝气池供氧与控制

5.2.3.1 活性污泥系统中的溶解氧水平

就好氧生物而言，环境溶解氧大约 0.3mg/L 时，对其正常代谢活动已经足够。而活性污泥以絮体形式存在曝气池中，经测定直径介于 $0.1\sim0.5mm$ 的活性污泥絮粒，当周围的混合液 DO 为 2.0mg/L 时，絮粒中心的溶解氧降至 0.1mg/L，已处于微氧和缺氧状态，溶解氧过低必然会影响生化池进水端或絮粒内部细菌的代谢速率，因此一般溶解氧应控制在 $2\sim3mg/L$ 左右；溶解氧过低，抑制了菌胶团细菌胞外多聚物的产生，从而导致污泥解体；其次当溶解氧低时会使吞噬游离细菌的微生物数量减少；溶解氧过大，除了增加能耗外，强烈的空气搅拌会使絮粒打碎，易使污泥老化，传统活性污泥法曝气池出口 DO 控制 2mg/L 左右为宜。

5.2.3.2 生物处理系统中溶解氧的调节

在鼓风系统中，可控制进气量的大小来调节溶解氧的高低。在生化池溶解氧长期偏低时，可能有两种原因。一是活性污泥负荷过高，若检测活性污泥的好氧速率，往往大于$20mgO_2/(gMLSS \cdot h)$，这时须增加曝气池中活性污泥的浓度。二是供氧设施功率过小，应设法改善，可采用氧转移效率高的微孔曝气器；有时还可以增加机械搅拌打碎气泡，提高氧转移效率。

5.2.3.3 除磷脱氮工艺溶解氧的控制

在污水生物除磷脱氮工艺中 DO 的多少将影响整个工艺的除磷和脱氮效率。

在硝化阶段，由于硝化反应必须在好氧条件下进行，因此 DO 应维持在 $2\sim3mg/L$ 为宜，当低于 $0.5\sim0.7mg/L$ 时，氨转化为亚硝酸盐和硝酸盐的硝化反应将受到抑制。较低的 DO 将影响硝化菌的生物代谢；而 DO 对反硝化的过程有很大的影响。当反硝化过程中的 DO 上升时，将会使反硝化菌的竞争受到抑制，也就是说，反硝化菌首先利用水中的 DO，而不是利用硝氮中的化合态的氧，不利于脱氮，在反硝化过程中 DO 的控制应在 $0.5mg/L$ 以下，对于采用序批式活性污泥法 ICEAS 脱氮工艺按时序运行时，缺氧段时间应保证在 $0.5h$ 以上。如果 DO 大于 $1.0mg/L$，反硝化几乎不能进行，缺氧时间小于 $0.5h$，对于反硝化过程来说，都将进行得不彻底。

5.2.4 曝气系统的运行维护

5.2.4.1 微孔扩散器的堵塞及判断

扩散器的堵塞分为内堵和外堵。内堵也称为气相堵塞，堵塞物主要来源于过滤空气中遗留的砂尘、鼓风机泄漏的油污、空气干管的锈蚀物、池内空气支管破裂后进入的固体物质。外堵也称为液相堵塞，堵塞物主要来源于污水中悬浮固体在扩散器上沉积，微生物附着在扩散器表面生长，形成生物垢，以及微生物生长过程中包埋的一些无机物质。

大多数堵塞是逐渐形成的，因此应经常观察，及时发现，及时处理。观察与判断堵塞的方法如下。

（1）定期核算能耗并测量混合液的 DO 值。若设有 DO 控制系统，在 DO 恒定的条件下，能耗升高，则说明扩散器已堵塞。若没有 DO 控制系统，在曝气量不变的条件下，DO 降低，说明扩散器已堵塞。

（2）定期观测曝气池表面逸出的气泡的大小。如果发现逸出气泡尺寸增大或气泡结群，说明扩散器已经堵塞。

（3）在曝气池最易发生扩散器堵塞的位置设置可移动式扩散器，使其工况与正常扩散器完全一致，定期取出检查测试是否堵塞。

（4）在现场最易堵塞的扩散器上设压力计，在线测试扩散器本身的压力损失，也称为湿式压力 DWP。DWP 增大，说明扩散器已经堵塞。

5.2.4.2 微孔扩散器的清洗方法

扩散器堵塞以后，应及时进行清洗，并根据堵塞程度确定清洗方法。清洗方法有以下3类。

（1）在清洗车间进行清洗

包括回炉火化、磷硅酸盐冲洗、酸洗、洗涤剂冲洗、高压水冲洗等方法。

（2）停止运行，在池内清洗

包括酸洗、碱洗、水冲、气冲、氯冲、汽油冲、超声波清洗等方法。这种方法目前最常用。

（3）不拆扩散器，也不停止运行，在工作状态下清洗

包括向供气管道内注入酸气或酸液、增压冲吹等方法。

5.2.4.3 空气管道的维护

压缩空气管道的常见故障有以下两类。

（1）管道系统漏气

产生漏气的原因往往是选用材料质量或安装质量不好，或管路破裂等。

（2）管道堵塞

管道堵塞表现在送气压力、风量不足，压降太大，引起原因一般是管道内的杂质或填料脱落，阀门损坏，管内有水冻结。

排除办法如下。

（1）修补或更换损坏管段及管件，清除管内杂质，检修阀门，排除管道内积水。

（2）在运行中应及时排水。

空气管路系统内的积水主要是鼓风机送出的热空气遇到冷形成的凝水，因此不同季节形成的冷凝水量是不同的。冬季的水量较多，应增加排放次数。排除的冷凝水应是清洁的，如发现有油花，应立即检查鼓风机是否漏油；如发现有污浊，应立即检查池内管线是否破裂导致混合液进入管路系统。

5.2.5 生物相镜检

为了随时了解活性污泥中微生物种类的变化和数量的消长，曝气池运行过程中要经常检测活性污泥中的生物相。生物相的镜检只能作为水质总体状况的估测，是一种定性的检测，其主要目的是判断活性污泥的生长情况，为工艺运行提供参考。

生物相镜检可采用低倍或高倍两种方法进行。

① 低倍镜是为了观察生物相的全貌，要观察污泥颗粒大小、松散程度，菌胶团和丝状菌的比例和生长状况。

② 用高倍镜观察，可以进一步看清微生物的结构特征，观察时要注意微生物的外形、内部结构和纤毛摆动情况；观察菌胶团时，应注意胶质的厚薄和色泽，新生胶团的比例；观察丝状菌时，要注意其体内是否有类脂物质出现，同时注意丝的排列、形态和运动特征。

生物相镜检的注意事项如下

（1）微生物种类的变化

微生物的种类会随水质的变化而变化，随运行阶段而变化。

（2）微生物活动状态的变化

当水质发生变化时，微生物的活动状态也发生变化，甚至微生物的形体也会随污水水质的变化而变化。

（3）微生物数量的变化

活性污泥中微生物种类很多，但某些微生物的数量的变化也能反映出污水水质的变化。

因此，在日常观察时要注意总结微生物的种类、数量以及活动状态的变化与水质的关系，要真正使镜检起到辅助作用。

5.2.6　曝气池运行管理应注意的问题

① 经常检查与调整曝气池配水系统和回流污泥的分配系统，确保进入各系列或各池之间的污水和污泥均匀。

② 经常观测曝气池混合液的静沉速度、SV 及 SVI，若活性污泥发生污泥膨胀，判断是否存在下列原因：入流污水有机质太少，曝气池内 F/M 负荷太低；入流污水氮磷营养不足；pH 值偏低不利于菌胶团细菌生长；混合液 DO 偏低；污水水温偏高等。并及时采取针对性措施控制污泥膨胀。

③ 经常观测曝气池的泡沫发生状况，判断泡沫异常增多原因，并及时采取处理措施。

④ 及时清除曝气池边角外漂浮的部分浮渣。

⑤ 定期检查空气扩散器的充氧效率，判断空气扩散器是否堵塞，并及时清洗。

⑥ 注意观察曝气池液面翻腾状况，检查是否有空气扩散器堵塞或脱落情况，并及时更换。

⑦ 每班测定曝气池混合液的 DO，并及时调节曝气系统的充氧量，或设置空气供应量自动调节系统。

⑧ 注意曝气池护栏的损坏情况并及时更换或修复。

⑨ 做好分析测量与记录每班应测试项目：曝气混合液的 SV 及 DO（有条件时每小时一次或在线检测 DO）。

每日应测定项目：进、出污水流量 Q，曝气量或曝气机运行台数与状况，回流污泥量，排放污泥量；进、出水水质指标：COD_{Cr}、BOD_5、SS、pH 值；污水水温；活性污泥的MLSS、MLVSS；混合液 SVI；回流污泥的 MLSS、MLVSS；活性污泥生物相。

每日或每周应计算确定的指标：污泥负荷 F/M，污泥回流比 R，水力停留时间和污泥停留时间。

5.3　二沉池的运行管理

二沉池的作用是泥水分离，使经过生物处理的混合液澄清，同时对混合液进行浓缩，并为生化池提供浓缩后的活性污泥回流。

5.3.1　二沉池运行管理的一般规定

① 调节各池进水量，应根据池组设置、进水量变化，保证各池配水均匀。

② 二沉池污泥排放量可根据生物反应池的水温、污泥沉降比、混合液污泥浓度、污泥回流比、污泥浓度、污泥回流比、泥龄及二沉池污泥界面高度确定。

③ 对出水堰口，应经常观察，保持出水均匀；应保持堰板与池壁之间密合，不漏水。

④ 操作人员应经常检查刮吸泥机以及排泥闸阀，应保证吸泥管、排泥管路畅通，并保证各池均衡运行。

⑤ 对设有积泥槽的刮吸泥机，应定期清除槽内污物。

⑥ 池内污水宜每年排空 1 次，并进行池底清理以及刮吸泥机水下部件的检查、维护。

⑦ 当二沉池出水出现浮泥等异常情况时，应查明原因并及时处理。

⑧ 二沉池长期停运 10d 以上时，应将池内积泥排空，并对刮吸泥机采取防变形措施。

⑨ 刮吸泥机在运行时，同时在桥架上的人数，不得超过允许的重量荷载。

⑩ 二沉池运行参数应符合设计要求，可按表5-2中的规定确定。

表 5-2　二沉池正常运行参数

池型		表面负荷 /[m³/(m²·h)]	固体负荷 /[kg/(m²·d)]	停留时间/h	污泥含水率/%
平流式沉淀池	活性污泥法后	0.6~1.5	≤150	1.5~4.0	99.2~99.6
	生物膜法后	1.0~2.0	≤150	1.5~4.0	96.0~98.0
中心进周边出辐流式沉淀池		0.6~1.5	≤150	1.5~4.0	99.2~99.6
周进周出辐流式沉淀池		1.0~2.5	≤240	1.5~4.0	98.8~99.0

5.3.2　二沉池运行管理的注意事项

① 经常检查并调整二沉池的配水设备，确保进入各池的混合液流量均匀。

② 检查积渣斗的积渣情况并及时排除，还要经常用水冲洗浮渣斗，注意浮渣刮板与浮渣斗挡板配合是否得当，并及时调整和修复。

③ 经常检查并调整出水堰口的平整度，防止出水不均匀和短流现象的发生，及时清除挂在堰板上的浮渣及挂在出水堰口生物膜和藻类。

④ 巡检时注意辨听刮泥、刮渣、排泥设备是否有异常声音，同时检查其是否有部件松动，并及时调整或检修。

⑤ 由于二沉池埋深较大，当地下水位较高而需要将二沉池放空时，为防止出现漂池现象，要事先确认地下水位，必要时可先降低地下水位再排空。

⑥ 经常检测出水是否带走微小污泥絮粒，造成污泥异常流失。判断污泥异常流失是否有以下原因：污泥负荷偏低且曝气过度，入流污水中有毒物浓度突然升高细菌中毒，污泥活性降低而解絮，并采取针对措施及时解决。

⑦ 经常观察二沉池液面，看是否有污泥上浮现象。若局部污泥大块上浮且污泥发黑并带有臭味，则二沉池存在死区；若许多污泥块状上浮又不同上述情况，则为曝气池混合液DO偏低，二沉池中污泥反硝化。应及时采取针对措施避免影响出水水质。

⑧ 一般每年应将二沉池放空检修一次，检查水下设备、管道、池底与设备的配合等是否出现异常，并及时修复。

⑨ 按规定对二沉池常规检测的项目进行及时的分析化验。

5.3.3　二沉池常规检测项目

5.3.3.1　pH值

pH值与污水水质有关，一般略低于进水值，正常值为6~9，如果偏离此值，可以从进水的pH值的变化和曝气池充氧效果找原因。

5.3.3.2　悬浮物

活性污泥系统运转正常时，其出水SS应当在30mg/L以下，最大不应当超过50mg/L。

5.3.3.3　溶解氧（DO）

因为活性污泥中的微生物在二沉池继续消耗溶解氧，出水的溶解氧略低于生化池。

5.3.3.4　COD和BOD

这两项指标应达到国家标准，超标准运行不允许，数值过低会增加处理成本，综合两者因素，用较低的处理成本，达到最好的处理效果。

5.3.3.5　氨氮和硝酸盐

这两项指标应达到国家有关排放标准，如果长期超标，而且是进水的氮和磷含量过高引起的，就应当加强除磷脱氮措施的管理。

5.3.3.6　泥面

泥面的高低可以反映活性污泥在二沉池的沉降性能，是控制剩余污泥排放的关键参数。正常运行时二沉池的上清液的厚度应不少于 $0.5\sim0.7\mathrm{m}$，如果泥面上升，在生物系统运行正常时，二沉池出水中的悬浮物都应该是可沉降的片状，此时无论悬浮物或多或少，二沉池出水的外观应该是透明的，否则出水呈乳灰色或黄色，其中夹带大量的非沉淀的悬浮物。

5.3.4　二沉池污泥回流的控制

好氧活性污泥法的基本原理是利用活性污泥中的微生物在曝气池内对污水中的有机物进行氧化分解，由于连续流活性污泥法的进水是连续进行的，微生物在曝气池内的增长速度远远跟不上随混合液从曝气池中的流出速度，生物处理过程就难以维持。污泥回流就是将从曝气池中流失的、在二沉池进行泥水分离的污泥的大部分重新引回曝气池的进水端与进水充分混合，发挥回流污泥中微生物的作用，继续对进水中的有机物进行氧化分解。污泥回流的作用就是补充曝气池混合液带走的活性污泥，保持曝气池内的 MLSS 相对稳定。

污泥回流比是污泥回流量与曝气池进水量的比值，当曝气池进水量的进水水质、进水量发生变化时，最好能调整回流比。但回流比进行调整后其效果不能马上显现出来，需要一段时间，因此，通过调节回流比，很难适应污水水质的变化，一般情况下应保持回流比的稳定。但在污水厂的运行管理中，通过调整回流比作为应付突发情况的一种有效手段。

5.3.4.1　污泥回流比的调整方法

（1）根据二沉池的泥位调整

这种方法可避免出现因二沉池泥位过高而造成污泥流失的现象，出水较稳定，缺点是使回流污泥浓度不稳定。

（2）根据污泥沉降比确定回流比

计算公式为：

$$R = \frac{\mathrm{SV}}{100 - \mathrm{SV}} \tag{5-1}$$

式中　R——回流比，%；

　　SV——污泥沉降比，%。

沉降比的测定比较简单、迅速、具有较强的操作性，缺点是当活性污泥沉降性较差时，即污泥沉降比较高时，需要提高回流量，造成回流污泥浓度的下降。

（3）根据回流污泥浓度和混合液污泥浓度确定回流比

计算公式为：

$$R = \frac{\mathrm{MLSS}}{\mathrm{RSS} - \mathrm{MLSS}} \tag{5-2}$$

式中　MLSS——悬浮固体浓度，mg/L；

　　RSS——回流污泥浓度，mg/L。

分析回流污泥和曝气池混合液的污泥浓度使用烘干法，需要较长的时间，一般只做回流比的校核。但该法能够比较准确反映真实的回流比。

（4）根据污泥沉降曲线，确定最佳的沉降比

通过测定混合液最佳沉降比 SV_m，调整回流量使污泥在二沉池时间恰好等于淤泥通过沉降达到最大浓度的时间，可获得较大的污泥浓度，而回流量最小，使污泥在二沉池的停留时间最小，此法特别适合除磷和脱氮工艺，计算公式为：

$$R = \frac{SV_m}{100 - SV_m} \tag{5-3}$$

5.3.4.2 控制污泥回流的方式

（1）保持回流量恒定

该方式适用于进水量恒定或进水波动不大，否则会造成污泥在二沉池和曝气池的二池的重新分配。

（2）保持剩余污泥排放量的恒定

在回流量不变的条件下，保持剩余污泥排放量的相对稳定，即可保持相对稳定的处理效果。此方式的缺点是当进水水量、进水有机物降低时，曝气池的污泥增长量有可能少于剩余污泥的排放量，导致系统污泥量的下降影响处理效果。

（3）回流比和剩余污泥排放量随时调整

根据进水量和进水的有机负荷的变化，随时调整剩余污泥的排放量和回流污泥量，尽可能地保持回流污泥浓度和曝气池混合液的浓度的稳定。这种方式效果最好，但操作频繁、工作量较大。

5.4 活性污泥法运行中的异常现象与对策

5.4.1 污泥膨胀

污泥膨胀是活性污泥法系统常见的一种异常现象，是由于某种因素的改变，活性污泥质量变轻、膨胀、沉降性能变差 SVI 值不断生高，混合液不能在沉淀阶段进行正常的泥水分离，沉淀阶段泥面不断上升，导致污泥流失，出水的水质变差，使生化池中的 MLSS 浓度过度降低，从而破坏活性污泥工艺的正常运行，这一现象称为污泥膨胀。

5.4.1.1 污泥膨胀的表现

污泥膨胀时 SVI 值异常升高，二沉池出水的 SS 值将大幅度增加，甚至超过排放标准，也导致出水的 COD 和 BOD_5 的超标。严重时造成污泥的大量流失，生化池微生物数量锐减，导致生化系统的性能下降甚至系统的崩溃。

5.4.1.2 污泥膨胀的原因

活性污泥所处的环境条件发生了不利的变化，丝状菌的过度繁殖，引起环境条件发生了不利的变化。正常的活性污泥中都含有一定丝状菌，它是形成活性污泥絮体的骨架材料。活性污泥中丝状菌数量太少或没有，则不能形成大的絮体，沉降性能不好；丝状菌过度繁殖，则形成丝状菌污泥膨胀。在正常情况下，"舒适"的环境中，菌胶团的生长速率大于丝状菌的生长速率，不会出现丝状菌的过度繁殖；但在恶劣的环境中，丝状菌由于其表面积较大，抵抗"恶劣"环境的能力比菌胶团细菌强，其数量会超过菌胶团细菌，从而过度繁殖导致丝

状菌污泥膨胀，"恶劣"环境是指水质、环境因素及运转条件的指标偏高偏低。另一个原因是菌胶团生理活动异常，导致活性污泥沉降性能的恶化是进水中含有大量的溶解性有机物，使污泥负荷太高，缺乏 N、P 或 DO 不足，细菌会向体外分泌出过量的多聚糖类物质，这些物质含有很多氢氧基而具有亲水性，使活性污泥结合水高达 400％，呈黏性的凝胶状，使活性污泥在沉淀阶段不能有效进行泥水分离。这种膨胀也叫黏性膨胀。还有一种是非丝状菌膨胀，进水中含有毒性物质，导致活性污泥中毒，使细菌分泌出足够的黏性物质，不能形成絮体，使活性污泥在沉淀阶段不能有效进行泥水分离。

5.4.1.3 污泥膨胀控制措施

（1）临时措施

① 加入絮凝剂，增强活性污泥的凝聚性能，加速泥水分离，但投加量不能太多，否则可能破坏微生物的生物活性，降低处理效果。

② 向生化池投加杀菌剂，投加剂量应由小到大，并随时观察生物相和测定 SVI 值，当发现 SVI 值低于最大允许值时或观察丝状菌已溶解时，应当立即停止投加。

（2）调节工艺运行控制措施

① 在生化池的进口投加黏泥、消石灰、消化泥，提高活性污泥的沉降性能和密实性。

② 使进入生化池污水处于新鲜状态，采取预曝气措施，同时起到吹脱硫化氢等有害气体的作用，提高进水的 pH 值。

③ 加大曝气强度提高混合液 DO 浓度防止混合液局部缺氧或厌氧。

④ 补充 N、P 等营养，保持系统的 C、N、P 等营养的平衡。

⑤ 高污泥回流比，减少污泥在二沉池的停留时间，避免污泥在二沉池出现厌氧状态。

⑥ 利用占线仪表等自控手段，强化和提高化验分析的实效性，力争早发现早解决。

（3）永久性控制措施

永久性控制措施是指对现有的生化池进行改造，在生化池前增设生物选择器。其作用防止生化池内丝状菌过度繁殖，避免丝状菌在生化系统成为优势菌种，确保沉淀性能良好的菌胶团、非丝状菌占优势。

5.4.2 生化池内活性污泥不增长或减少

① 二沉池出水 SS 过高，污泥流失过多，可能是因为污泥膨胀所至或是二沉池水力负荷过大。

② 进水有机负荷偏低。活性污泥繁殖增长所需的有机物相对不足，使活性污泥中的微生物处于维持状态，甚至微生物处于内源代谢阶段，造成活性污泥量减少，此时应减少曝气量或减少生化池运转个数，以减少水力停留时间。

③ 曝气量过大。使活性污泥过氧化，污泥总量不增加，对策是合理调整曝气量，减少供风量。

④ 营养物质不平衡。造成活性污泥微生物的凝聚性变差，对策应补充足量的 N、P 等营养。

⑤ 剩余污泥量过大。使活性污泥的增长量小于剩余污泥的排放量，应减少剩余污泥的排放量。

5.4.3 活性污泥解体

SV 和 SVI 值特别高，出水非常浑浊，处理效果急剧下降，往往是活性污泥解体的征兆。其原因如下所述。

① 污泥中毒，进水中含有毒物质或有机物含量突然升高造成活性污泥代谢功能丧失，活性污泥失去净化活性和絮凝活性。

② 有机负荷长时间偏低，进水浓度、水量长时间偏低，而曝气量却维持正常，出现过度曝气，污泥过度氧化造成菌胶团絮凝性下降，最终导致污泥解体，出水水质恶化。对策：减少鼓风量或减少生化池运行个数。

5.4.4 二沉池出水 SS 含量增大

① 活性污泥膨胀使污泥沉降性能变差，泥水界面接近水面，造成出水大量带泥。解决办法：找出污泥膨胀原因加以解决。

② 进水负荷突然增加，增加了二沉池水力负荷，流速增大，影响污泥颗粒的沉降，造成出水带泥。解决办法：均衡水量，合理调度。

③ 生化系统活性污泥浓度偏高，泥水界面接近水面，造成出水带泥。解决办法：加强剩余污泥的排放。

④ 活性污泥解体造成污泥絮凝性下降，造成出水带泥。解决办法：查找污泥解体原因，逐一排除和解决。

⑤ 刮（吸）泥机工作状况不好，造成二沉池污泥和水流出现短流，污泥不能及时回流，污泥缺氧腐化解体后随水流出。解决办法：及时检修刮（吸）泥机，使其恢复正常状态。

⑥ 活性污泥在二沉池停留时间太长，污泥因缺氧而解体。解决办法：增大回流比，缩短在二沉池的停留时间。

⑦ 水中硝酸盐浓度较高，水温在 15℃ 以上时，二沉池局部出现污泥反硝化现象，氮类气体裹挟泥块随水溢出。解决办法：加大污泥回流量，减少污泥停留时间。

5.4.5 二沉池溶解氧偏低或偏高

① 活性污泥在二沉池停留时间太长，造成 DO 下降，污泥中好氧微生物继续好氧。对策：加大污泥回流量，减少污泥停留时间。

② 刮（吸）泥机工作状况不好，污泥停留时间过长，污泥中好氧微生物继续好氧，造成 DO 下降。对策：及时检修刮（吸）泥机，使其恢复正常状态。

③ 生化池进水有机负荷偏低或曝气量过大，可提高进水水力负荷或减少鼓风量，以便节能运行。

④ 二沉池出水水质浑浊，DO 却升高，可能活性污泥中毒所至。对策：查明有毒物质的来源并予以排除。

5.4.6 二沉池出水 BOD$_5$ 和 COD 突然升高

① 进入生化池的污水量突然增大，有机负荷突然升高或有毒、有害物质浓度突然升高，造成活性污泥活性的降低。解决办法：及时检修刮（吸）泥机，使其恢复正常状态。加强进厂水质检测，合理调动使进水均衡。

② 生化池管理不善，活性污泥净化功能降低。解决办法：加强生化池运行管理，及时调整工艺参数。

③ 二沉池管理不善也会使二沉池功能降低。对策：加强二沉池的管理，定期巡检，发现问题及时整改。

5.4.7　活性污泥法的泡沫现象

（1）泡沫分类

① 启动泡沫。在活性污泥工艺运行的初期，污水中的表面活性剂，在活性污泥的净化功能尚未形成时，这些物质在曝气的作用下形成了泡沫，但随着活性污泥的成熟，表面活性剂逐渐被降解，泡沫会逐渐消失。

② 反硝化泡沫。一般水温20℃反硝化的进程加快，在生化池曝气不足的地方，序批式活性污泥法沉淀至滗水阶段后期及传统活性污泥法二沉池发生局部反硝化，产生氮类气体从而裹挟着污泥上浮，出现泡沫现象。

③ 生物泡沫。由于丝状微生物的增长，与气泡、絮体颗粒形成稳定的泡沫。

（2）生物泡沫的危害

① 泡沫的黏滞性，在曝气池表面阻碍氧气进入曝气池。

② 混有泡沫混合液进入二沉池后，泡沫会裹挟污泥增加出水的SS浓度，并在二沉池表面形成浮渣层。

③ 泡沫蔓延至走道板，会产生一系列卫生问题。

④ 回流污泥含有泡沫会引起类似浮选现象，损坏污泥的性能，生物泡沫随排泥进入泥区，干扰污泥浓缩和污泥消化。

（3）生物泡沫的控制对策

① 水力消泡是最简单的物理方法，但丝状菌依然存在，不能从根本解决根本问题。

② 投加杀生剂或消泡剂，消泡剂仅仅能降低泡沫的增长，却不能消除泡沫的形成的内在原因，而杀生剂普遍存在副作用，投加过量或投加位置不当，会降低生化池中絮凝体的数量及生物总量。

③ 降低污泥龄，减少污泥在生化池的停留时间，抑制生长周期较长的放线菌的生长。

④ 回流厌氧消化池上的上清液，厌氧消化池上的上清液能抑制丝状菌的生长，但有可能影响出水水质，慎重采用。

⑤ 向生化池投加填料，使容易产生污泥膨胀和泡沫的微生物固着在载体上生长，提高生化池的生物量和处理效果，又能减少或控制泡沫的产生。

⑥ 投加絮凝剂，使混合液表面失稳，进而使丝状菌分散重新进入活性污泥絮体中。

5.5　典型生物工艺系统运行管理应注意的问题

5.5.1　缺氧-好氧活性污泥（A_1/O）系统

5.5.1.1　特点

缺氧/好氧法在运行操作合理的情况下，可分别达到脱氮的目的，就去除BOD_5而言，在好氧段之前增加缺氧或好氧段，可以起到生物选择器的作用，其特点如下。

① 缺氧-好氧活性污泥（A_1/O）系统，可以同时去除污水中的BOD_5和氨氮，适用于处理氨氮和BOD_5含量均较高的工业废水。

② 硝酸菌是自养菌，为了抑制生长速率高的异养菌，使硝化菌占优势，要设法保证硝化段内有机物浓度不能过高，一般控制 BOD_5 小于 20mg/L。

③ 硝化过程消耗氧，溶解氧应控制在 2.0 mg/L 以上。

④ 当污水氨氮含量较高时，BOD_5 较低时，可以外加碳源的方法实现脱氮，但很不经济，一般外加碳源采用甲醇。

⑤ 硝化过程消耗水中的碱度，为保证硝化的顺利进行，当除碳后的污水的碱度小于 30mg/L 时，可采用向原水中投加石灰的方法来提高碱度。

⑥ 硝化菌繁殖较慢，只有系统运行较长时，才会有利于硝酸菌的积累，出现硝化作用，因此，泥龄要大于 10d。

5.5.1.2 运行管理

缺氧/好氧活性污泥（A_1/O）系统运行管理应注意以下问题。

（1）污水碱度的控制

入流污水碱度不足或呈酸性，会造成硝化效率的下降，出水氨氮含量升高，硝化段 pH 值应大于 6.5，二沉池出水碱度应大于 20mg/L，否则，应在硝化段投加石灰等药剂来增加碱度和调整 pH 值。

（2）溶解氧 DO 的控制

曝气池供氧不足或系统排泥量太大，会造成硝化效率的下降，应调整曝气量和排泥量；但溶解氧过高，泥龄过长，易使污泥低负荷运行，出现过曝气现象，造成污泥解絮，应经常观测硝化效率及污泥形状，调整曝气量和排泥量，做到精心管理。

（3）进水有机负荷的调整

入流污水总氮太高或温度低于 15℃，生物脱氮效率会下降，此时应增加曝气池投运数量和混合液污泥浓度，保证良好的污泥运行负荷。

（4）混合液内回流比的控制

经常测定和计算系统的内回流比和缺氧池搅拌器的搅拌强度，防止缺氧段 DO 值超过 0.5mg/L，内回流太少又会使缺氧段硝酸含量不足，使出水总氮超标。

（5）BOD_5 和 TN 的比值的核算

经常检测进水 BOD_5 和 TN 的比值，一般应保持 5～7 左右，如果 BOD_5/TN 低于 5，应跨越初沉池或投加有机碳源来提高 BOD_5/TN 的比值。

（6）剩余污泥排放的控制

生物脱氮系统剩余污泥的排放，主要应满足生物脱氮的要求，传统活性污泥法排泥都适用于生物脱氮系统，但采用泥龄控制排泥最佳，这主要是因为泥龄易于控制和掌握，更主要的是泥龄对硝化的影响最大。

（7）污泥负荷和泥龄的控制原则

生物硝化属于低负荷工艺，F/M 一般在 0.15kg BOD_5/（kgMLSS·d）以下。负荷越低，硝化越充分，亚硝酸盐转化硝酸盐的效率越高，与低负荷相对应，生物硝化系统的泥龄一般较长，主要是硝化细菌的增殖速度较慢，世代较长，一般要得到理想的硝化效果，泥龄必须大于 8d 以上。

5.5.2 厌氧-好氧活性污泥（A_2/O）系统

5.5.2.1 特点

厌氧-好氧法运行合理可以达到除磷的目的，就去除 BOD_5 而言，在好氧段之前增加缺氧或厌氧段，可以起到生物选择器的作用，其特点如下。

① 污泥负荷与常规污泥法负荷相当，在污水生物二级处理过程中，可同时去除 BOD_5、COD 及 P 等。

② A_2/O 法除磷工艺是通过排除富磷剩余污泥来实现的，因此在短污泥龄的条件下实现除磷目的。

③ 对进水的 BOD_5 负荷适应性较宽，抗冲击负荷能力较强。

④ 因污泥负荷较高、水力停留时间较短，是节省能耗和运行费用的工艺。

⑤ 便于在常规活性污泥系统上改成 A_2/O 生物除磷工艺。

⑥ A_2/O 法除磷时，运行负荷较高，泥龄和停留时间短，一般厌氧段停留时间为 0.5～1.0h，好氧段的停留时间 1.5～2.5h，MLSS 为 2～4g/L。污水中的氮往往得不到硝化，回流污泥就不会将硝酸盐带回厌氧区，从而不会影响磷的释放。

5.5.2.2 运行管理

厌氧-好氧活性污泥（A_2/O）系统运行管理应注意以下问题。

（1）污泥负荷和泥龄的控制

A_2/O 生物除磷工艺是高负荷、低泥龄系统，磷的去除是通过排放剩余污泥来实现的，污泥负荷较高时，泥龄就小，剩余污泥排量越多，在污泥含磷量一定的条件下，除磷量越多。但泥龄不能太低，必须以保证 BOD_5 的去除为前提。

（2）回流比的控制

A_2/O 除磷系统的污泥回流比不宜太低，应保持足够的回流比，尽快将二沉池内的污泥排出，防止聚磷菌在二沉池厌氧的环境发生磷的释放。在保证快速排泥的前提下，应尽量降低回流比。

（3）水力停留时间的控制

污水在厌氧段的水力时间一般 1.5～2.0h。停留时间太短，一是不能保证磷的有效释放，二是污泥中的兼性菌不能充分地将水中的大分子有机物分解成脂肪酸以供聚磷酸菌摄取，影响磷的释放。

（4）溶解氧 DO 的控制

厌氧段应尽量保持严格的缺氧状态，实际运行中应控制在 0.2mg/L 以下，聚磷酸菌只有在严格的厌氧状态下，才能有效释放磷，好氧段 DO 应控制在 2.0～3.0mg/L 之间，因为聚磷酸菌只有在好氧条件下才能大量吸收磷。

（5）BOD_5/TP

要保证除磷效果，应控制进入厌氧段的污水中 BOD_5/TP 大于 20，以保证聚磷酸菌对磷的有效释放，由于聚磷酸菌属不动菌属，其生理活动较弱，只能摄取有机物中极易分解的部分，因此，进水中应保证 BOD_5 的含量，确保聚磷酸菌正常的生理代谢。

5.5.3 厌氧-缺氧-好氧活性污泥（A^2/O）系统

5.5.3.1 特点

厌氧-缺氧-好氧活性污泥（A^2/O）系统具有如下特点。

① A^2/O 法在去除有机碳污染的同时，还能去除污水中的氮和磷，与传统活性污泥法后加深度处理相比，投资少，运行费用低，且没有大量的化学污泥。

② 在厌氧段，污水中的 BOD_5 或 COD 有一定程度的下降，氨氮浓度由于细胞的合成有

些降低，硝酸盐没有变化，磷的含量却由于聚磷酸盐的释放而上升。在缺氧段，污水中有机物作为碳源被硝化菌所利用，BOD_5 和 COD 继续被降解，磷和氨氮的浓度变化较小，硝酸盐浓度则因为反硝化作用被还原成氮气而下降。在好氧段，有机物由于好氧降解会继续减少，磷和氨氮的浓度会因聚磷酸菌和硝化作用以较快的速率下降，硝酸盐却因硝化作用而上升。

③ A^2/O 法的优点是厌氧、缺氧和好氧交替进行，可以达到同时除磷和脱氮去除有机物的作用，这种运行方式避免了常规活性污泥法经常出现的污泥膨胀问题，工艺流程简单，污水停留时间小于其他同种功能的工艺停留时间，不需外加碳源，运行费用较低。

④ A^2/O 法可以以强化脱氮或强化除磷的方式运行。工艺调整时，如果要获得脱氮效果，一般要保持较低的污泥负荷和较大的回流比，获得较长的泥龄，但除磷效果较差；如果要获得较好的除磷效果，应增加排泥，减少污泥负荷，获得较短的泥龄，但脱氮的效果较差，具体情况还要根据进水水质而定，原则是出水达标。

⑤ A^2/O 法是受到泥龄、回流污泥溶解氧和硝酸盐的限制，除磷效果不是十分理想，而脱氮效果取决于混合液回流比，而回流比又不宜过高（一般不超过200%），因此脱氮效果不能满足过高的要求，如果进水的总磷不高，强化脱氮，也可维持较好的脱氮效果，同时出水含磷也能达到排放要求。

5.5.3.2　运行管理

厌氧-缺氧-好氧活性污泥（A^2/O）系统运行管理应注意以下问题。

（1）污泥回流点的改进与泥量的分配

为了减少厌氧段的硝酸盐的含量，应控制加入到厌氧段的回流污泥量，将回流污泥两点加入，在保证回流比不变的前提下，加入到厌氧段的回流污泥占整个回流量的10%，其余回流到厌氧段以保证脱氮的需要。

（2）减少磷释放的措施

A^2/O 工艺系统中剩余污泥含磷量较高，在其消化过程中重新释放和溶出，还由于经硝化工艺系统排出的剩余污泥，沉淀性能良好，可直接脱水，如果采用污泥浓缩，运行过程中，要保证脱水的连续性，减少剩余污泥在浓缩池的滞留。

（3）好氧段污泥负荷的确定

在硝化的好氧段，污泥负荷应小于 $0.15kgBOD_5/(kgMLSS \cdot d)$，而在除磷厌氧段，污泥的负荷应控制在 $0.1kgBOD_5/(kgMLSS \cdot d)$ 以上。

（4）溶解氧 DO 的控制

在硝化的好氧段，DO 的控制应在 2.0mg/L 以上，在反硝化的缺氧段，DO 应控制在 0.5mg/L 以下，在除磷厌氧段，DO 的控制应在 0.2mg/L 以下。

（5）回流混合液系统的控制

内回流比对除磷的影响不大，因此回流比的调节与硝化工艺一致。

（6）剩余污泥排放的控制

剩余污泥排放宜根据泥龄来控制，泥龄的大小决定系统是以脱氮为主还是以除磷为主。当泥龄控制在8~15d时，脱氮效果较好，还有一定的除磷效果；如果泥龄小于8d硝化效果较差，脱氮效果更不明显，而除磷效果较好；当泥龄大于15d，脱氮效果良好，但除磷效果较差。

（7）BOD_5/TKN 与 BOD_5/TP 的校核

运行过程中应定期核算污水入流水质是否满足 BOD_5/TKN 大于 4.0，BOD_5/TP 大于

20 的要求，否则补充碳源。

（8）pH 值控制及碱度的核算

污水的混合液的 pH 值应控制在 7.0 以上，如果 pH 值小于 6.5，应投加石灰，补充碱源的不足。

5.5.4　循环式活性污泥法（CAST）系统

5.5.4.1　特点

CAST 工艺系统是在一个或多个平行运行，且反应容积可变的池内完成生物降解和泥水分离过程，在运行过程中，活性污泥系统按照"曝气—非曝气"阶段不断重复进行。在曝气池内主要完成生物降解过程，而非曝气阶段也完成部分生物降解作用，但主要完成泥水分离过程，沉淀阶段完成泥水分离后，滗水器排出每一周期处理后的出水，同时，根据系统活性污泥的增殖情况，在每一处理循环的最后阶段（滗水阶段）自动排出剩余污泥。

5.5.4.2　运行管理

CAST 工艺系统运行管理应注意以下问题。

CAST 工艺系统对控制要求较高，一是水力负荷的控制，二是溶解氧的控制。由于 CAST 工艺系统在于间歇运行方式。在控制上应保证进水的连续性，即进水和出水的连续性。应考虑三种工况：一是正常运行工况，即按系统正常周期运行；二是雨季工况（如果污水收集系统是合流制系统），降雨时，进水量要大于设计水量，运行时要缩短运行周期；三是事故工况，如果某组生化池出现事故或处于检修状态，控制上可缩短运行周期。CAST 工艺要求在一个池内不仅完成 BOD 的去除，还要完成生物除磷、硝化和反硝化，其过程对溶解氧的要求是不同的，在同一个反应周期内，要求溶解氧也是变化的，合理控制系统污泥浓度和溶解氧的浓度应是系统控制的关键。

5.5.5　DAT-IAT 系统

5.5.5.1　特点

① 增加了工艺处理的稳定性，DAT 起到了水力均衡和防止连续进水对出水水质的影响；DAT 连续曝气也使整个系统更接近于完全混合式，有利于高浓度有机毒物或 COD 浓度过高积累而带来的不良影响；由于系统运行是间歇，微生物以兼性菌为主，即使某个池因故长时间停运，也可在一至两天内恢复正常运行。

② 提高了池容的利用率，与传统 SBR 法及其他变形工艺比，由于 DAT-IAT 工艺系统中 DAT 池连续曝气，该工艺的曝气容积比是很高的。

③ 提高了设备的利用率，由于 DAT 连续进水，因此不需要设置按顺序进水的闸阀及自控装置；DAT 池连续曝气，减少整个系统的曝气强度，提高曝气装置的利用率。

④ 增加了整个系统的灵活性，DAT-IAT 系统可以根据进、出水水量，水质的变化来调整 DAT 池和 IAT 池的工作状态和 IAT 的运转周期，使之处于最佳工况。也可根据除磷脱氮需要，调整曝气时间，创造缺氧和厌氧的环境，实现除磷和脱氮。

根据该工艺的特点，要实现总体的进、出水的连续性，工艺系统的布局要将生化池分成若干组，每组分成若干池，从而完成序批式处理污水的功能。以中国辽宁抚顺三宝屯污水处理厂为例，该厂日处理能力 25×10^4 t，生化池共分三组，每组有三个生化池，每组池在一个运行周期内，曝气 1h、沉淀 1h、滗水 1h，在一个运行周期内同时完成污泥回流和剩余污泥的排放。运行时序：每一组池池与池运行相差 1h，即 1#与 2#与 3#相差 1h，4#与 5#与 6#相差 1h，7#与 8#与 9#相差 1h，组与组相差 20min，即 1#与 4#与 7#相差 20min，2#与 5#与 8#相差 20min，3#与 6#与 9#相差 20min。从而保证了池与池，组与组的交替运行，实现整体进、出水的连续性。详见 SBR 法 DAT-IAT 工艺时序表 5-3。

表 5-3　SBR 法 DAT-IAT 工艺运行方式一览表

组序 第一组	第一组			第二组			第三组		
池序 状态	1号IAT池			4号IAT池			7号IAT池		
	1h	1h	1h	1h	1h	1h	1h	1h	1h
曝气	1 1 1			4 4	4		7	7 7	
沉淀		1 1 1			4 4	4		7	7 7
滗水			1 1 1			4 4			7

池序 状态	2号IAT池			5号IAT池			8号IAT池		
	1h	1h	1h	1h	1h	1h	1h	1h	1h
曝气		2 2 2			5 5	5		8	8 8
沉淀			2 2 2			5 5			8
滗水	2 2 2			5 5	5		8	8 8	

池序 状态	3号IAT池			6号IAT池			9号IAT池		
	1h	1h	1h	1h	1h	1h	1h	1h	1h
曝气			3 3 3			6 6			9
沉淀	3 3 3			6 6	6		9	9 9	
滗水		3 3 3			6 6	6		9	9 9

5.5.5.2　运行管理

DAT-IAT 工艺系统运行管理应注意以下问题。

① 合理控制 DAT 池 IAT 池的 MLSS 尤其重要，必须合理控制回流比以及回流泵的延时启动时间与运行时间；DAT 池污泥回流系统的管道出口直径要合理，确保回流污泥呈喷射状态，防止出现短流，造成 IAT 池 MLSS 过高，影响出水水质。

② 由于 DAT-IAT 工艺保留了 SBR 工艺的主要特征，曝气-沉淀-出水工作过程在一个池内完成。要合理控制 IAT 池的浓度，尤其夏季水温在 20℃时，在沉淀和滗水阶段，底层污泥发生局部反硝化，尤其滗水后期，水位降低，污泥上浮加剧，影响出水水质，因此要加强污泥回流和剩余污泥的排放，MLSS 可控制在 2000mg/L 左右。

③ 滗水器是生化池运行的关键设备，常见故障：滗水时不下行，造成其他池水位抬高影响曝气，严重时可能发生鼓风机喘振；另一种故障滗水后期滗水器不上行，在曝气阶段跑泥，对此情况应在程序增加保护措施；还有一种故障滗水器运行不同步，是由于机械故障所至，应定期对滗水器进行维护和保养。对于其他间歇活性污泥法，出水采用回转式滗水器的系统，加强滗水器的维护和保养非常重要。

5.5.6　间歇式循环延时曝气活性污泥法（ICEAS）系统

5.5.6.1　特点

ICEAS 系统最大的特点是在 SBR 反应池的前端增加了一个生物选择器，实现了连续进水，间歇排水。生物选择的设置使系统选择出适应污水中有机物降解和絮凝性更强的微生物。可有效地抑制丝状菌的生长和繁殖，使活性污泥在选择器内经历一个高负荷的生物吸附阶段，随后在主反应区经历一个较低负荷的基质降解阶段。在反应阶段经历反复曝气-缺氧-厌氧过程，完成了污水的处理。

5.5.6.2 运行管理

ICEAS 工艺系统运行管理应注意以下问题。

① ICEAS 工艺系统生物选择器里的污泥要保持悬浮状态。如果采用曝气搅拌的系统，选择器内的 DO 浓度的控制是关键，应使其处于厌氧状态，曝气的作用只是起到搅动污泥的作用，如果为防止出现好氧状态而不曝气，污泥将在选择器内沉积，而使选择器失去作用，系统易发生污泥膨胀，最好的办法是增大选择器内的污泥浓度，控制曝气量，使其处于缺氧或厌氧状态，真正发挥选择器的作用。

② 在以强调除磷脱氮的 ICEAS 工艺系统，系统初期运行时，其运行模式可灵活掌握，曝气时间要加长，搅拌时间要缩短，甚至可以取消某一时段搅拌过程来增加曝气时间，便于微生物的生长和硝化菌的世代生长，当硝化过程进展良好时，再进行搅拌时间的调整，从而实现除磷脱氮。

③ 在系统正常运行后，生化系统所进行的反复曝气-缺氧-厌氧的过程，搅拌时间的确定应根据实际需要的 DO 浓度所要持续的时间进行确定，而曝气时间应根据氨氮转化率进行确定，也就是说曝气和搅拌时间要保证工艺的需要，可灵活控制。

5.5.7 AB 两段活性污泥法

5.5.7.1 特点

① A、B 两段要严格分开，污泥系统各段独立分开，两段分别设污泥回流系统，A 段负荷较高，B 段负荷较低。

② 污水先进入高负荷的 A 段，再进入低负荷的 B 段，两段串联运行；A 段可以根据进水水质采用好氧运行和厌氧运行方式，B 段除采用普通活性污泥法外，还可以采用生物膜法、氧化沟、SBR、A_1/O、A_2/O 等多种处理工艺；AB 法不设初沉淀池，污水全部进入系统，A 段是一个开放性的生物动力系统，与吸附-再生法原理有许多相似之处，因其有各自的污泥回流系统和各自的生物群体，有利于各自功能的发挥。

③ AB 法具有明显的脱氮和除磷作用，除磷效果明显。

④ AB 法具有较强的抗冲击能力，即使 A 段受到冲击，其恢复较快；和传统活性污泥法相比，投资较少，运行费用低。

5.5.7.2 运行管理

AB 两段活性污泥法运行管理应注意以下问题。

对于没有除磷要求的 AB 法，其运行管理相对比较简单，与传统活性污泥区别不大，而对有除磷和脱氮要求的 AB 法，运行过程中对参数的控制要复杂得多。溶解氧的控制，根据溶解氧浓度经常调节 A 段工艺的供风量是 A 段工艺的特点，当要求 A 段有较高 BOD_5 的去除率和除磷率，溶解氧控制在较高水平，一般不低于 1.0mg/L；当进水含有较多难降解的有机物时，可根据具体情况适当降低 DO 值，使 A 段处于缺氧状态，以提高 A 段出水的可生化性；另一方面，A 段在长期缺氧环境条件下运行，会导致絮凝作用的减弱，并产生有抑制作用的代谢产物；为保证 BOD_5/COD 的比值的提高和 A 段处理效率，A 段最好处于缺氧和好氧交替方式运行。A 段污泥的沉淀性能良好，A 段不存在污泥膨胀和反硝化导致的污泥上浮，因此不需要太大的回流比，A 段剩余污泥的排放量，应根据 A 段的 MLSS 来控制，因为 A 段不是单纯的生物系统，合理地控制污泥浓度和 DO 值，其主要作用是完成生物的吸附。B 段的控制，包括除磷和脱氮的控制，同传统活性污泥法一样，只是由于 A 段工艺的特殊性，应增加反映 A 段工艺特性的检测项目如：TSS、$TBOD_5$、$TCOD_{Cr}$ 等指标，以便准确评价 A 段的运行效果，使 A 段处于最佳状态。

5.5.8　氧化沟

氧化沟又称氧化渠或循环曝气池，污水和活性污泥混合液在系统内循环流动，其实质是传统活性污泥法的一种改型，并经常采用延时曝气的方式运行，一般不设初沉池，与传统活性污泥法相比沟体狭窄，沟渠呈圆形或椭圆形，分单沟系统和多沟系统，泥龄长，系统中可生长世代较长的细菌，污泥负荷较低，类似延时曝气法；运行方式有连续式和间歇式，间歇式具有 SBR 的特点，连续式需要设置二沉池。

5.5.8.1　氧化沟工艺的技术特点

（1）构造形式的多样性

沟渠可以是圆形和椭圆形，可以是单沟，也可是多沟。多沟系统可以是一组同心的相互连通的沟渠（如奥贝尔氧化沟），也可是相互平行，尺寸相同一组氧化沟（如三沟式氧化沟）；也可以同二沉池合建，也可以与二沉池分建，如果采用间歇式运行方式，则取消二沉池，多样的结构形式，赋予氧化沟灵活机动的运行方式。

（2）曝气强度的可调节性

通过出水堰口的调节改变沟渠内的水深，即改变曝气装置的淹没深度，对水流速产生调节作用；二是通过调节曝气器的转速来改变曝气强度和推动力。

（3）曝气设备的多样性

不同的氧化沟的形式，可采用不同的曝气方式，常用的设备有转刷、转碟及其他的表面曝气设备和射流曝气器等，不同的曝气设备演绎不同的氧化沟的池型。

（4）具有推流式活性污泥法的特征

每条沟渠的流态具有推流式的特征，进水经曝气至出水的过程中形成良好的絮凝体可以发挥较好除磷作用，还可以使氧化沟交替出现缺氧-好氧状态实现硝化和反硝化作用，最终实现脱氮目的。

（5）可以简化处理工艺

氧化沟的水力停留时间和泥龄比较长，有机物氧化较彻底，一般不设二沉池，还由于该工艺污泥负荷较低，经历了硝化处理，泥量较少且污泥性质稳定，一般不设污泥厌氧消化系统，如果采用交替式氧化沟（间歇式运行方式）或一体式氧化沟不设二沉池。从而处理流程更简单。

5.5.8.2　奥贝尔氧化沟的运行管理

奥贝尔氧化沟在时间上和空间呈现出阶段性，各沟渠内溶解氧呈现出厌氧-缺氧-好氧分布，对高效硝化和反硝化十分有利。第一沟内低溶解氧，进水碳源充足，微生物容易利用碳源，自然会发生反硝化作用即硝酸盐转化成氮类气体，同时微生物释放磷。而在后边的沟道内溶解氧增高，尤其在最后的沟道内溶解氧达到 2mg/L 左右，有机物氧化得比较彻底，同时在好氧状态下也有利于磷的吸收，磷类物质得以去除。

奥贝尔氧化沟三个沟渠内溶解氧的浓度是有明显差别，第一沟渠溶解氧吸收率较高，溶解氧较低，混合液经转碟曝气后溶解氧可能接近于零，可进行调整，溶解氧最好控制在 0.5mg/L 以下，最后沟渠溶解氧吸收率较低，溶解氧会增高，溶解氧最好控制在 2mg/L 左右，当 DO 低于 1.5mg/L 时应进行调整。奥贝尔氧化沟的结构形式使得该工艺呈现出推流式的特征，因此在保证各沟渠溶解氧要求的前提下，也要注意转碟搅拌和推流的强度，防止污泥在沟渠内的沉淀。

5.5.8.3 三沟式氧化沟的运行管理

三沟式交替氧化沟在实际工程中使用较多。三沟式氧化沟由三个相同的氧化沟组建在一起作为一个处理单元，三沟的邻沟之间相互贯通，两侧氧化沟可起到曝气和沉淀的双重作用。每个池都配有可供进水和环流混合的转刷，自控装置自动控制进水的分配和出水堰的调节。污水在沟渠反复循环即三沟交替运行过程得到净化。

三沟式氧化沟具有传统活性污泥法和生物除磷、脱氮的两种运行方式，具有序批式活性污泥法的运行方式，不设一沉池和二沉池，工艺流程简单。在生物除磷和脱氮时，曝气转刷低速运行，只起到搅拌作用，保持沟内的污泥呈悬浮状态，通过控制转刷的转速实现好氧-缺氧状态的改变，达到除磷和脱氮的目的。

三沟式氧化沟的运行管理时要按阶段进行控制，各阶段的功能和持续时间见表 5-4，具体操作如下。

表 5-4 三沟式氧化沟生物脱氮运行方式

运行阶段	A			B			C			D			E			F		
各沟状态	1 沟	2 沟	3 沟	1 沟	2 沟	3 沟	1 沟	2 沟	3 沟	1 沟	2 沟	3 沟	1 沟	2 沟	3 沟	1 沟	2 沟	3 沟
	反硝化	硝化	沉淀	硝化	硝化	沉淀	沉淀	硝化	沉淀	沉淀	硝化	反硝化	沉淀	硝化	硝化	沉淀	硝化	沉淀
	进水		出水		进水	出水		进水	出水			进水	出水	进水		出水	进水	
持续时间/h	2.5			0.5			1.0			2.5			0.5			1.0		

阶段 A：污水进入第 1 沟，转刷低速运行，污泥在悬浮状态下环流，DO 应控制在 0.5mg/L 以下，确保微生物利用硝态中的氧，使其硝态氮还原成 N₂，同时自动调节出水堰上升；污水和活性污泥进入第 2 沟，第 2 沟内的转刷高速旋转，混合液在沟内保持环流，DO 应控制在 2mg/L 左右，确保供氧量使氨氮为硝态氮，处理后的水进入第 3 沟，第 3 沟的转刷处于闲置状态，此时只作沉淀，实现泥水分离，处理后的水通过降低的堰口排出系统。

阶段 B：污水入流由 1 沟转向 2 沟，此时 1 沟 2 沟的转刷高速运转，1 沟由缺氧状态逐渐变位好氧状态，2 沟内的混合液进入第 3 沟，第 3 沟仍作为沉淀池进行泥水分离，处理后的出水由第 3 沟排出系统。

阶段 C：进水仍然进入第 2 沟，此时第 1 沟转刷停运，进入沉淀分离状态，第 3 沟仍然处于排水阶段。

阶段 D：进水从第 2 沟转向第 3 沟，第 1 沟出水堰口降低，第 3 沟堰口升高，混合液第 3 沟流向第 2 沟，第 3 沟转刷开始低速运转，进行反硝化出水从第 1 沟排出。

阶段 E：进水从第 3 沟转向第 2 沟，第 3 沟转刷高速运转，第 2 沟转刷低速运转实现脱氮，第 1 沟仍然作沉淀池，处理后的出水由第 1 沟排出系统。

阶段 F：进水仍进入第 2 沟，第 3 沟转刷停止运转，三沟由运转转为静止沉淀，进行泥水分离，处理后的出水仍由第 1 沟排出，排水结束后进入一个循环周期。

5.6 消毒系统的运行管理

城市污水含有大量的细菌，其中一部分为病原菌，例如伤寒杆菌、痢疾杆菌和霍乱杆菌等均为常见的在污水中传播的病菌。另外，蛔虫、血吸虫等寄生虫以及脊髓灰质类、肝炎病毒也在污水中传播。因此在城市污水处理工艺流程中，一般都设消毒工艺，消毒有液氯、二氧化氯、臭氧和紫外线消毒。

5.6.1 液氯消毒系统的运行管理

5.6.1.1 一般规定

采用液氯消毒时应符合下列规定。

① 应每周检查 1 次报警器及漏氯吸收装置与漏氯检测仪表的有效联动功能，并应每周启动 1 次手动装置，确保其处于正常状态。

② 加氯量应根据水质、水量、水温和 pH 值等具体情况确定。

③ 应每月检查并维护漏氯检测仪 1 次，每周对防毒面具检查 1 次。

④ 漏氯吸收装置宜每 6 个月清洗 1 次。

⑤ 加氯时应按加氯设备的操作规程进行，停泵前应关闭出氯总闸阀。

⑥ 加氯间的排风系统在加氯机工作前应通风 5~10min。

⑦ 应制定液氯泄漏紧急处理预案和程序。

⑧ 加氯设施较长时间停置时，应将氯瓶妥善处置。重新启用时，应按加氯间投产运行的检查和验收方案重新做好准备工作。

⑨ 开、关氯瓶闸阀时，应使用专用扳手，用力均匀，严禁锤击，同时应进行检漏。

⑩ 氯瓶的管理应符合现行的国家标准《氯气安全规程》(GB 11984)的规定。

⑪ 采用液氯消毒时，运行参数应符合设计要求，可按表 5-5 中的规定确定。

表 5-5 液氯消毒正常运行参数

项目	接触时间/min	加氯间内氯气的最高容许浓度/(mg/m³)	出水余氯量/(mg/L)
污水	≥30	1	
再生水	≥30	1	≥0.2(城市杂用水)
			≥0.05(工业用水)
			≥1.00~1.50(农田灌溉)
			≥0.05(景观环境水)

注：1. 对于景观环境用水采用非加氯方式消毒时，无此项要求；
2. 表中城市杂用水和工业用水的余氯值均指官网末端。

5.6.1.2 加氯间防护的措施

① 氯库应设置漏氯检测报警装置及防护用具。

② 经常接触氯气的工作人员对氯气的敏感程度会有所降低，即使在闻不到氯味的时候，已经受到伤害，值班室要与操作室严格分开，并在加氯间安装监测及报警装置，随时对氯的浓度跟踪监测。在设有漏氯自动回收装置的加氯间，加氯系统工作时，加氯间氯瓶内装有氯

气，自动漏氯吸收装置都应处在备用状态，一旦漏氯量达到规定值时，漏氯装置自动投入运行。维护人员定期，对漏氯吸收系统进行维护，对碱液定期进行化验。

③ 加氯间外侧要有检修工具、防毒面具、抢救器具，照明和风机的开关要设在室外，在进加氯间之前，先进行通风，加氯间的压力水要保证不间断，保持压力稳定。如果加氯间未设置漏氯自动回收装置，加氯间要设置碱液池，定期检验碱液，保证其随时有效。当发现氯瓶有严重泄漏时，运行人员戴好防毒面具，及时将氯瓶放入碱液池。

④ 加氯间建筑要防火、耐冻保温、通风良好，由于氯气的相对密度大于空气的相对密度，当氯气泄漏后，会将室内空气挤出，在室内下部积聚，并向上部扩散，加氯间要安装强制通风装置。设有自动漏氯回收装置的加氯间，当发生氯气泄漏时，轻微的漏氯可开启风机换气排风，漏氯量较大时自动漏氯回收装置启动，此时应关闭排风，以便于氯气的回收，同时防止大量氯气向大气扩散，污染环境。

⑤ 当现场有人中毒，将中毒者移至有新鲜空气的地方，呼吸困难应吸氧，严禁进行人工呼吸。可用2%的碳酸氢钠溶液洗眼、鼻、口，还可使中毒者吸入雾化5%碳酸氢钠溶液。

5.6.1.3　使用液氯的注意事项

液氯通常在钢瓶中储存和运输，使用时将液氯转化氯气加入水中。

① 氯瓶内压一般为0.6~0.8MPa，不能在太阳下曝晒或接近热源，防止汽化发生爆炸，液氯和干燥的氯气对金属没有腐蚀，但遇水或受潮腐蚀性能增强，所以氯瓶用后应保持0.05~0.1MPa的余压。

② 液氯要变成氯气要吸收热量，在气温较低时，液氯的汽化受到限制，要对氯瓶进行加热，但不能用明火、蒸气、热水，加热时不应使氯瓶温升太高或太快，一般用15~25℃温水连续喷淋。

③ 要经常用10%的氨水检查加氯机、汇流排与氯瓶连接处是否漏气。如果发现加氯机，氯气管有堵塞现象，严禁用水冲洗，在切断气源后用钢丝疏通，在用压缩空气吹扫。

④ 开启氯瓶前，要检查氯瓶放置的位置是否正确，保证出口朝上，既放出的是氯气而不是液氯，开瓶时要缓慢开半圈，随后用10%氨水检查接口是否漏气，一切正常再逐渐打开，如果阀门难以开启，绝不能用锤子敲打，也不能用长扳手硬扳以防将阀杆拧断，如果不能开启应将氯瓶退回生产厂家。

5.6.1.4　加氯间安全操作规程

加氯前的检查准备工作主要包括以下几个方面。

① 准备好长管呼吸器，放置在操作间外，并把呼吸器的风扇放置在上风口，备好电源。

② 打开加氯间门窗进行通风，检查漏氯报警器及自动回收装置电源供电是否正常。

③ 打开离心加压泵，使水射器正常工作，打开加氯机出氯阀，检查加氯机上压力表能否达到20~80kPa。

加氯操作步骤如下。

① 用专用扳手（小于10in）打开氯瓶总阀后用10%氨水检查接口是否泄漏（如有泄漏氨水瓶口会有白色烟雾）。如不泄漏依次打开角阀，汇流排阀并依次用氨水检验接口。如有氯气泄漏，需关闭氯瓶总阀对泄漏处重新更换铅垫，重新接好再用氨水检查。

② 查看汇流排上压力表是否正常，如正常，将自动切换开关打到动挡（MANUL），选择将要加氯的汇流排A或B，将此开关打到（OPEN）位置，打开加氯机的进气阀，将加氯机的控制面板上按钮控制到手动状态，根据计算好的加氯量调节流量计上部黑色手动旋钮，开始加氯，如加氯量达不到要求，可同时多开几个氯瓶。

③ 运行中定时检查流量计浮子位置和汇流排上压力表，使氯瓶中保持一定的液氯量，

如降到一定值时关闭总阀，如需要打开另一组汇流排。

加氯结束时操作步骤如下。

① 停止加氯时，先关闭氯瓶总阀。

② 查看汇流排上压力表并直至归零，确定加氯机流量计无氯气后，依次关阀氯瓶角阀、汇流排阀，将自动切换开关打到 CLOSE 位置。关闭加氯机进气阀，关闭加氯机手动旋钮，最后关闭水射器及离心加压泵。

更换氯瓶时注意事项如下。

① 安装新氯瓶时，应使氯瓶两个总阀连线与地面垂直，并且出口端要略高于底部。

② 注意氯瓶底部的安全阀不能受挤压，氯瓶不能靠近任何热源。

加氯间的防范措施如下。

① 除必要的专用工具外，应备有氯瓶安全帽。大小木塞等用于氯瓶堵漏，应备有细铁丝用于管道清通。

② 要备有自来水源，用于除霜。

③ 要有灭火器，放置在加氯间的外侧。

④ 加氯间长期停置不用时，应将装满液氯的氯瓶退回厂家。

5.6.1.5　加氯量的控制

污水处理过程中有以下三种消毒方式：初级处理出水＋加氯消毒→排放水体；二级处理水＋加氯消毒→排放水体；深度处理出水＋加氯消毒→进入污水回用系统。由于二级出水和深度处理污水中污染物浓度及种类和细菌数量不同，其加氯差别很大，这里着重介绍二级出水加氯的控制。

一般城市污水处理二级进行加氯消毒在夏季进行，传染病流行时期，为减少疾病的流行必须启动消毒装置。通过严格控制加氯量，在保证消毒效果的前提下，使致癌物的产生及对水生物的影响降到最低限度，基于上述考虑，二级出水加氯消毒，可以在出水中保持余氯浓度，以实际消毒计量为加氯控制指标。二级出水加氯消毒之后，要保持一定余氯浓度，加氯控制在 $10\sim15mg/L$。当不需要保持余氯浓度时，二级出水加氯量一般控制在 $5\sim10mg/L$。

5.6.2　二氧化氯消毒系统的运行管理

采用二氧化氯消毒时应符合下列规定。

① 盐酸的采购和存放应符合国家现行有关标准的规定。

② 固体氯酸钠应单独存放，且与设备间的距离不得小于 5m，库房应通风阴凉。

③ 在搬运和配制氯酸钠过程中，严禁用金属器件锤击或摔击，严禁明火。

④ 操作人员应戴防护手套和眼镜。

⑤ 应根据水量及对水质的要求确定加药量。

⑥ 应定期清洗二氧化氯原料灌口闸阀中的过滤网。

⑦ 开机前应检查防爆口是否堵塞，并应确保防爆口处于开启状态。

⑧ 开机前应检查水浴补水阀是否开启，并应确认水浴箱中自来水是否充足。

⑨ 停机时加药泵停止工作后，设备应再运行 30min 以后，方可关闭进水。

⑩ 停机时，应关闭加热器电源。

5.6.3　次氯酸钠消毒系统的运行管理

采用次氯酸钠消毒时应符合下列规定。

① 应根据水量及对水质的要求确定加药量。

② 应每月清洗 1 次次氯酸钠发生器电极。

③ 应将药剂贮存在阴暗干燥处和通风良好的清洁室内。

④ 运输时应有防晒、防雨淋等措施，并应避免倒置装卸。

5.6.4　紫外线消毒系统的运行管理

采用紫外线消毒时应符合下列规定。

① 采用紫外线消毒时，消毒水渠无水或水量达不到设备运行水位时严禁开启设备。

② 无论是否具备自动清洗机构，都必须根据污水水质和现场污水实际处理情况定期对玻璃套管进行人工清洗。

③ 应定期更换紫外灯、玻璃套管、玻璃套管清洗圈及光强传感器。

④ 应定期清除溢流堰前的渠内淤泥。

⑤ 应满足溢流堰前有效水位，确保紫外灯管的淹没深度。

⑥ 在紫外线消毒工艺系统上工作或参观的人员必须做好防护，非工作人员严禁在消毒工作区内停留。

⑦ 设备灯源模块和控制柜必须严格接地，避免发生触电事故。

⑧ 人工清洗玻璃套管时，应戴橡胶手套和防护眼镜。

⑨ 采用紫外线消毒的污水，其透射率应大于 30%。

5.6.5　臭氧消毒系统的运行管理

① 采用臭氧消毒时，应定期校准臭氧发生间内的臭氧浓度探测报警装置，当发生臭氧泄漏事故时，应立即打开门窗并启动排风扇。

② 臭氧发生器的开启和关闭应滞后于臭氧系统的其他设备，操作人员必须严格按照系统的启动和停机顺序进行操作。

③ 应根据温度、湿度高低，增减空压缩机的排污次数。

④ 空气压缩机必须设有安全阀，应保证其在规定的压力范围内工作，当系统中的压力超过设定压力时，应检查超压原因并排除故障。

⑤ 水冷式空气压缩机应根据季节温度调节冷却水量。循环冷却水进水温度宜控制在 20～32℃，出水温度不应超过 38℃。

⑥ 干燥机的运行在满足用气质量要求的前提下，应尽量减少再生气消耗量。

⑦ 冬季或臭氧发生器长时间不工作，应把系统内设备的水排净。

⑧ 采用尾气破坏器进行尾气处理时，应定期检查催化剂使用效果，及时更换催化剂。

⑨ 应每月对空气压缩机、干燥机、预冷机、臭氧发生器等进行维护保养。

⑩ 每年应至少对臭氧接触及尾气吸收设施进行清刷 1 次，油漆铁件 1 次。

⑪ 不同种类的臭氧发生器，其臭氧产量与电耗的关系应符合设计要求，可按表 5-6 中的规定确定。

表 5-6　不同种类臭氧发生器生产每千克臭氧的电耗参数

发生器种类	臭氧产量/(g/h)	电耗/[kWh/(kg·O$_3$)]
大型	>1000	≤18
中型	100～1000	≤20
小型	1.0～100	≤22
微型	<1.0	实测

注：表中电耗指标限制不包括净化气源的电耗。

第6章 生物膜处理系统及自然生物处理系统的运行管理

6.1 生物膜法处理构筑物

生物膜处理法的处理构筑物主要包括生物滤池（普通生物滤池、高负荷生物滤池、塔式生物滤池）、曝气生物滤池、生物转盘、生物接触氧化设备、和生物流化床等。

6.1.1 生物滤池

生物滤池是以土壤自净原理为依据，由过滤田和灌溉田逐步发展而来的。过滤田和灌溉田是天然条件下的好氧生物处理设施。废水流入过滤田和灌溉田后，水中的有机物滞留在土壤表层，由好氧微生物氧化分解为无机物。这种作用只在土壤表层进行，占地面积大，而且受气候影响，只能在适当条件下采用。19世纪末，进行了洒滴滤池试验。20世纪初洒滴滤池得到公认，出现了各种形式的生物滤池。

废水长期以滴状洒布在块状滤料的表面上，在废水流经的表面上就会形成生物膜，生物膜成熟后，栖息在生物膜上的微生物即摄取废水中的有机污染物质作为营养，从而使废水得到净化。

进入生物滤池的废水，必须通过预处理，去除悬浮物、油脂等能够堵塞滤料的污染物质，并使水质均化稳定。一般在生物滤池前设初次沉淀池，但并不只限于沉淀池，根据废水的水质，也可采用其他预处理措施。

滤料上的生物膜，不断脱落更新，脱落的生物膜随处理水流出，因此，生物滤池后也设沉淀池。采用生物滤池处理废水的工艺流程如图6-1所示。

进水 → 初次沉淀池 → 生物滤池 → 二次沉淀池 → 出水

图6-1 生物过滤法基本流程

生物滤池按负荷可分为低负荷生物滤池和高负荷生物滤池。

低负荷生物滤池亦称普通生物滤池，是早期出现的生物滤池，负荷低，水量负荷只达 $1\sim4m^3/(m^2 \text{滤池} \cdot d)$，BOD负荷也仅为 $0.1\sim0.4kg/(m^2 \text{滤料} \cdot d)$。其优点是净化效果好，BOD去除率可达90%～95%。主要的缺点是占地面积大，而且易于堵塞。因此，在使用上受到限制。

高负荷生物滤池，水量负荷达到 $5\sim40m^3/(m^2 \text{滤池} \cdot d)$，是普通生物滤池的10倍，BOD负荷高达 $0.5\sim2.5kg/(m^2 \text{滤料} \cdot d)$。条件是将进水BOD浓度限制在200mg/L以下，

为此，采取处理水回流措施，加大水量，使滤料不断受到冲刷，生物膜连续脱落，不断更新，于是占地大、易于堵塞的问题得到一定程度的解决。

20世纪50年代，在前民主德国建造了直径与高度比为（1：6）～（1：8），高度达8～24m的塔式生物滤池。这种滤池不仅占地面积小，而且通风畅行，净化功能良好。

6.1.1.1 普通生物滤池

生物滤池在平面上多呈圆形、正方形或矩形，图6-2所示是使用最广泛的采用旋转布水器的圆形生物滤池。

图6-2　圆形生物滤池

普通生物滤池由池体、滤料、布水装置和排水设备四部分组成。

（1）池体

普通生物滤池四周应采用砖石筑壁，称为池壁，池壁具有维护滤料的作用。池壁可筑成带孔洞和不带孔洞的两种形式，有孔洞的池壁有利于滤料的通风，但在低温季节，易受低温的影响，使净化功能降低。池壁一般应高出滤料表面0.5～0.9m。池底用于支撑滤料和排除处理后的污水。

（2）滤料

滤料是生物滤池首要的组成部分，它对生物滤池净化功能的影响关系至大，应当正确选用。滤料应具备的条件是：a. 质坚、高强、耐蚀、抗冰冻；b. 表面积大、粗糙，但又易于使废水均匀流动；c. 滤料间应有足够的空隙率；d. 就地取材。

生物滤池以碎石、炉渣、焦炭等为滤料，粒径多为5～7cm。滤料必须经过仔细筛分、洗净，不合格者不得超过5%。

近年来，开始使用由聚氯乙烯、聚苯乙烯和聚酰胺等制造的波形板式、列管式和蜂窝式等人工滤料。这些滤料的特点是轻质、高强、耐蚀，每$1m^3$只有43.66kg，表面积100～$200m^2$，空隙率高达80%～95%，但是其成本较高。

滤料的高度即为滤料的工作深度。实践证实，生物滤池最上层1m内的净化功能最好，过深会增加水头损失。普通生物滤池的工作深度介于1.8～3.0m之间，而高负荷生物滤池则多为0.9～2.0m。加大深度的做法有两种，一是直接加大深度，必要时采取人工强制通风措施；二是采用二级滤池，第二级滤池深度多采取1.0m。

（3）布水装置

布水装置很重要，只有布水均匀，才能充分发挥每一部分滤料的作用和提高滤池的处理能力。另外，布水装置还要满足间歇布水的要求，使空气在布水间歇时进入滤池，也使生物膜上的有机物有氧化分解时间，以恢复生物膜的吸附能力。常用的布水装置有固定式和旋转式两种。

（4）排水设备

设置在池底上的排水设备，不仅用以排出滤水，而且起保证滤池通风的作用。它包括渗水装置、集水沟和总排水渠等。渗水装置的作用是支撑滤料、排出滤水，空气也是通过滤水装置的空隙进入滤池体的。为了保证滤池的通风，渗水装置的空隙所占面积不得少于滤池面积的 5%～8%。

渗水装置的形式很多，其中使用比较广泛的是穿孔混凝土板。

普通生物滤池一般适用于处理每日污水量不高于 $1000m^3$ 的小城镇污水或有机工业废水。其主要优点如下。

① 处理效果良好，BOD_5 的去除率可达 95% 以上。

② 运行稳定、易于管理、节省能源。

主要缺点如下。

① 占地面积大、不适于处理量大的污水。

② 滤料易于堵塞，当预处理不够充分或生物膜季节性大规模脱落时，都可能使滤料堵塞。

③ 产生滤池蝇，恶化环境卫生，滤池蝇是一种体型小于家蝇的苍蝇，产卵、幼虫、成蛹、成虫等生殖过程都在滤池内进行，它的飞行能力较弱，只在滤池周围飞行。

④ 喷嘴喷洒污水，散发臭味。

正是因为普通生物滤池具有以上这几项的实际缺点，它在应用上受到不利影响，近年来已很少新建了，有日渐被淘汰的趋势。

6.1.1.2 高负荷生物滤池

高负荷生物滤池属于第二代，是在普通生物滤池的基础上为克服普通生物滤池在构造、运行等方面存在的一些问题而发展起来的。其相对于普通生物滤池而言具有以下特征。

① 采用粒径较大的粒状滤料，一般在 40～65mm，滤层深一般介于 1～4m，有的可达 6m。

② 单位滤池表面的水力负荷提高近 10 倍，达 10～30m³ 废水/（m² 滤料·d），加大水流强度形成较强的水力冲刷能力，防止生物膜堵塞滤料孔隙，使生物膜及时脱落，能够经常保持活性。

③ BOD 负荷提高到 0.5～1.0kgBOD/（m² 滤料·d），为了适应提高水量负荷降低进水BOD 值的要求，多采用处理水回流措施，并将进水 BOD 值限制在 200mg/L 以下，以缩小布水间隔时间。

④ 多采用旋转布水器，废水从滤池上方慢速旋转的布水横管中流出，布水管高度离滤池表面约 0.46m，太高，水流受风影响，太低，水流对生物膜不能起到冲刷作用。沿布水管道从里向外喷嘴越来越密，以保证均匀布水。

高负荷生物滤池提高了能够承受的处理水量，在净化功能和处理程度方面增强了灵活性。占地大，宜堵塞问题得到某些改善，但仍未得到彻底解决。与其他生物处理构筑物（例如曝气池）相比较，占地仍嫌过大。

6.1.1.3 塔式生物滤池

塔式生物滤池属于第三代生物滤池，简称滤塔。塔滤主要由塔身、滤料、布水装置、通风装置和排水系统所组成。塔式生物滤池的构造如图 6-3 所示。

布水器　进水管

塔身

支座

滤床

集水槽　底座

图 6-3　塔式生物滤池

① 塔身。塔身起围挡滤料的作用，可用钢筋混凝土结构、砖结构、钢结构或钢框架与塑料板面的混合结构。塔身分若干层，每层设有支座以支承滤料和生物膜的重量，另外，塔身上还开设观察窗，供观察、采样、填装滤料等用。

② 滤料。滤料是微生物的载体。一般来说，滤料表面积越大，微生物就越多，小颗粒的滤料虽然具有较大的表面积，但滤料间的孔隙率相应减小，这就要影响通风，使脱落的生物膜不易随水带出，致使滤料堵塞。对滤塔更应采用轻质高强、比表面积大、空隙率高的人工塑料成型滤料。如纸蜂窝滤料、塑料波纹板滤料、焦炭、炉渣及陶粒滤料等。

③ 布水装置。为了充分发挥滤料的作用，均匀布水是很重要的措施。塔滤的布水装置与一般的生物滤池相同，也广泛使用旋转布水器，这种布水装置布水均匀，流量调节幅度较大，不易堵塞，效果较好。

④ 通风装置。塔滤一般都采取自然通风，塔底有高度为 0.4～0.6m 的空间，周围留有通风孔，也可以采用人工机械通风。

⑤ 排水系统。塔滤的出水汇集于塔底的集水槽，然后通过渠道送往沉淀池进行生物膜与水的分离。

在工艺上，塔滤与高负荷生物滤池没有根本的区别，但在构造、净化功能等方面具有一定的特征，主要包括以下几个方面。

① 塔式生物滤池的水量负荷比较高，是高负荷生物滤池的 2～10 倍；BOD 负荷也较高，是高负荷生物滤池的 2～3 倍。

② 塔式生物滤池的构造形状如塔，高达 8～24m，直径 1～3.5m，使滤池内部形成较强的拔风状态，因此，通风良好。

③ 由于高度大，水量负荷大，使滤池内水流紊动强烈，废水与空气及生物膜的接触非常充分。

④ 由于 BOD 负荷高，使生物膜生长迅速；由于水量负荷高，使生物膜受到强烈的水力冲刷，从而使生物膜不断脱落、更新。

⑤ 在塔式生物滤池的各层生长着种属不同但又适应流至该层废水性质的生物群。由于处理废水的性质不同，塔滤上的生物相也各不相同，但有一点是共同的，就是由塔顶向下，生物膜明显分层，各层的生物相组成不同，种类由少到多，由低级到高级。

处理生活污水的塔滤，上面两层多为动胶菌属，有少量丝状菌，原生动物则多为草履虫、肾形虫、豆形虫，三、四两层则多为固着型纤毛虫如钟虫、等枝虫、盖纤虫以及轮虫等后生动物。

以上特征都有助于微生物的代谢，增殖，有助于有机污染物质的降解。

⑥ 不需专设供氧设备。

⑦ 塔滤对冲击负荷有较强的适应能力，故常用于高浓度工业废水二段生物处理的第一段，大幅度地去除有机污染物，保证第二段处理经常能够取得高度稳定的效果。

6.1.2　曝气生物滤池

曝气生物滤池简称 BAF，是 20 世纪 80 年代末 90 年代初在普通生物滤池的基础上，借鉴给水滤池工艺而开发的新型污水处理工艺，是普通生物滤池的一种变形工艺，也可看成生物接触氧化法的一种特殊形式，即在生物反应器内装填高比表面积的颗粒填料，以提供生物膜生长的载体。图 6-4 所示为曝气生物滤池的构造示意图。池内底部设承托层，其上部则是作为滤料的填料。在承托层设置曝气用的空气管及空气扩散装置，处理水集水管兼作反冲洗水管也设置在承托层内。

图 6-4　曝气生物滤池构造示意

被处理的原污水，从池上部进入池体，并通过由填料组成的滤层，在填料表面有由微生物栖息形成的生物膜。在污水滤过滤层的同时，由池下部通过空气管向滤层进行曝气，空气由填料的间隙上升，与下流的污水相向接触，空气中的氧转移到污水中，向生物膜上的微生物提供充足的溶解氧和丰富的有机物。在微生物的新陈代谢作用下，有机污染物被降解，污水得到处理。

原污水中的悬浮物及由于生物膜脱落形成的生物污泥，被填料所截留。滤层具有二次沉淀池的功能。

当滤层内的截污量达到某种程度时，对滤层进行反冲洗，反冲水通过反冲水排放管排出。

曝气生物滤池具有如下工艺特点。

① 较小的池容和占地面积，可以获得较大处理水量；由于容积负荷高，可获得高质量的出水。

② 由于曝气生物滤池对 SS 的截流作用使出水的 SS 很少，不需要设置二沉池，处理流程简化，基建和运转费用大大降低；系统具有抗冲击能力，没有污泥膨胀的问题能保持较高的微生物浓度，运行管理简单。

③ 由于系统内微生物的自身特性，即使一段时间停运，其设施可在几天内恢复运行。

④ 目前应用较多的曝气生物滤池是采用的上向流态，即上向流曝气生物滤池，在结构上采用气、水平行上向流态，并采用强制鼓风曝气技术，使得气、水进行极好分布，防止气泡在滤料中的凝结，氧的利用率高，能耗低。

⑤ 过滤空间能被很好利用，空气能将污水中的固体物质带入滤床深处，在滤床中形成高负荷、均匀的固体物质，延长反冲洗周期，减少清洗时间和反冲洗水量。

6.1.3 生物转盘

生物转盘是从传统生物滤池演变而来。生物转盘中，生物膜的形成、生长以及其降解有机污染物的机理，与生物滤池基本相同。与生物滤池的主要区别是它以一系列转动的盘片代替固定的滤料。部分盘片浸渍在废水中，通过不断转动与废水接触，氧则是在盘片转出水面与空气接触时，从空气中吸取，而不进行人工曝气。

生物转盘的主体部分由盘片、转轴和氧化槽三部分所组成。盘片串联成组，中心贯以转轴，轴的两端安设于固定在半圆形氧化槽的支座上。图 6-5 所示是生物转盘装置的示意图。转盘的表面积有 40%～50% 浸没在氧化槽内的废水中。转轴一般高出水面 10～25cm。

由电机、变速器和传动链条等组成的传动装置驱动转盘以一定的线速度在氧化槽内转动，并交替地和空气与废水相接触，浸没时吸附废水中的有机污染物，敞露时吸收大气中的氧。

图 6-5 生物转盘构造示意
1—盘片；2—转轴；3—氧化槽

盘片是生物转盘的主要组成部件。盘片可用聚氯乙烯塑料、玻璃钢、金属等制成。盘片厚约 1～5mm，盘间距一般为 20～30mm。如果利用转盘繁殖藻类，为了使光线能照到盘中心，盘间距可加大到 60mm 以上。转盘直径一般多为 2～3m，也有 4m 的。

盘片的形式有平板式和波纹板式两种。

氧化槽一般多做成与圆盘外形基本吻合的半圆形，可用钢筋混凝土或钢板制作。槽底设有排泥管或放空管；以控制槽内废水悬浮固体的浓度。

生物转盘的布置有单轴单级、单轴多级和多轴多级三种形式。级数的多少是根据废水净化要求达到的程度来确定的：转盘的多级布置可以避免水流短路、改进停留时间的分配。随着级数的增加，处理效果可相应提高。随着级数的递增，处理效果的增加率减慢。因为生物酶氧化有机物的速度正比于有机物的浓度，在多级转盘中，转盘的第一级进水口处有机物浓度最高，氧化速度最快，随着级数的增加，有机物浓度逐渐降低，代谢产物逐渐增多，氧化速度也逐渐减慢，因此，转盘的分级不宜过多。一般来说，转盘的级数不超过四级。

作为污水生物处理技术，生物转盘之所以能够被认为是一种效果好、效率高、便于维护、运行费用低的工艺，是因为它在工艺和维护运行方面具有如下特点。

① 微生物浓度高，特别是最初几级的生物转盘。

② 生物相分级，每级转盘生长着适应于流入该级污水性质的生物相，这种现象对微生物的生长繁育，有机污染物的降解非常有利。

③ 污泥龄长，在转盘上能够增殖世代时间长的微生物，如硝化菌等，因此，生物转盘具有硝化、反硝化的功能。由于无需污泥回流，可向最后几级接触反应槽或直接向二沉池投加混凝剂去除水中的磷。

④ 耐冲击负荷能力强，对 BOD 值达 10000mg/L 以上的超高浓度有机污水到 10mg/L 以下的超低浓度污水，都可以采用生物转盘进行处理，并能够得到较好的处理效果。

⑤ 微生物的食物链较长，因此，产生的污泥量较少，约为活性污泥法的 1/2 左右。

⑥ 接触反应槽不需要曝气，污泥不需回流，因此，动力消耗低，这是本法的最突出的特征之一。

⑦ 生物转盘工艺不产生污泥膨胀，不需要经常调节生物污泥量，设备简单便于维护管理。

⑧ 生物转盘的流态属于完全混合-推流型，去除有机物的效果好。但是由于国内塑料价格较贵，所以基建投资相对较高，占地面积较大。往往在废水量小的工程中采用生物转盘法来处理。

目前仍有新的生物转盘推出，如空气驱动式生物转盘，可依靠设在反应槽中的充气管驱动转盘又可以为生物供氧；利用藻菌共生体系来处理废水的藻类转盘；在曝气池内组装生物转盘的活性污泥式生物转盘；此外还有硝化转盘及厌氧反硝化脱氮转盘，以进行废水的深度净化。

6.1.4 生物接触氧化法

生物接触氧化法就是在曝气池中填充块状填料，经曝气的废水流经填料层，使填料颗粒表面长满生物膜，废水和生物膜相接触，在生物膜生物的作用下，废水得到净化。生物接触氧化又名浸没式曝气滤池，也称固定式活性污泥法，它是一种兼有活性污泥和生物膜法特点的废水处理构筑物，所以它兼有这两种处理法的优点。生物接触氧化法具有如下特征。

① 本法目前所使用的多是蜂窝式或列管式填料，上下贯通，废水在管内流动，水力条件好，能很好地向管壁上固着的生物膜供应营养及氧气，因此，生物膜上的生物相很丰富，除细菌外，球衣菌类的丝状菌、多种属的原生动物和后生动物，能够形成稳定的生态系统。

② 填料表面全为生物膜所布满，形成了生物膜的主体结构，有利于维护生物膜的净化功能；还能够提高充氧能力和氧的利用率；有利于保持高度的生物量，据实验资料，每平方米填料表面上的活性生物膜量可达 125g，如折算成 MLSS，则为 13g/L。生物膜的立体结构形成了一个密集的生物网，废水从中通过，能够提高净化效果。

③ 生物接触氧化对冲击负荷有较强的适应能力，污泥生成量少，不产生污泥膨胀的危害，能够保证出水水质，无须污泥回流，易于维护管理，不产生滤池蝇，也不散发臭气。

④ 生物接触氧化具有多种净化功能，它除能够有效地去除有机污染物质外，还能够用以脱氮和除磷，因此，可以用于三级处理。

生物接触氧化法的主要缺点是：填料易于堵塞，布气、布水不均匀。

生物接触氧化法的中心处理构筑物是接触氧化池，池内装入蜂窝状填料、纤维软性填料、半软性填料、纤维塑性复合填料及丝状球形悬浮填料等。

6.2 生物膜法工艺系统的运行管理

6.2.1 一般规定

生物膜法运行参数应符合设计要求，可按表 6-1 中的规定确定。

表 6-1 生物膜法工艺正常运行参数

工艺	工艺水力负荷 /[m³/(m²·d)]	转盘速度/(r/min)	BOD 负荷 /[kg/(m³·d)]	反冲洗周期/h	反冲洗水量/%
曝气生物滤池 (BIOFOR)				14~40	5~12
低负荷生物滤池	1~3		0.15~0.30		
高负荷生物滤池	10~30		0.8~1.2		
生物转盘	0.08~0.2	0.8~3.0	0.005~0.02		

6.2.2 生物滤池的运行管理

普通生物滤池、高负荷生物滤池和塔式生物滤池的运行管理应遵循如下要求。

（1）定期检查布水系统的喷嘴，清除喷口的污物，防止堵塞。冬天停水时，不可使水积存在布水管中以防管道冻裂。旋转式布水器的轴承需定期加油。

（2）定期检查排水系统，防止堵塞，堵塞处应冲洗。当滤料石块随水流冲下时，要将其冲净，不要排入二沉池，否则会引起管道堵塞或减少池子有效容积。

（3）滤池蝇防防治方法：①连续地向滤池投配水；②按照与减少积水相类似方法减少过量的生物膜；③每周或每两周用废水淹没滤池24h；④冲洗滤池内部暴露的池墙表面，如可延长布水横管，使废水能洒布于壁上，若池壁保持潮湿，则滤池蝇不能生存；⑤在进水中加氯，维持0.5～1.0mg/L的余氯量；加药周期为1～2周，以避免滤池蝇完成生命周期；⑥隔4～6周投加一次杀虫剂，以杀死欲进入滤池的成蝇。

（4）臭味问题。滤池是好氧的，一般不会有严重臭味，若有臭皮蛋味表明有厌氧条件存在。

防止办法：①维持所有的设备（包括沉淀池和废水废气系统）都保持在好氧状态；②降低污泥和生物膜的累积量；③在滤池进水且流量小时短期加氯；④采用滤池出水回流；⑤保持整个污水厂的清洁；⑥清洗出现堵塞的排水系统；⑦清洗所有通气口；⑧在排水系统中鼓风，以增加流通性；⑨降低特别大的有机负荷，以免引起污泥的积累；⑩在滤池上加盖并对排放气体除臭。

（5）由于某些原因，有时会在滤池表面形成一个个由污泥堆积成的坑，里面积水。泥坑的产生会影响布水的均匀程度，并因此而影响处理效果。

预防和补救方法：①耙松滤池表面的石质滤料；②用高压水流冲洗滤料表面；③停止在积水面积上布水器的运行，让连续的废水将滤料上的生物膜冲走；④在进水中投配游离氯（5mg/L），历时数小时，隔几周投配，最好在晚间流量小时投配以减少用氯量，1mg/L的氯即能抑制真菌的生长；⑤使滤池停止运行1至数天，以便让积水滤干；⑥对于有水封墙和可以封住排水渠道的滤池用废水至少淹没24h以上；⑦若以上措施仍然无效时，就要考虑更换滤料了，这样做可能比清洗旧滤料更经济些。

（6）滤池表面的结冻，不仅处理效率低，有时还可使滤池完全失效。

预防和解决办法：①减少出水回流次数，可以停止回流直到气候温和为止；②在滤池的上风向处设挡风装置；③调节喷嘴和反射板使滤池布水均匀；④及时清除滤池表面出现的冰块。

（7）布水管及喷嘴的堵塞使废水在滤料上分配不均匀，水与滤料的接触面积减少，降低了效率，严重时大部分喷嘴堵塞，会使布水器内压力增高而爆裂。

防治方法：①清洗所有喷嘴及布水器孔口；②提高初沉池对油脂和悬浮物的去除效果；③维持适当的水力负荷；④按规定定期对布水器进行加油。

（8）防止孳生蜗牛、苔藓和蟑螂的办法：①在进水中加氯10mg/L，使滤池出水中的余氯量为0.5～1.0mg/L，并维持数小时；②用最大的回流量来冲洗滤池。

（9）保持进水的连续运行，避免出现生物膜的异常脱落。

6.2.3 曝气生物滤池运行管理

由于曝气生物滤池系统采用是生物处理与过滤技术，加强预处理单元的管理显得格外重要，为了延长曝气生物滤池的运行周期，需投加药剂才能达到要求，药剂的使用降低了进水的碱度，进而影响反硝化，因此在药剂上，应避免选择对工艺运行产生不良影响的品种。曝气生物滤池系统与其他污水处理系统的最大的区别是曝气生物滤池要定期进行反冲洗。反冲洗不仅影响到处理效果，而且关系到系统运行的成败。反冲洗周期的确定是反冲洗的最重要的工艺参数，若反冲洗过频，不仅使单元设施停止运行，而且消耗大量的出水，增加处理负荷，微生物大量流失，会使处理效果下降。反冲洗周期与进水的 SS、容积负荷和水力负荷密切相关，反冲洗周期随容积负荷的增加而减少，当容积负荷趋于最大时，反冲洗周期趋于最小，滤池需要频繁的反冲洗；而水力负荷对反冲洗周期的影响则相反；当进水的 SS 较高时，滤池容易发生堵塞，反冲洗周期就要缩短；所以在实际运行过程中要密切注意相关要素的变化，及时对运行参数做出必要的调整。

6.2.4 生物转盘的运行管理

（1）按设计要求控制转盘的转速。在一般情况下，处理城市污水的转盘，圆周速度约为 18m/min。

（2）通过日常监测，要严格控制污水的 pH 值、温度、营养成分等指标，尽量不要发生剧烈变化。

（3）反应槽中混合液的溶解氧值，在不同级上有所变化，用来去除 BOD 的转盘，第一级 DO 为 $0.5 \sim 1.0$mg/L，后几级可增高至 $1.0 \sim 3.0$mg/L，常为 $2.0 \sim 3.0$mg/L，最后一级达 $4.0 \sim 8.0$mg/L。此外，混合液 DO 值随水质浓度和水力负荷而发生相应变化。

（4）注意生物相的观察。生物转盘与生物滤池都属于生物膜法处理系统，因此，盘片上生物膜的特点，与生物滤池上的生物膜完全相同，生物呈分级分布现象。第一级生物膜往往以菌胶团细菌为主，膜最厚。随着有机物浓度的下降，以下的数级分别出现丝状菌、原生动物及后生动物，生物的种类不断增多，但生物量即膜的厚度减少，依废水水质的不同，每级都有其特征的生物类群。当水质浓度或转盘负荷有所变化时，特征型生物层次随之前移或后移。

正常的生物膜较薄，厚度约为 1.5mm，外观粗糙、黏性，呈现灰褐色。盘片上过剩的生物膜不时脱落，这是正常的更替，随后就被新膜覆盖。用于硝化的转盘，其生物膜薄得多，外观较光滑，呈金黄色。

（5）二沉池中污泥不回流，应定期排除二沉池中的污泥，通常每隔 4h 排一次，使之不发生腐化。排泥频率过多，泥太稀，会加重后处置工艺的压力。

（6）为了保证生物转盘正常运行，应对所有设备定期进行检查维修，如转轴的轴承，电动机是否发热，有无不正常的杂音，传动带或链条的松紧程度，减速器、轴承、链的润滑情况、盘片的变形情况等，及时更换损坏的零部件。在生物转盘运行过程中，经常遇到检修或停电等原因需停止运行一天以上时，为防止因转盘上半部和下半部的生物膜干湿程度不同而破坏转盘的重量平衡时，要把反应槽中的污水全部放空或用人工营养液循环，保持膜的活性。

（7）反应槽内 pH 值必须保持在 $6.5 \sim 8.5$ 范围内，进水 pH 值一般要求调整在 $6 \sim 9$ 范围内，经长期驯化后范围可略扩大，超过这一范围处理效率将明显下降。硝化转盘对 pH 值和碱度的要求比较严格，硝化时 pH 值应尽可能控制在 8.4 左右，进水碱度至少应为进水 NH_3-N 浓度的 7.1 倍，以使反应完全进行而不影响微生物的活性。

（8）沉砂池或初沉池中固体物质去除不佳，会使悬浮固体在反应槽内积累并堵塞进水通道，产生腐败，发出臭气，影响系统的运行，应用泵将它们抽出，并检验固体物的类型，针对产生的原因加以解决。

6.2.5　生物接触氧化工艺的运行管理

（1）定时进行生物膜的镜检，观察接触氧化池内、尤其是生物膜中特征微生物的种类和数量，一旦发现异常要及时调整运行参数。

（2）尽量减少进水中的悬浮杂物，以防尺寸较大的杂物堵塞填料过水通道。避免进水负荷长期超过设计值造成生物膜异常生长，进而堵塞填料的过水通道。一旦发生堵塞现象，可采取提高曝气强度，来增强接触氧化池内水流紊动性的方法，或采用出水回流，以提高氧化池内水流速度的方法，加强对生物膜的冲刷作用，恢复填料的原有效果。

（3）防止生物膜过厚、结球。在生物接触氧化法工艺处理系统中，在进入正常运行阶段后的初期效果往往逐渐下降，究其原因是挂膜结束后的初期生物膜较薄，生物代谢旺盛，活性强，随着运行生物膜不断生长加厚，由于周围悬浮液中溶解氧被生物膜吸收后需从膜表面向内渗透转移，途中不断被生物膜上的好氧微生物所吸收利用，膜内层微生物活性低下，进而影响到处理效果。

当生物膜增长过多过厚、生物膜发黑发臭，引起填料堵塞，使处理效果不断下降时应采取"脱膜"措施，采取瞬时大流量、大气量的冲刷，使过厚的生物膜从填料上脱落下来，此外还可采取停止一段时间曝气，使内层厌氧生物膜发酵，产生的 CO_2、CH_4 等气体使生物膜与填料间的"黏性"降低，此时再以大气量冲刷脱膜效果较好。某些工业废水中含有较多的黏性污染物，导致填料严重结球，大大降低了生物接触氧化法的处理效率，因此在设计中应选择空隙率较高的漂浮填料或弹性立体填料等，对已结球的填料应使用气或水进行高强度瞬时冲洗，必要时应立即更换填料。

（4）及时排出过多的积泥。在接触氧化池中悬浮生长的"活性污泥"主要来源于脱落的老化生物膜，相对密度较小的游离细菌可随水流出，而相对密度较大的大块絮体，难以随水流出而沉积在池底，若不能及时排出，会逐渐自身氧化，同时释放出的代谢产物，会提高处理系统的负荷，使出水 COD 升高，而影响处理效果。另外，池底积泥过多使曝气器微孔堵塞。为了避免这种情况的发生，应定期检查氧化池底部是否积泥，一旦发现池底积有黑臭的污泥或悬浮物浓度过高时，应及时使用排泥系统，采取一面曝气一面排泥，这样会使出水恢复到原先的良好状态。

（5）在二沉池中沉积下来的污泥可定时排入污泥处理系统中进一步处理，也可以有一部分重新回流进入接触氧化池，视具体情况而定。例如在培菌挂膜充氧、生物膜较薄、生物膜活性较好时，将二沉池中沉积的污泥全部回流。在处理有毒有害的工业废水或污泥增长较慢的生物接触氧化法系统中，也可视生物膜及悬浮状污泥的数量多少，使二沉池中污泥全部或部分回流，以增加氧化池中污泥的数量，提高系统的耐冲击负荷能力。

二沉池排泥要间隔一定时间进行，间隔几小时甚至几十小时排一次泥，应视二沉池中的悬浮污泥数量多少而定。一般二沉池底部污泥数量越少，排泥时间间隔就越长，但不能无限制地延长排泥间隔时间，而以二沉池底部浓缩污泥不产生厌氧腐化或反硝化为度。

6.3　人工湿地系统的运行管理与维护

6.3.1　一般规定

（1）人工湿地系统的运行应符合《城镇污水处理厂运行、维护及安全技术规程》(CJJ 60—

2011)中的有关规定和现行国家有关标准的规定。

（2）运行、技术及管理人员应进行人工湿地相关理论与技能培训，经考核合格后持证上岗。

（3）人工湿地系统的运行应具备完整的设备台账、运行记录、运行管理制度和应急预案等。

（4）应定期对系统工艺的各环节进行检修维护，确保系统运行稳定可靠。

（5）应定期监测系统进、出水水质，并做好污染物减排台账，水质异常时应及时检修处理。

6.3.2 运行与管理

6.3.2.1 水力负荷及水位控制

（1）应通过采取水量调控措施使人工湿地系统水力负荷满足设计要求，防止超负荷运行。

（2）应根据不同季节以及暴雨、洪水、干旱、短流和结冰期等极限情况，适时进行水位调节。

（3）在植物生长季，应对人工湿地至少每月排干一次，然后升高水位运行，使湿地充分充氧，以提高湿地生境功能与生物活性。

6.3.2.2 污染物负荷控制

（1）应合理定位人工湿地系统，宜主要接纳低浓度污水，不宜直接处理高浓度污水。

（2）宜通过在湿地处理流程中增加厌氧或水解酸化处理等强化预处理措施，减轻湿地污染物负荷，并延长其运行周期。

6.3.2.3 湿地植物管理

（1）人工湿地植物栽种后应及时给水，以促进植物根系发育；生长初期应进行水位调节，缓慢上升水位，以维持幼苗正常生长。

（2）湿地植物系统建立后，宜采用连续供水，以保证水生植物的密度及良性生长。

（3）应根据植物的生长情况，及时进行缺苗补种或间苗，保证湿地的适宜密度。

（4）应适度控制杂草过繁，不宜全数清除，以提高生物多样性和维系生态系统平衡。

6.3.2.4 复合流潜流人工湿运行管理

（1）暖季运行

春、夏、秋季水生植物生长期，应关闭复合流潜流人工湿地集水管的中、下位的阀控排水口，出水宜由上端高位排水口和池体溢流槽排出，以高水位运行，充分利用植物地上部分强化净化效果。

（2）春秋非冰冻期运行

秋季水生植物枯黄后至冬季结冰期之前和春季结冰期结束后至水生植物返青期之前，复合流潜流湿地出水宜由集水管中位阀控排水口排出，以中水位运行，充分利用植物根系、基质填料层的生物膜和微生态根际环境，保证其净化处理效果，同时保护布水管道和生物膜活性。

（3）冷季冰冻期运行与保温防冻方案

① 收割植物枯体覆盖复合流潜流湿地表面、布水管进出口和集水渠，必要时宜再附以

塑料膜覆盖。

②复合流潜流湿地应由集水管下端低位出水口出水,以低水位运行,使湿地内水温不低于4℃。

③复合流潜流湿地出水进入表面流湿地后,经由最短水路以较快的流速直接由总排放口排出,以防止在表流区结冰,从而保证人工湿地系统在冷季冻结期的稳定运行。

④春季湿地植物返青前,应及时清除覆盖于复合流潜流湿地表面的植物枯体,并进行妥善处置。

6.3.3 维护

6.3.3.1 湿地植物维护

(1)每年应适时对湿地植物进行一次或多次彻底收割,并将吸收污染物的植物及时移出湿地或处置利用,防止人工湿地沼泽化和二次污染,保证人工湿地已产生的环境效益。

(2)杂草的管理可通过调节水位使湿地床表面淹水、人工拔除等有效方法进行控制,并应及时清除人工湿地内过多的杂草和枯萎植株,同时应对池体周边护坡植物进行及时修剪维护。

(3)湿地水生植物的病虫害防治宜采用生物控制的方法,不宜使用除草剂、杀虫剂等。如出现明显的病虫害时,须及时收割处置病株,防止病虫害的蔓延。

(4)在水生植物生长季,宜定期进行人工湿地的干湿交替运行,在达到湿地床充分充氧的同时,以实现有效控制杂草的目的。

6.3.3.2 防堵塞措施

(1)通过采用必要的过滤措施控制污水进入人工湿地系统的悬浮物浓度。

(2)适当的采用间歇式运行方式,并定期启动运行导膜清淤系统。

(3)必要时可局部更换人工湿地系统的基质填料。

6.3.3.3 导膜清淤

(1)应定期对复合流潜流人工湿地单元内基质填料层进行导膜清淤,以防止淤塞并活化生物膜活性,保证其稳定的污水净化处理效果。

(2)导淤方法:关闭集水管出口上、中、下三个控制阀门,加大进水量,提高潜流湿地水位,对基质填料表面老化生物膜进行浸泡和冲刷,再打开底部导膜管出水口阀门,利用其高水压将老化脱落的生物膜和淤积的沉降物导出潜流湿地,从而实现清洗基质和活化生物膜的作用。

(3)导膜清淤宜每1～3个月运行一次,导膜清淤运行时间应以导膜管出水无絮状物为宜。

第7章　小城镇污水处理厂污泥处理构筑物的运行管理

7.1　污泥浓缩池的运行管理

7.1.1　一般规定

7.1.1.1　重力浓缩池

重力浓缩池运行管理、维护保养、安全操作等应符合下列规定。

① 刮泥机宜连续运行；

② 可采用间歇排泥方式，并应控制浓缩池排泥周期和时间；

③ 浓缩池除臭应符合《城镇污水处理厂运行、维护及安全技术规程》(CJJ 60—2011)的有关规定；

④ 刮泥机不得长时间停机和超负荷运行；

⑤ 应及时清除浮渣、刮泥机上的杂物及集水槽中的淤泥；当长期停用时，应将污泥排空；

⑥ 当上清液需进行化学除磷时，应符合《城镇污水处理厂运行、维护及安全技术规程》(CJJ 60—2011)的有关规定；

⑦ 机械、电气设备的维护保养应符合《城镇污水处理厂运行、维护及安全技术规程》(CJJ 60—2011)的有关规定。

7.1.1.2　气浮浓缩池

气浮浓缩池运行管理、维护保养、安全操作等应符合下列规定。

① 气浮浓缩池及溶气水系统应24h连续运行；

② 气浮浓缩池宜采用连续排泥；当采用间歇排泥时，其间歇时间可为（2~4）h；

③ 应保持压缩空气的压力稳定，宜通过恒压阀控制溶气水饱和罐进气压力，压力设定宜为（0.3~0.5）mPa；

④ 刮泥机不得长时间停机和超负荷运行；

⑤ 应及时清捞出水堰的浮渣，并清除刮吸泥机走道上的杂物；

⑥ 应保证气浮池池面污泥密实；

⑦ 应保证上清液清澈；

⑧ 气浮浓缩池应无底泥沉积；

⑨ 气浮浓缩池宜用于剩余活性污泥的浓缩，不应投加混凝剂；

⑩ 当刮泥机在长时间停机后再开启时，应先点动、后启动。当冬季有结冰时，应先破坏冰层、再启动；

⑪ 排泥时，应观察贮泥池液位，不得漫溢；

⑫ 加压溶气罐的压力表应每6个月检查、校验一次；

⑬ 机械、电气设备的维护保养应符合《城镇污水处理厂运行、维护及安全技术规程》（CJJ 60—2011）的有关规定；

⑭ 应经常清理池体堰口、刮泥机搅拌栅及溶气水饱和罐内的杂物；

⑮ 应经常检查压缩空气系统畅通情况，并及时排放压缩空气系统内的冷凝水。

浓缩池运行的参数应符合设计要求，可按表7-1中的规定确定。

表7-1　浓缩池运行参数

污泥类型	污泥固体负荷/[kg/(m²·d)]	浓缩后污泥含水率/%	停留时间/h
初沉污泥	80～120	95～97	6～8
剩余活性污泥	20～30	97～98	6～8
初沉污泥与剩余活性污泥的混合污泥	50～75	95～98	10～12

7.1.2　进泥量的控制

对于某一确定的浓缩池和污泥种类来说，进泥量存在一个最佳控制范围。进泥量太大，超过了浓缩能力时，会导致上清液浓度太高，排泥浓度太低，起不到应有的浓缩效果；进泥量太低时，不但降低处理量，浪费池容，还可导致污泥上浮，从而使浓缩不能顺利进行下去。污泥在浓缩池发生厌气分解，降低浓缩效果表现为两个不同的阶段：当污泥在池中停留时间较长时，首先发生水解酸化，使污泥颗粒粒径变小，相对密度变小，导致浓缩困难；如果停留时间继续延长，则可厌氧分解或反硝化，产生 CO_2 和 H_2S 或 N_2，直接导致污泥上浮。

浓缩池进泥量可根据固体表面负荷确定。固体表面负荷的大小与污泥种类及浓缩池构造和温度有关，是综合反映浓缩池对某种污泥的浓缩能力的一个指标。当温度在 15～20℃ 时，浓缩效果最佳。初沉污泥的固体表面负荷一般可控制在 90～150kg/（m²·d）的范围内。活性污泥的浓缩性能很差，一般不宜单独进行重力浓缩。如果进行重力浓缩，则固体表面负荷应控制在低负荷水平，一般在 10～30kg/（m²·d）之间。初沉污泥与活性污泥混合后进行重力浓缩的固体表面负荷取决于两种污泥的比例。如果活性污泥量与初沉污泥量在（1∶2）～（2∶1）之间，固体表面负荷可控制在 25～80kg/（m²·d），常在 60～70kg/（m²·d）之间。即使同一种类型的污泥，固体表面负荷值的选择也因厂而异，运行人员在运行实践中，应摸索出本厂的固体表面负荷最佳控制范围。

7.1.3　浓缩效果的评价

在浓缩池的运行管理中，应经常对浓缩效果进行评价，并随时予以调节。浓缩效果通常用浓缩比、分离率和固体回收率三个指标进行综合评价。浓缩比系指浓缩池排泥浓度与之入流污泥浓度比，用 f 表示，计算如下：

$$f = \frac{C_\mu}{C_i} \tag{7-1}$$

式中 C_i——入流污泥浓度，kg/m^3；

　　 f——污泥经浓缩池后被浓缩了多少倍；

　　 C_μ——排泥浓度，kg/m^3。

固体回收率系指被浓缩到排泥中的固体占入流总固体的百分比，用 η 表示，计算如下：

$$\eta = \frac{Q_\mu \cdot C_\mu}{Q_i C_i} \tag{7-2}$$

式中 Q_μ——浓缩池排泥量，m^3/d；

　　 η——经浓缩之后有多少干污泥被浓缩出来，%；

　　 Q_i——入流污泥量，m^3/d。

分离率系指浓缩池上清液量占入流污泥量的百分比，用 F 表示，计算如下：

$$F = \frac{Q_e}{Q_i} = 1 - \frac{\eta}{f} \tag{7-3}$$

式中 Q_e——浓缩池上清液流量，m^3/d；

　　 F——经浓缩之后有多少水分被分离出来。

以上三个指标相辅相成，可衡量出实际浓缩效果。一般来说，浓缩初沉池污泥时，f 应大于 2.0，η 应大于 90%。如果某一指标低于以上数值，应分析原因，检查进泥量是否合适，控制的固体表面负荷是否合理，浓缩效果是否受到了温度等因素的影响。浓缩活性污泥与初沉污泥组成的混合污泥时，f 应大于 2.0，η 应大于 85%。

7.1.4　排泥控制

浓缩池有连续和间歇排泥两种运行方式。连续运行是指连续进泥连续排泥，这在规模较大的处理厂比较容易实现。小型处理厂一般只能间歇进泥并间歇排泥，因为初沉池只能是间歇排泥。连续运行可使污泥层保持稳定，对浓缩效果比较有利。无法连续运行的处理厂应："勤进勤排"，使运行尽量趋于连续，当然这在很大程度上取决于初沉池的排泥操作。不能做到"勤进勤排"时，至少应保证及时排泥。一般不要把浓缩池作为储泥池使用，虽然在特殊情况下它的确能发挥这样的作用。每次排泥一定不能过量，否则排泥速度会超过浓缩速度，使排泥变稀，并破坏污泥层。

7.1.5　日常运行与维护管理

浓缩池的日常维护管理，包括以下内容。

① 经常观察污泥浓缩池的进泥量、进泥含固率；排泥量及排泥含固率，以保证浓缩池按合适的固体负荷和排泥浓度运行。否则应对进泥量、排泥量予以调整。

② 经常观测活性污泥沉降状况，若活性污泥发生污泥膨胀现象，应及时采取措施解决。否则污泥进入浓缩池，继续处于膨胀状态，致使无法进行浓缩。采取措施包括向污泥中投加 Cl_2、$KMnO_4$、H_2O_2 等氧化剂，抑制微生物的活动，保证浓缩效果。同时，还应从污水处理系统中寻找膨胀原因并予以排除。

③ 由浮渣刮板刮至浮渣槽内的浮渣应及时清除。无浮渣刮板时，可用水冲方法，将浮渣冲至池边，然后清除。

④ 初沉污泥与活性污泥混合浓缩时，应保证两种污泥混合均匀，否则进入浓缩池会由于密度流扰动污泥层，降低浓缩效果。

⑤ 在浓缩池入流污泥中加入部分二沉池出水，可以防止污泥厌氧上浮，提高浓缩效果，

同时还能适当降低恶臭程度。

⑥ 由于浓缩池容积小，热容量小；在寒冷地区的冬季浓缩池液面会出现结冰现象，此时应先破冰并使之溶化后，再开启污泥浓缩机。

⑦ 应定期检查上清液溢流堰的平整度，如不平整应予以调节，否则导致池内流态不均匀，产生短路现象，降低浓缩效果。

⑧ 浓缩池是恶臭很严重的一个处理单元，因而应对池壁、浮渣槽、出水堰等部位定期清刷，尽量使恶臭降低。

⑨ 应定期（每隔半年）排空彻底检查是否积泥或积砂，并对水下部件予以防腐处理。

⑩ 浓缩池较长时间没排泥时，应先排空清池，严禁直接开启污泥浓缩机。

⑪ 浓缩池较长时间没有排泥时，应先排空清池，严禁直接开启污泥浓缩机。

⑫ 做好分析测量与记录。每班应分析测定的项目：浓缩池进泥和排泥的含水率（或含固率），浓缩池溢流上清液的 SS。每天应分析测定的项目：进泥量与排泥量，浓缩池溢流上清液的 COD 或 BOD_5、TP 等，进泥及池内污泥的温度。应定期计算的项目：污泥浓缩池表面固体负荷、水力停留时间等。

7.1.6 异常问题分析与排除

7.1.6.1 污泥上浮

液面有小气泡逸出，且浮渣量增多。其原因及解决对策如下。

① 集泥不及时。可适当提高浓缩机的转速，从而加大污泥收集速度。

② 排泥不及时。排泥量太小，或排泥历时太短。应加强运行调度，做到及时排泥。

③ 进泥量太小，污泥在池内停留时间太长，导致污泥厌氧上浮。解决措施之一是加 Cl_2 等氧化剂，抑制微生物活动，措施之二是尽量减少投运池数，增加每池的进泥量，缩短停留时间。

④ 由于初沉池排泥不及时，污泥在初沉池内已经腐败。此时应加强初沉池的排泥操作。

7.1.6.2 排泥浓度太低，浓缩比太小

其原因及解决对策如下。

① 进泥量太大，使固体表面负荷增大，超过了浓缩池的浓缩能力。应降低入流污泥量。

② 排泥太快。当排泥量太大或一次性排泥太多时，排泥速率会超过浓缩速率，导致排泥中含有一些未完成浓缩的污泥。应降低排泥速率。

③ 浓缩池内发生短流。能造成短流的原因有很多，溢流堰板不平整使污泥从堰板较低处短路流失，未经过浓缩，此时应对堰板予以调节。进泥口深度不合适，入流挡板或导流筒脱落，也可导致短流，此时可予以改造或修复。另外，温度的突变、入流污泥含固量的突变或冲击式进泥，均可导致短流，应根据不同的原因，予以分析处理。

7.2 污泥厌氧消化的运行管理

7.2.1 污泥厌氧消化池运行管理

7.2.1.1 一般规定

污泥厌氧消化池运行管理、维护保养、安全操作等应符合下列规定。

① 应按一定投配率依次均匀投加新鲜污泥，并应定时排放消化污泥；

② 新鲜污泥投加到消化池，应充分搅拌、保证池内污泥浓度混合均匀，并应保持消化温度稳定；

③ 对池外加温且为循环搅拌的消化池，投泥和循环搅拌宜同时进行；

④ 对采用沼气搅拌的消化池，在产气量不足或在消化池启动期间，应采取辅助措施进行搅拌；

⑤ 对采用机械搅拌的消化池，在运行期间，应监控搅拌器电机的电流变化；

⑥ 应定期检测池内污泥的 pH 值、脂肪酸、总碱度，进行沼气成分的测定，并应根据监测数据调整消化池运行工况；

⑦ 应保持消化池单池的进、排泥的泥量平衡；

⑧ 应定期检查静压排泥管的通畅情况；

⑨ 宜定期排放二级消化池的上清液；

⑩ 应定期检查二级消化池上清液管的通畅情况；

⑪ 应每日巡视并记录池内的温度、压力和液位；

⑫ 应定期检查沼气管线冷凝水排放情况；

⑬ 应定期检查消化池及其附属沼气管线的气体密闭情况，并应及时处理发现的问题；

⑭ 应定期检查消化池污泥的安全溢流装置；

⑮ 应定期校核消化池内监测温度、压力和液位等的各种仪表；

⑯ 应定期检查和校验沼气系统中的压力安全阀；

⑰ 当消化池热交换器长期停止使用时，应关闭通往消化池的相关闸阀，并应将热交换器中的污泥放空、清洗。螺旋板式热交换器宜每 6 个月清洗一次，套管式热交换器宜每年清洗 1 次；

⑱ 连续运行的消化池，宜 3～5 年彻底清池、检修 1 次；

⑲ 投泥泵房、阀室应设置可燃气体报警仪，并应定期维修和校验；

⑳ 池顶部应设置避雷针，并应定期检查遥测；

㉑ 空池投泥前，气相空间应进行氮气置换；

㉒ 各类消化池的运行参数应符合设计要求，可按表 7-2 中的规定确定。

表 7-2 污泥厌氧消化池的运行参数

序号	项 目		中温消化池	高温消化池
1	温度/℃		33～35	52～55
2	日温度变化范围小于/℃		±1	
3	投配率/%		5～8	5～12
4	消化池(一级)污泥含水率/%	进泥	96～97	
		出泥	97～98	
	消化池(二级)污泥含水率/%	出泥	95～96	
5	pH 值		6.4～7.8	
6	沼气中主要气体成分/%		$CH_4>50$	
			$CO_2<40$	
			$CO<10$	
			$H_2S<10$	
			$O_2<2$	
7	产气率/(m³气/m³泥)		>5	
8	有机物分解率/%		>40	

7.2.1.2 pH 值和碱度的控制

在正常运行时，产甲烷菌和产酸菌会自动保持平衡，并将消化液的 pH 值自动维持在 6.5～7.5 的近中性范围内。此时，碱度一般在 1000～1500mg/L（以 $CaCO_3$ 计）之间，典型值在 2500～3500mg/L 之间。

7.2.1.3 毒物控制

污水处理厂进水中工业废水成分较高时，其污泥消化系统经常会出现中毒问题。中毒问题常常不易及时察觉，因为一般处理厂并不经常分析污泥中的毒物浓度。当出现重金属类的中毒问题时，根本的解决方法是控制上游有毒物质的排放，加强污染源管理。在处理厂内常可采用一些临时性的控制方法，常用的方法是向消化池内投加 Na_2S，绝大部分有毒重金属离子能与 S^{2-} 反应形成不溶性的沉淀物，从而使之失去毒性，Na_2S 的投加量可根据重金属离子的种类及污泥中的浓度计算确定。

7.2.1.4 加热系统的控制

甲烷菌对温度的波动非常敏感，一般应将消化液的温度波动控制在 $\pm(0.5～1.0)℃$ 范围之内。要使消化液温度严格保持稳定，就应严格控制加热量。

消化系统的加热量由两部分组成：一部分是将投入的生泥加热至要求的温度所需的热量；另一部分是补充热损失，维持温度恒定所需要的热量。

温度是否稳定，与投泥次数和每次投泥量及其历时的关系很大。投泥次数较少，每次投泥量必然较大。一次投泥太多，往往能导致加热系统超负荷，由于供热不足，温度降低，从而影响甲烷菌的活性。因此，为便于加热系统的控制，投泥控制应尽量接近均匀连续。

蒸汽直接池内加热，效率较高，但存在一些缺点。一是会消耗掉锅炉的部分软化水，使污泥的含水率略有升高；二是能导致消化池局部过热现象，影响甲烷菌的活性。一般来说搅拌应与蒸汽直接加热同时进行，以便将蒸汽带入的热量尽快均匀分散到消化池各处。

当采用泥水换热器进行加热时，污泥进入换热器内的流速应控制在 1.2m/s 以上。因为流速较低时，污泥进入热交换器会由于突然的遇热，在热交换面上形成一个烘烤层，起隔热作用，从而使加热效率降低。

7.2.1.5 搅拌系统的控制

良好的搅拌可提供一个均匀的消化环境，是消化效果高效的保证。完全混合搅拌可使池容 100% 得到有效利用，但实际上消化池有效容积一般仅为池容的 70% 左右。对于搅拌系统设计不合理或控制不当的消化池，其有效池容会降至实际池容的 50% 以下。

对于搅拌系统的运行方式，一种方法采用连续搅拌；另一种采用间歇搅拌，每天搅拌数次，总搅拌时间保持 6h 之上。目前运行的消化系统绝大部分都采用间歇搅拌运行，但应注意：在投泥过程中，应同时进行搅拌，以便投入的生污泥尽快与池内原消化污泥均匀混合；在蒸汽直接加热过程中，应同时进行搅拌，以便将蒸汽热量尽快散至池内各处，防止局部过热，影响甲烷菌活性；在排泥过程中，如果底部排泥，则尽量不搅拌，如果上部排泥，则宜同时搅拌。

7.2.2 沼气脱硫装置与沼气罐的运行管理

7.2.2.1 沼气脱硫装置

沼气脱硫装置运行管理、维护保养、安全操作等应符合下列规定。

① 应定期校验脱硫装置的温度、压力和 pH 计；

② 当采用保温加热的脱硫装置时，应定期检查保温系统；

③ 应定期对脱硫装置进行防腐处理；

④ 应定期清理和更换反应塔内喷淋系统的部件；

⑤ 投加泵的维护和保养可按《城镇污水处理厂运行、维护及安全技术规程》(CJJ 60－2011)第 3.2 条的有关规定执行；

⑥ 应每日检测脱硫效果，并应根据其效果再生或更换脱硫装置的填料，操作时还应采取必要的安全措施。

干式脱硫装置的运行管理、安全操作、维护保养等应符合下列规定。

① 应定期检查并记录脱硫装置的温度和压力；

② 应定时排放脱硫装置内的冷凝水；

③ 当填料再生或更换后，恢复通入沼气前，宜采用氮气置换。

湿式脱硫装置的运行管理、安全操作、维护保养等应符合下列规定。

① 应每日测试脱硫装置碱液的 pH 值，并保证碱液溢流通畅；

② 应每日检查碱液投加泵、碱液循环泵的运行状况；

③ 应定期检查脱硫装置的气密性；

④ 应定期补充碱液，冲洗并清理碱液管线、不得堵塞；

⑤ 当操作间内出现碱液泄漏时，应使用清水及时冲洗。

生物脱硫装置的运行管理、安全操作、维护保养等应符合下列规定。

① 应通过观察硫泡沫的颜色，及时调节曝气量和回流量；

② 应经常监控反应塔内吸收液的 pH 值，并应及时补充吸收液；

③ 应根据进气硫化氢的负荷，调控反应塔的运行组数；

④ 应每日检测脱硫前后硫化氢的浓度；

⑤ 采用外加生物催化剂或菌种的脱硫工艺，应定期补充催化剂或菌种；

⑥ 应避免人身接触硫污泥、硫气泡、碱液，并应配备防护用品；

⑦ 应定期检查脱硫系统的布气管道，并进行防腐处理；

⑧ 脱硫后沼气中硫化氢的含量应小于 0.01%。

7.2.2.2 沼气柜

当维修沼气柜时，必须采取安全措施并制定维修方案。沼气柜的运行管理、安全操作、维护保养等应符合下列规定。

① 低压浮盖式气柜的水封应保持水封高度，寒冷地区应有防冻措施；

② 沼气应充分利用，剩余沼气不得直接排放，必须经燃烧器燃烧；

③ 应按时对沼气柜内的贮气量和压力进行检查并做记录；

④ 应定期排放蒸汽管道、沼气管道内的冷凝水；

⑤ 应定期对干式气柜柔膜及柜体金属结构进行检查；

⑥ 当沼气柜出现异常时，应及时采取相应措施；

⑦ 湿式气柜水封槽内水的 pH 值应定期测定，当 pH 值小于 6 时，应换水并保持压力平衡，严禁出现负压；

⑧ 应定期对湿式气柜的导轨和导轮进行检查，以防气柜出现偏轨现象；

⑨ 沼气柜的顶部和外侧应涂饰反射性色彩的涂料；

⑩ 在寒冷地区，湿式气柜水封的加热与保温设施应在冬季前进行检修；

⑪ 维修沼气柜必须采取安全措施，并制定维修方案；

⑫ 沼气柜内沼气处于低位状态时严禁排水；

⑬ 检修气柜顶部时，严禁直接在柜顶板上操作；

⑭ 任何人员不得随意打开沼气柜的检查孔；

⑮ 空柜通入沼气前，气相空间应进行氮气置换；

⑯ 气柜应安装避雷器，并应定期检测；

⑰ 干式气柜压力应为 2500～10000Pa；

⑱ 湿式气柜的压力应为 2500～4000Pa。

7.2.3 常见故障原因分析与对策

定期取样分析检测，并根据情况随时进行工艺控制，与活性污泥系统相比，消化系统对工艺条件及环境因素的变化，反映更敏感。因此对消化系统的运行控制就需要更多细心。

7.2.3.1 积砂和浮渣太多

运行一段时间后，一般应将消化池停用并泄空，进行清砂和清渣。池底积砂太多，一方面会造成排泥困难，另一方面还会缩小有效池容，影响消化效果。池顶部液面如积累浮渣太多，则会阻碍沼气自液相向气相的转移。一般来说，连续运行 5 年以后应进行清砂。如果运行时间不长，积砂积渣就很多，则应检查沉砂池格栅除污的效果，加强对预处理的工艺控制和维护管理。日本一些处理厂在消化池底部设有专门的排砂管，用泵定期强制排砂，一般每周排砂一次，从而避免了消化池积砂。实际上，用消化池的放空管定期排砂，也能有效防止砂在消化池的积累。

7.2.3.2 搅拌系统常见故障

沼气搅拌立管常有被污泥及污物堵塞现象，可以将其他立管关闭，大气量冲洗被堵塞的立管。机械搅拌桨有污物缠绕时，一些处理厂的机械搅拌可以反转，定期反转可甩掉缠绕的污物。另外，应定期检查搅拌轴穿顶板处的气密性。

7.2.3.3 加热系统常见故障

蒸汽加热立管常有被污泥和污物堵塞现象，可用大气量冲吹。当采用池外热水循环加热时，泥水换热器常发生堵塞的现象，可用大水量冲洗或拆开清洗。套管式和管壳式换热器易堵塞，螺旋板式一般不发生堵塞，可在换热器前后设置压力表，观测堵塞程度。如压差增大，则说明被堵塞，如果堵塞特别频繁，则应从污水的预处理寻找原因，加强预处理系统的运行控制与维护管理。

7.2.3.4 消化系统结垢

管道内结垢后将增大管道阻力，如果换热器结垢，则降低热交换效率。在管路上设置活动清洗口，经常用高压水清洗管道，可有效防止垢的增厚。当结垢严重时，最基本的方法是用酸清洗。

7.2.3.5 消化池的腐蚀

消化池使用一段时间后，应停止运行，进行全面的防腐防渗检查与处理。消化池内的腐蚀现象很严重，既有电化学腐蚀，也有生物腐蚀。电化学腐蚀主要是消化过程产生的 H_2S 在液相内形成氢硫酸导致的腐蚀。生物腐蚀不被引起重视，而实际腐蚀程度很严重，用于提高气密性和水密性的一些有机防渗防水涂料，经一段时间常被生物分解掉，而失去防水防渗效果。消化池停运放空之后，应根据腐蚀程度，对所有金属部件进行重新防腐处理，对池壁应进行防渗处理。另外，放空消化池以后，应检查池体结构变化，是否有裂缝，是否为通缝，并进行专门处理。重新投运时宜进行满水试验和气密性试验。

7.2.3.6 消化池的泡沫现象

一些消化池有时会产生大量泡沫，呈半液半固状，严重时可充满气相空间并带入系统，导致沼气利用系统的运行困难。当产生泡沫时，一般说明消化系统运行不稳定，因为泡沫主要是由于 CO_2 产量太大形成的，当温度波动太大，或进泥量发生突变等，均可导致消化系统运行不稳定，CO_2 产量增加，导致泡沫的产生。如果将运行不稳定因素排除，则泡沫也一般会随之消失。在培养消化污泥过程中的某个阶段，由于 CO_2 产量大，甲烷产量少，因此也会存在大量泡沫。随着甲烷菌的培养成熟，CO_2 产量降低，泡沫也会逐渐消失。消化池的泡沫有时是由于污水处理系统产生的诺卡菌引起的，此时曝气池也必然存在大量生物泡沫，对于这种泡沫控制措施之一是暂不向消化池投放剩余活性污泥，但根本性的措施是控制污水处理系统内的生物泡沫。

7.2.3.7 消化系统的保温

消化系统内的许多管路和阀门为间隙运行，因而冬季应注意防冻，应定期检查消化池及加热管路系统的保温效果；如果不佳，应更换保温材料。因为如果不能有效保温，冬季加热的耗热量会增至很大。很多处理厂由于保温效果不好，热损失很大，导致需热量超过了加热系统的负荷，不能保证要求的消化温度，最终造成消化效果的大大降低。

7.2.3.8 消化系统的安全措施

安全运行尤为重要。沼气中的甲烷系易燃易爆气体，因而在消化系统运行中，应注意防爆问题。所有电器设备均应采用防爆型，严禁人为制造明火，例如吸烟，带钉鞋与混凝土地面的摩擦，铁器工具相互撞击，电、气焊均可产生明火，导致爆炸危险。经常对系统进行有效的维护，使沼气不泄漏是防止爆炸的根本措施。另外，沼气中含有的 H_2S 能导致中毒。

7.3 污泥脱水运行管理

7.3.1 一般规定

① 应根据污泥的理化性质，通过试验，选择合适的絮凝剂，并应确定最佳投加量。带式脱水机还应选择合适的滤布。

② 应及时调整带式浓缩机、带式脱水机絮凝剂投加量、进泥量、带速、滤布张力和污泥分布板，使滤布上的污泥分布均匀，控制污泥含水率，滤液含固率应小于10%。

③ 应巡视检查带式脱水机反冲洗水系统、滤布纠偏系统和投药系统，当发现异常时，应及时维修。

④ 应及时调整离心浓缩机、离心脱水机絮凝剂投加量、进泥量、扭矩和差速，控制污泥含水率，滤液含固率应小于5%。

⑤ 停机前应先关闭进泥泵、加药泵，停机后应间隔30min方可再次启动。

⑥ 应定期清理破碎机清淘系统，经常检查破碎机刀片磨损程度并应及时更换。

⑦ 各种污泥浓缩、脱水设备脱水工作完成后，都应立即将设备冲洗干净，带式脱水机应将滤布冲洗干净。

⑧ 污泥脱水机械带负荷运行前，应空载运转数分钟。

⑨ 应经常清洗溶药系统，防止药液堵塞；在溶药池边工作时，应注意防滑，同时应将撒落在池边、地面的药剂清理干净。

⑩ 应保持机房内通风良好。

⑪ 浓缩机投药量（干药/干泥）应控制在 2～4kg/t；脱水机投药量（干药/干泥）应控制在 3～5kg/t。脱水后污泥含水率应小于 80%。

7.3.2 离心脱水机的运行与管理

7.3.2.1 开车前检查要点

一般情况下离心机可以遥控启动，但如果该设备是因为过载而停车的，在设备重新启动前必须进行如下检查：上、下罩壳中是否有固体沉积物；排料口是否打开；用手转动转鼓是否容易；所有保护是否正确就位。

如果离心机已经放置数月，轴承的油脂有可能变硬，使设备难以达到全速运转，可手动慢慢转动转鼓，同时注入新的油脂。

7.3.2.2 离心机启动

松开"紧急停车"按钮；启动离心机的电机，在转换角形连接之前，等待 2～4min，使离心机星形连接下达到全速运行；启动污泥输送机或其他污泥输送设备；启动絮凝剂投加系统；开启进泥泵。

7.3.2.3 离心脱水机的停车

关闭絮凝剂投加泵；关闭进泥泵，关闭进料阀（如果已安装）。

7.3.2.4 设备清洗

（1）直接清洗

脱水机停机前其以不同的速度将残存物甩出；关闭电机继续清洗，转速降到 300r/min 以下时停止冲洗直到清洗水变得清洁；检查冲洗是否达到了预期的效果，例如使中心齿轮轴保持不动，用手转动转鼓是否灵活，否则使转鼓转速高于 300r/min 旋转并彻底用水冲洗干净。每次停车应立即进行冲洗，因为清除潮湿和松软的沉淀物比清除长时间的硬化的沉淀物要容易。如果离心机在启动时的振动比正常的振动要高，则冲洗时间应延长，如果没有异常振动，可按正常清洗。如果按上述方法清洗不成功，则转鼓必须拆卸清洗。

（2）分步清洗

脱水机的分步清洗分两步进行：一是高速清洗，首先以最高转鼓转速进行高速清洗，将管道系统、入口部分、转鼓的外侧和脱水机清洗干净；二是低速清洗，高速清洗后转鼓中遗留的污泥，再低速清洗过程中被清洗掉，相应的转速在 50～150r/min 的范围内。辅助清洗：在特殊情况下，仅仅用水是不能清除污垢和沉淀物，水的清除能力有限，为了达到清洗的目的，必须加入氢氧化钠溶液（5%）作补充措施，碱洗后，还可进行酸洗，用 0.5% 硝酸溶液比较合适；当转鼓得到彻底清洗后停运离心脱水机的主电机。

7.3.2.5 离心脱水机运行最佳化

调整下列参数来改变离心脱水机的性能以满足运行的需要。

① 调整转鼓的转速。改变转鼓的转速，可调节离心脱水机适合某种物料的要求，转鼓转速越高，分离效果越好。

② 调整脱水机出水堰口的高度。调节液面高度可使液体澄清度与固体干度之间取得最佳平衡，方法可选择不同的堰板。一般说液面越高，液相越清，泥饼越湿，反之亦然。

③ 调整速差。转速差是指转鼓与螺旋的转速之差，即两者之间的相对转速。当速差小时，污泥在机内停留时间加长，泥饼的干度可能会增加，扭矩则要增加，使处理能力降低，速差太小，由于污泥在机内积累，使固环层厚度大于液环层的厚度，导致污泥随分离液大量流失，液相变得不清澈，反之亦然。最好的办法，通过扭矩的设定，实现速差的自动调整。

④ 进料速度。进料速度越低分离效果越好，但处理量低。最好的办法，在脱水机的额定工况条件下，通过进泥含固率的测定来确定进泥负荷。最大限度提高处理量，防止设备超负荷运行造成设备的损坏。

⑤ 扭矩的控制。实现扭矩的控制是离心式最佳运行的最好途径，当进泥含固率一定的情况下，确定进泥负荷，实现速差的自动调整，确保进泥含固率和固体回收率达到要求。

7.3.2.6 离心脱水机日常维护管理

经常检查和观测油箱的油位、设备的震动情况、电流读数等，如有异常，立即停车检查。离心脱水机正常停车时先停止进泥和进药，并将转鼓内的污泥推净，及时清洗脱水机，确保机内冲刷彻底。离心机的进泥一般不允许大于 0.5cm 的浮渣进入，也不允许 65 目以上的砂粒进入，应加强预处理系统对砂渣的去除，应定期检查离心脱水机的磨损情况，及时更换磨损部件。离心脱水机效果受温度影响很大。北方地区冬季泥含固率可比夏季低 2%～3%，因此冬季应注意增加污泥投药量。

7.3.2.7 异常问题的分析与排除

现象一：分离液浑浊，固体回收率降低。

其原因及解决对策：液环层厚度太薄，应增大液环层厚度，必要时，提高出水堰口的高度；进泥量太大，应减少进泥量；速差太大，应降低速差；进泥固体负荷超负荷，核算后调整额定负荷以下；螺旋输送器磨损严重，应更换；转鼓转速太低，应增大转速。

现象二：泥饼含固率降低。

其原因及解决对策：速差太大，应减少转速差；液环层厚度太大，应降低其厚度；转鼓转速太低，应增大转速；进泥量过大，应减少进泥量；调质过程中加药量过大，应降低干污泥的投药量。

现象三：转轴扭矩过大

其原因及解决对策：进泥量太大，应降低进泥量；进泥含固率太高，应核对进泥负荷；转速差太小，应增大转速差；浮渣或砂进入离心机，造成缠绕或堵塞，应停车检修并清除；齿轮箱出现故障，应加油保养。

现象四：离心机震动过大。

其原因及解决对策：润滑系出现故障，应检修并排除；有浮渣进入机内缠绕在螺旋上，造成转动失衡，应停车清理；机座松动，应及时检修。

现象五：能耗增大电流增大

其原因及解决对策：如果能耗突然增加，则离心机出泥口被堵，由于转速差太小，导致固体在机内大量积累；可增大转速差，如仍增加，则停车清理并清除；如果电耗逐渐增加，则螺旋输送器已严重磨损，应更换。

7.3.3 带式压滤脱水机运行与管理

7.3.3.1 工艺运行控制

不同种的污泥要求不同的工作状态，即使同一种污泥，其泥质也因前一级的工艺状态的变化而变化。实际运行中，应根据进泥的泥质变化，随时对脱水机的工作状态进行调整，包括带速的调节、张力的调节以及污泥调质效果的控制。

（1）带速的控制

滤带的行走速度控制着污泥在每一工作区的脱水时间，对泥饼的含固率、泥饼的厚度及泥饼剥离的难易程度都有影响。带速越低，泥饼含固率越高，泥饼越厚越易从滤带上剥离。带速越低，其处理能力越小。对于某一特定的污泥来说，存在最佳带速控制范围。对于初沉池污泥和活性污泥组成的混合的污泥来说，带速应控制在 $2 \sim 5m/min$，活性污泥一般不宜单独进行带式压滤脱水，否则带速控制在 $1m/min$ 以下，很不经济。不管进泥量多少，带速一般控制在 $5m/min$ 之内。

（2）滤带张力的控制

滤带的张力会影响泥饼的含固率，滤带的张力决定施加到污泥上的压力和剪切力。滤带的张力过大，泥饼的含固率越高。对于城市污水厂混合污泥，一般将张力控制在 $0.3 \sim 0.7MPa$，正常控制在 $0.5MPa$。但当张力过大时，会将污泥在低压区或高压区挤压出滤带，导致跑料，或将泥压进滤带。

（3）调质的控制

带式压滤机对调质的依赖很强，如果加药量不足，调质效果不佳时，污泥中的毛细水不能转化成游离水在重力区被脱去，而由楔形区进入低压区的污泥仍呈流态，无法挤压；反之，如果加药量过大，一则增加成本，二则造成污泥黏性增大，容易造成滤带的堵塞。具体投药量应由实验确定，或在运行过程进行调整。

7.3.3.2 带式压滤机维护和管理

① 注意经常观察滤带的损坏情况，并及时更换新滤带。

② 每天保证足够的滤布冲洗时间，冲洗压力为 $0.05MPa$。

③ 定期进行机械检修和维护。

7.3.4 高分子絮凝剂配置与投加过程

目前新建的城市污水处理厂采用的自动配置和投加系统，自动化程度高，管理方便，精度高，可操作性强，尤其适合高分子絮凝剂的配置与投加。

7.3.4.1 自动配药过程

加药前检查系统，调配罐的液位是否处于最低保护液位。如果系统第一次启动或更新絮凝剂的品种，根据工艺需要，制定药液浓度，依据配药罐的有效体积及落粉量确定落药时间，然后将落药时间输入系统，作为运行参数。检查系统水压是否达到要求，把配药系统的模式转换为自动状态。满足上述要求后，配药系统供水电磁阀自动开启，配药罐内的搅拌器开始工作。待配药罐达到最低保护液位后，系统自动落药，干粉的落药时间达到设定后，落药停止，搅拌器继续工作，进水至配药罐最高保护液位，进水电磁阀自动关闭，贮药罐达到最低保护液位，配药罐落药电磁阀自动开启，待配药罐达到最低液位，电磁阀关闭，系统进入下一周期的配药过程。

7.3.4.2　手动配药过程

系统因某种原因不能实现自动加药，需手动加药，首先将配药系统的控制模式转换手动状态；同时检查供水系统的水压是否达到要求；开启进水电磁阀，确保配药罐达到一定水位后，启动搅拌器，待配药罐达到最低保护液位，启动落粉系统，用秒表准确记录落粉时间，达到规定的落药时间，关闭落药系统，并观察配药罐液位，当达到配药罐最高保护液位，关闭进水电磁阀。应定时巡检系统，当贮药罐达到最低保护液位后，开启配药罐的药液电磁阀，配药系统进入下一周期的配药。

7.3.4.3　加药

根据脱水系统开启的脱水机的台数，启动相应的加药泵和稀释水电磁阀，并调节稀释水的进水比例。根据污泥的性质和絮凝剂的药效选择合理的加药点，尤其更换新药时，更要反复实验。脱水机正常工作后，定期测定进泥、出泥和出水的含固率，根据情况调整进药量和稀释水。

7.3.5　污泥切割机运行操作

为防止大块的杂物进入螺杆泵而引发故障，一般在螺杆泵前安装污泥切割机，用以切碎进入系统内的卫生用品、纤维物等。

污泥切割机的运行操作如下所述。

① 初次运行前应检查系统、减速机内的润滑油及刀片的旋转方向，从进料口观测，刀片向中心旋转。

② 启动。运行机体的振动不大于1mm峰值，减速箱及轴承温升不超过35℃。

③ 初次运行后，200h换减速机润滑油，以后每100h检查油质、油量，每1500h取样测定一次，每3000h更换一次润滑油。

④ 每次换油应检查密封是否漏水，检查时打开油堵，放出减速机内油液，并观察是否有水。如果发现漏水应及时更换密封。

7.3.6　污泥堆肥

污泥堆肥前期混合调整段的运行管理、安全操作和维护保养应符合下列规定。

① 当用锯沫、秸秆、稻壳等有机物做蓬松剂时，污泥、蓬松剂和返混干污泥等物料经混合后，其含水率应小于65%；

② 当无蓬松剂时，污泥与返混干污泥等物料经混合后，其含水率应小于55%；

③ 蓬松剂颗粒应保持均匀；

④ 混合机在运行中严禁人工搅拌；

⑤ 清理混合机残留物料时，应断开混合机电源。

快速堆肥阶段的运行管理、安全操作和维护保养等应符合下列规定。

① 在快速堆肥阶段中，垛体温度在55℃以上的天数不得少于3d；

② 强制供气时，宜采用均匀间断供气方式；

③ 垛体高度不宜超过设计高度；

④ 应定期检查供气管路并保证管路畅通；

⑤ 在翻垛过程中，应及时排除仓内水蒸气，当遇低温时，仓内应留有排气口；

⑥ 翻垛周期宜为每周 3～4 次；

⑦ 翻垛机在运行中，应随时巡查，发现问题应及时处理；

⑧ 应定期对翻垛机保养和防腐；

⑨ 翻垛机工作时，非操作人员不得进入；

⑩ 在堆肥发酵车间工作时，工作人员应戴防尘保护用品。

污泥堆肥稳定熟化段的运行管理、安全操作和维护保养等应符合下列规定。

① 污泥稳定熟化期宜为 30～60d；

② 稳定熟化期间可采用自然通气或强制供气；

③ 翻堆周期宜控制在 7～14d；

④ 污泥稳定熟化后，有机物分解率应在 25%～40% 之间；含水率不宜高于 35%。

污泥堆肥的化验监测应符合下列规定。

① 应每天监测 1～2 次垛体温度；

② 应定期测定污泥、返混干污泥、蓬松剂、混合物及垛体的有机物和含水率。

第8章 泵房与鼓风供气系统的运行管理

8.1 污水提升泵房的运行管理

污水处理厂的污水提升泵站的作用是将污水提升至后续处理单元所需要的高度，使其实现重力流。泵站一般由水泵、集水池和泵房组成。

泵房分类：一般按不同条件和采用水泵种类分干式泵房、湿式泵房，根据进水条件分自灌式泵房、非自灌式泵房等。而目前新建和在建的污水处理厂绝大部分采用潜污离心水泵，泵房结构简单，管理方便。

8.1.1 集水池的维护

污水进入集水池后速度放慢，一些泥砂可能沉积下来，使有效容积减少，影响水泵工作，因此集水池要根据具体情况定期清理。每年至少清洗一次，应检修集水池水位标尺或液位计及其转换装置，并按照检测周期校验泵房内的硫化氢检测仪表及报警装置。

清理工作最重要的是人身安全问题。清理集水池时，先停止进水，用泵排空池内存水，然后强制通风。应特别注意，操作人员下池后，通风强度可适当减小，但绝不能停止通风，因为池内积泥的厌氧分解并没有停止，有毒气体不断产生并释放出来，每名检修人员在池下工作时间不可超过30min。

集水池的水位变化应定时观察，集水池的水位宜设定在最高和最低水位范围内。

8.1.2 泵组的运行操作

泵组的运行操作应考虑以下原则。

① 保证来水量与抽升量一致，即来多少抽走多少。如果来水量大于抽升量，上游没有采取溢流措施，应增加水泵运行台数实现厂内超越；上游有溢流措施，应调节溢流设施。反之，如果来水量小于抽升量，则有可能使水泵处于干转状态损坏设备，此时减少水泵运行台数，确保水位淹没潜污泵的电机。

② 保持集水池高水位运行，这样可降低水泵扬程，在保证抽升的前提下降低能耗。

③ 水泵的开停次数不可过于频繁，应按水泵使用说明书的要求操作，否则易损坏电机，降低电机使用寿命。

④ 机组均衡运行，泵组内每台水泵的投运次数及时间应基本均匀，并本着先开先关的原则。

8.1.3 水泵的运行管理

① 水泵开启台数应根据进水量的变化和工艺运行情况调节。

② 检查相应机组电源是否送到现场，控制柜显示是否正常。

③ 查看现场集水井水位、或液位仪显示的水位达到启动水位。

④ 根据实际运行的需要，开启管路系统应开的阀门。

⑤ 上述准备工作结束后，按启动按钮，观察启动电流的变化是否正常，否则停机检查，启动其他水泵。

⑥ 多台水泵由同一台变压器供电时，不得同时启动，应由大到小逐台间隔启动。

⑦ 水泵在运行中必须执行巡回检查制度，并应观察各种仪表显示是否正常、稳定，注意检查有无各种故障的显示，并根据情况做出运行调整。轴承温升不得超过环境温度 35℃ 或设定的温度；应检查水泵填料压盖处是否发热，滴水是否正常，否则应及时更换填料。

⑧ 水泵机组不得有异常的噪声或振动。

⑨ 水泵的调整原则：在进厂水量额定范围内，最大限度地利用进厂高水位，水泵台数尽量少，充分利用高水位，降低能耗。

⑩ 对于离心泵，为保证其效率，开、停泵时应按先开的先停，后开的后停原则，且及时更换水泵，确保泵效的发挥。

⑪ 当泵房突然断电或设备发生重大事故时，在岗员工应立刻报警，并启动应急预案。

⑫ 水泵运行中发现下列情况时必须立即停机：a. 水泵发生断轴故障；b. 电机发生严重故障；c. 突然发生异常声响或振动；d. 轴承温升过高；e. 电压表、电流表、流量计的显示值过低或过高；f. 机房管线进、出水管道或闸阀发生大量漏水。如果采用的是潜水泵运行时，应符合下列规定。

① 应观察和记录反映潜水泵运行状态的信息，并应及时处理发现的问题。

② 应定期检查和更换潜水泵油室的油料和机械密封件，操作时严禁损伤密封件端面和轴。

③ 起吊和吊放潜水泵时，严禁直接牵提泵的电缆。

另外，对油冷却螺旋离心泵的冷却油液位应定期检查。水泵的具体的维护管理见本书第 9 章的有关内容。

8.1.4 电动机运行管理

主电动机启动前应按照制造厂家的规定，测定定子和转子回路的绝缘电阻值。

电动机的运行电压允许在额定电压的 95%～110% 范围内连续工作，但其功率不得超过额定值。电动机的电流一般不应超过铭牌规定的额定电流。超负荷运行时，其过电流允许运行时间不得大于有关规定。电动机定子线圈的温升不得超过制造厂规定的允许值。如制造厂未作规定，则可按有关规定执行。电动机运行时，其三项电流不平衡之差与额定电流之比不得超过 10%。同步电动机运行时，其励磁电流一般不超过额定值。电动机运行时的振幅值不得超过有关规定。电动机运行时，轴承的最高允许温度不应超过制造厂的规定值。若制造厂未做规定，滑动轴承为 80℃，滚动轴承为 95℃。

同步电动机运行时滑环与电刷应接触良好，无积垢，无电火花现象。

8.1.5 变压器运行管理

变压器投运之前，应该检查分接开关位置、绝缘电阻和接地线。变压器投运之后，应该进行定期巡视检查。其检查项目如下。

① 储油柜和充油套管的油位、油色应正常，且无渗漏油现象。储油柜和继电器间连接阀应打开，套管外部应保持清洁、无破损裂纹、无放电痕迹及其他异常现象。

② 变压器本体无渗漏油，吸湿器完好，硅胶应干燥，各冷却器温度应相近，油温正常，管道阀门开闭正确。

③ 引线接头、电缆、母线应无发热现象，安全气管及保护膜应完好，瓦斯继电器内应无气体。

④ 变压器运行音响正常，风扇旋转正常。

⑤ 变压器室环境应符合设备保养和运行要求。

⑥ 无人值守的变压器应定期检查，并记录电压、电流和上层油温。

对于站用变压器应在最大符合负荷测量其三相负荷。当发现不平衡值超过规定值时，应重新分配。油浸式变压器上层油温一般不超过85℃。干式变压器各部位的温升也不得超过规定值。

8.1.6 电气设备运行管理

对电缆应定期进行巡视，检查测量电缆的温度，并做好巡视测量记录。通过电缆的实际电流，不应超过设计允许的最大负荷电流。

高压配电装置的运行应符合制造厂规定的技术条件，投运后，应检查母线接头有无发热现象，运行是否正常。运行人员必须准确记录继电保护动作时的掉牌信号、灯光信号。

8.1.7 辅助设备运行管理

泵站的辅助设备和金属结构根据机组容量的大小和装置型式等有所不同。大型水泵机组比较复杂，主要有油、气、水系统。金属结构包括拍门、快速闸门、真空破坏阀等断流设备，液控碟阀等水锤防护设备，拦污栅、清污机、起重机等清污和起重设备等。油、气、水系统中的管道和阀件应按规定涂刷明显的颜色标志。

（1）油系统

用于水泵叶片调节、液压减载、油压启闭等装置的压力油系统和用于润滑轴承的润滑油系统，应满足以下技术要求。

① 压力油和润滑油的质量标准应符合有关规定，其油温、油压和油量等应满足使用要求，油质应定期检查，不符合使用要求的应及时更换。

② 油系统中的安全装置、压力继电器和各种仪表等应定期检验，确保动作可靠，运行中不得随意拨动。

③ 油压管路上的阀门关闭应严密，在所有阀门全部关闭的情况下，液压装置的储气罐在8h内，额定压力下降不超过0.15MPa。

（2）气系统

压气系统及其安全装置、继电器和各种仪表应工作可靠，定期检验，其工作压力值应符合使用要求。

（3）水系统

泵站中的水系统为主机组的冷却、润滑和填料函的水封的技术供水和泵房内渗漏水、废水的排除，应符合以下要求。

技术供水的水质、水温、水压等应满足运行要求；示流器安装良好，供水管路畅通；集水井和排水廊道无堵塞、无淤积；供排水泵工作可靠，对备用泵应定期切换运行。

8.2 鼓风供气系统的运行管理

供气系统的任务就是将空气中的氧通过曝气器传送到生化池中，为活性污泥进行代谢提供氧气，保持其良好生理代谢，从而使活性污泥起到处理污水的作用。

8.2.1 鼓风供气系统及鼓风机种类

鼓风机供气系统是由鼓风机、输气管道和曝气器等部件组成。

鼓风机有两类：一种是罗茨鼓风机；一种是离心鼓风机。曝气器有多种类型：一是穿孔管曝气器；一种是散流式曝气器；还有微孔曝气器等。鼓风机供气系统供气的作用如下。

① 供氧。在生化池内产生并维持空气与水的接触，在生物氧化作用不断消耗氧气的情况下保持水有一定的溶解氧。

② 混合作用。除供氧量满足生化池设计负荷时的生化需氧量外，促进水的循环流动，实现活性污泥与污水的充分混合。

③ 保持悬浮状态。维持混合液具有一定的运动速度，使混合液始终不产生沉淀，防止出现局部污泥沉积，堵塞曝气器现象的发生。曝气装置是活性污泥系统的主要设备，要求供氧能力强、搅拌均匀，结构简单，性能稳定，耐腐蚀，价格低廉。表示曝气装置技术性能的主要指标有：动力效率（Ep），每耗 1kW·h 电能转移到混合液中氧量 $kgO_2/$（kW·h）；氧利用率（EA），通过鼓风机系统转移到混合液中氧量占总供氧量的百分比（%）。

8.2.2 鼓风供气系统运行管理

① 调节鼓风机的供气量，应根据生物反应池的需氧量确定。

② 当鼓风机及水、油、冷却系统因突然断电或发生故障时，应采取措施。

③ 鼓风机叶轮严禁倒转。

④ 鼓风机房应保证良好的通风。正常运行时，出风管压力不应超过设计压力值。停止运行后，应关闭进、出气闸阀或调节阀。长期停用的水冷却鼓风机，应将水冷却系统的存水放空。

⑤ 鼓风机在运行中应定时巡查风机及电机的油温、油压、风量、风压、外界温度、电流、电压等参数，并填写记录报表。当遇到异常情况不能排除时，应立即按操作程序停机。

⑥ 对鼓风机的进风廊道、空气过滤及油过滤装置，应根据压差变化情况适时清洁，并应按设备运行要求进行检修或更换已损坏的部件。

⑦ 对备用的鼓风机转子与电机的联轴器，应定期手动旋转一次，并更换原停置角度。

⑧ 对鼓风系统消声器消声材料及导叶的调节装置应定期检查，当有腐蚀、老化、脱落现象时，应及时维修或更换。

⑨ 使用微孔曝气装置时，应进行空气过滤，并应对微孔曝气器、单孔膜曝气器进行定期清洗。

⑩ 正常运行的罗茨鼓风机严禁完全关闭排气阀，不得超负荷运行。

⑪ 对以沼气为动力的鼓风机，应严格按照开停机程序进行，每班加强巡查，并应检查气压、沼气管道和闸阀，发现漏气应及时处理。

⑫ 鼓风机运行中严禁触摸空气管路。维修空气管路时，应在散热降温后进行。

⑬ 调节出风管闸阀时应避免发生喘振。

⑭ 按照运行维护周期，在卸压的情况下应对安全阀进行各项功能的检查。

⑮ 在机器间巡视或工作时，应与联轴器等运转部件保持安全距离。

⑯ 进入鼓风机房时，应佩戴安全防护耳罩等。

8.2.3 离心式鼓风机操作

8.2.3.1 开车前的检查

离心风机首次开车前应全面检查机组的气路、油路、电路和控制系统是否达到了设计和使用要求。

① 检查进气系统、消音器、伸缩节和空气过滤器的清洁度和安装是否正确。特别检查叶轮前面的部位、进气口和进气管。

② 检查油路系统。检查油箱是否清洁，油路是否畅通；检查油号是否符合规定，加油是否至油位；启动油泵，检查旋转方向是否正确。油泵不得无油空转或反转。油温低于10℃不得启动油泵，否则造成油泵电机超负荷，应启动加热系统使之达到运行温度。

若油路系统已拆过或改动过，油路系统必须按下列步骤用油进行冲洗：拆下齿轮箱和鼓风机上的油路，使油通过干净的管路流回油箱。

③ 外部油系统用温度超过10℃的油冲洗1h。重新连接齿轮箱和鼓风机的管路，并确认管路畅通；小心用手盘动转子一周，然后再清洗0.5h。

④ 检查滤油芯，若必要应予清洗或更换。

⑤ 检查放空阀、止回阀安装是否正确。

⑥ 检查放空阀的功能和控制是否正确。

⑦ 检查扩压器控制系统的功能和控制是否正确。

⑧ 检查进口导叶控制系统的功能和控制是否正确。

⑨ 检查冷却器的冷却效果。

⑩ 采用水冷时，检查管路和阀门安装是否正确，水压是否正常，有无泄漏。

⑪ 采用风冷时，检查风扇电机的旋转方向。

8.2.3.2 试运转

试运转的目的是为了检查开/停顺序和电缆连接是否正确。试运时恒温器、恒压器和各种安全检测装置已经通过实验。启动风机前必须手动盘车检查，各部位不应有不正常的撞击声。

试运转期间应检查和调整下列项目：放空阀开、闭时间；止回阀的功能；压力管路中的升压功能；润滑油的压力和温度应稳定；调节冷却器情况；采用水冷时调节恒温阀，检查通水情况；采用风冷时，调节恒温阀，检查风扇电机的开停情况；检查油温；扩压器叶片受动调整实验情况；进口导叶手动调整实验情况；安全检测装置、恒温器、恒压器及紧急停车装置的实验情况；正常启动和停车顺序实验情况；电机过载保护（扩压器/进口导叶极限位置）实验情况；在工作温度时检查漏油情况；检查就地盘的接线。

8.2.3.3 启动与停车

打开放空阀或旁通阀，使扩压器和进口导叶处于最小位置；给油冷却器供水（风冷时开启冷却扇）；启动辅助油泵；辅助油泵油压正常后，启动机组主电机；主油泵产生足够油压后，停辅助油泵；使导叶微开（15度）；机组达到额定转速确认各轴承温升，各部分振动都符合规定；进口导叶全开时，慢慢关闭放空阀或旁通阀；放空阀关闭后，扩压器或进口导叶进入正常动作，启动程序完成，机组投入负荷运行。

8.2.3.4 正常停车程序

停车程序不如开车那样严格，大致与启动程序相反。停车程序：打开放空阀；进口导叶关至最小位置；开辅助油泵；机组主电机停车；机组停车后，油泵至少连续运行 20min；油泵停止工作后，停冷却器冷却水。

8.2.3.5 运行检查

鼓风机运行时应检查下列项目：油位不得低于最低油位线；油温；油压；油冷却器供水压力和进水温度；鼓风机排气压力鼓风机进气压力；鼓风机排气温度；鼓风机进气温度；进气过滤器压差；振动；功率消耗。

鼓风机运行时，应定期记录仪表读数，并进行分析对比。由于扩压器或进风导叶系统并不是全开到全关闭频繁地动作，因此就地盘至少每周一次手动位置，扩压器或进口导叶从全开到关闭至少动作两次。这个方法也适应不同风机。应每月检查一次油质。如果鼓风机停机一个月，应采取下列措施：就地盘设定手动位置，启动油泵当油泵运行 0.5h 后，鼓风机按正确方向至少盘车 5 周。油泵运行 1h，运行时间长更好。

机组运行中有下列情况之一应立即停车：机组发生强烈振动或机壳内有磨刮声；任意轴衬出冒出烟雾；油压降低；轴衬温度突然升高超过允许值，采取措施仍不能降低；油位降至最低油位线，加油后油位未上升；转子轴向窜动超过 0.5mm。

8.2.3.6 机组运行中维护

首次开车 200h 后应换油，如果被更换的油未变质，经过滤后仍可重新使用；首次开车 500h 后应做油样分析，以后每月做一次油样分析，发现变质应立即换油，油号必须符合规定，严禁使用其他牌号的油；经常检查油箱的油位，不得低于最低油位线；经常检查油压是否保持正常值；经常检查轴承的油温，不应超过 60℃，并根据情况调节油冷却器冷却水量；使轴承温度保持在 30～40℃ 之间；定期检查油过滤器；经常检查空气过滤器的阻力变化，定期更换滤布；经常注意并定期测听机组运行和轴承的振动，如发现声音异常和振动加剧，应立即采取措施，必要时应紧急停车，找出原因，排除故障；严禁机组在喘振区运行；按电机说明要求，定期对电机进行检查和维护。

8.2.3.7 机组的并联

必须注意单台鼓风机运行与几台鼓风机联运的工况是不同的，如果仅 1 台鼓风机运行，它将在单台鼓风机性能曲线与系统曲线交点处运行，输出的气量要比原设计流量稍大；如果 2 台同规格的鼓风机以同样的速度运行，它们压力-流量曲线是相同的，如果 2 台并联到系统中去，它们将叠加成一条新的曲线与系统曲线交点处运行。新曲线是任选的排气压力对应流量的二倍绘制而成。鼓风机并联运行时，总流量等于每台鼓风机的流量，而排气压力则由总流量时的管道系统的特性曲线所决定。如果 2 台鼓风机的实际特性曲线相同，则分配给每台鼓风机的流量是总流量的一半。由于实际特性曲线总是有区别，因此鼓风机之间的负荷的分配就不可能相等，因此其中1台鼓风机可能在另1台之前发生喘振。多台机组运行时也是如此，每台鼓风机的流量是可以单独控制的。在实际应用中，鼓风机的规格或型号不必完全一致，但通常按相同规格配置。鼓风机具有平缓上升的压力曲线，最适合并联运行，轻微的压力变化对流量的影响很小。排气量相同的鼓风机并联运行时，问题可能发生在后启动的那台鼓风机。

1台鼓风机运行后，其流量决定是有排气总管的系统压力来决定的，如果启动1台没有运行的风机，它必须产生足够的压力才能顶开止回阀向总管供气，唯一的途径是提高鼓风机的排气量，产生比总管压力高的压力。提高排气量的方法是打开排气阀，使鼓风机向大气中排气，这样就能提高排气量，产生足够的压力顶开止回阀，在新启动鼓风机并网前，最好将正在运行的鼓风机的风量减小到最低后并网，然后关闭放气阀，2台鼓风机投入运行，调整鼓风机的流量，使其工况一致，防止喘振现象的发生。如果几台鼓风机运行，应按电流表的指示作为电机负荷平衡指示，也就是调节进气阀的方法使所有的电流表的读数几乎相等。如果负荷不平衡，低负荷的鼓风机就可能发生喘振。几台鼓风机并联运行，运行人员应经常调换鼓风机的启动次序，其目的是使所有的鼓风机保持相同运行时间。

8.2.3.8 喘振及其防止的措施

离心风机存在喘振现象，当进风流量低于一定值时，由于鼓风机产生的压力突然低于出口背压，致使后面管路中的空气倒流，弥补了流量的不足，恢复正常工作。把倒流的空气压出去，压力再度下降，后面管路中的空气又倒流回来，不断重复上述现象，机组及气体管路产生低频高振幅压力脉动，并发出很大声响，机组剧烈振动，这种现象就是喘振。严重时损坏机组部件，为使鼓风机不发生喘振，必须使进气流量大于安全的最低值，可调节进口导叶或进气节流装置，使鼓风机的工况不在喘振区。引起喘振的原因如下。

① 总压力管压力过高。
② 进气温度太高。
③ 鼓风机转速降低或机械故障。

手动操作的情况下发生喘振，应尽快打开排气阀，降低机组出口的背压，使鼓风机的工况点向大流量区移动消除喘振现象。

消除喘振方法：开启放气或旁通阀，限制进口导叶的调整，限制进气流量，调速，降低气流的系统阻力。

8.2.3.9 离心式鼓风机节能措施

利用离心风机给曝气池供气时，其排气压力相对稳定，但需气量和环境温度是变化的，为适应不同运行工况，最大限度地节约电能，可以通过改变转速，进口导叶或蝶阀节流装置进行流量调节和控制。在变工况运行时，改变转速具有较高效率，并有较宽的性能范围，但变速及控制设备的价格昂贵。调节时应避开转子的临界速度，多数离心机经常利用可调进口导叶以满足工艺需要，部分负荷运行时，可求得高效率和较宽的性能范围，因此进口导叶已成为污水处理厂单级鼓风机普遍采用部件，进口导叶调节可手动或自动，使流量在50%～100%额定流量的范围内变化。

8.2.4 罗茨鼓风机操作

新安装或经过检修的鼓风机，均应进行运转前的空载与负荷试车。一般空载运转2～4h，然后按出厂技术要求，逐渐加压到满负荷试车8h以上。

8.2.4.1　开机前的准备与检查

① 检查电源电压的波动值是否在 380V±10％范围内。

② 检查仪表和电气设备是否处于良好状态，检查接线情况，需接地的电气设备应可靠接地。

③ 鼓风机和管道各接合面连接螺栓、机座螺栓、联轴器柱销螺栓均应紧固。

④ 齿轮油箱内润滑油应按规定牌号加到油标线的中位。轴封装置应用压注油杯加入适量的润滑油。

⑤ 按鼓风机旋向，用手盘动联轴器 2～3 圈，检查机内是否有摩擦碰撞现象。

⑥ 鼓风机出风阀应关闭，旁通阀处于全开状态，对安全阀进行校验。

⑦ 检查传动带松紧程度，必要时进行调整。

⑧ 空气过滤器应清洁和畅通，必要时进行清堵或更换。

8.2.4.2　空载运转

① 按操作顺序开起风机。

② 空载运转期间，应注意机组的振动状况和倾听转子有无碰撞声和摩擦声，有无转子与机壳局部摩擦发热现象。

③ 滚动轴承支承处应无杂声和突然发热冒烟状况，轴承处温度不应超过规定值。

④ 轴封装置应无噪声和漏气现象。

⑤ 同步传动齿轮应无异常不均匀冲击噪声。

⑥ 齿轮润滑方式一般为飞溅式，通过油箱上透明监视应看到雾状油珠聚集在孔盖下。

⑦ 空载电流应呈稳定状态，记下仪表读数。

8.2.4.3　负荷运转

① 开启出风阀，关闭旁通阀，掌握阀门的开关速度，升压不能超过额定范围，不能满载试车。

② 风机启动后，严禁完全关闭出风道，以免造成爆裂事故。

③ 负荷运转中，应检查旁通阀有无发热、漏气现象。

④ 大小风机要同时开时，应按上述程序先开小风机，后开大风机。要开多台风机时应待一台开出正常后再开另一台。

⑤ 其他要求同空载运转。

8.2.4.4　停机操作

① 停机前先做好记录，记下电压、电流、风压、温度等数据。

② 逐步打开旁通阀，关闭出气阀，注意掌握阀门的开关速度。

③ 按下停车按钮。

8.2.4.5　巡视管理

① 鼓风机在运转时至少每隔 1h 巡视一次，每隔 2h 抄录仪表读数一次（电流、电压、风压、油温等）。

② 再次巡视，检查内容如下。

a. 听鼓风机声音是否正常。运转声音不应有非正常的摩擦声和撞击声，如不正常时应停车检查，排除故障。

b. 检查风机各部分的温度。两端轴承处温度不高于 80℃，齿轮润滑油温度不超过

60℃；风机周围表面用手摸时不烫手，电动机应无焦味或其他气味。

c. 检查油位。油面高度应在油标线范围内，从油窗盖上观察润滑油飞溅情况应符合技术要求，发现缺油应及时添加，油箱上透气孔不应堵塞。

d. 检查风压是否正常。各处是否有漏气现象。检查各运转部件，振动不能太大，电器设备应无发热松动现象。

8.2.4.6 紧急停车

发现以下情况时应立即停车，以避免设备事故。

① 风叶碰撞或转子径向、轴向窜动与机壳相摩擦，发热冒烟时。

② 轴承、齿轮箱油温超过规定值时。

③ 机体强烈振动时。

④ 轴封装置涨围断裂，大量漏气时。

⑤ 电流、风压突然升高时。

⑥ 电动机及电气设备发热冒烟时等。

8.3 回流污泥泵房与剩余污泥泵房

8.3.1 回流污泥泵房

回流污泥泵房的运行管理注意以下几点。

① 污泥回流比应根据生物反应池的污泥浓度及污泥沉降性能进行调节，再依据回流比确定回流污泥泵开启数量。

② 对泵房集泥池内杂物应及时清捞。

③ 对回流泵的泵体、叶轮、叶片应定期检查。

④ 对带有耐磨内衬螺旋离心泵的叶轮与内衬的间隙应定期检查，并应及时调整。

⑤ 长期停用的螺旋泵应每周旋转180°，并应每月至少试机一次。

⑥ 寒冷季节启动螺旋泵时，应检查其泥池内是否结冰。

⑦ 各类回流污泥泵的运行保养应符合本书第9章的有关规定。

8.3.2 剩余污泥泵房

回流污泥泵房的运行管理注意以下几点。

① 系统中的剩余污泥应及时排除。

② 运行管理应符合本书第9章的有关规定。

第9章 水泵与鼓风机的维护与保养

9.1 小城镇污水厂中常用的水泵与鼓风机

9.1.1 小城镇污水厂中常用的水泵

在污水处理厂中，各种水泵担负着输送污水、污泥及浮渣等任务，是污水处理系统中必不可少的通用设备。水泵按其工作原理分为叶片泵、容积泵和其他类水泵。叶片式水泵是利用工作叶轮的旋转运动产生的离心力将液体吸入和压出。叶片泵又分为离心泵、轴流泵、混流泵。容积式水泵是依靠工作室容积的变化压送液体，有往复泵和转子泵两种。往复泵工作室容积的变化是利用泵的活塞或柱塞往复运动，转子泵工作室容积的变化是利用转子的旋转运动。容积式水泵主要有螺杆泵、隔膜泵及转子式泵等。叶片式水泵、容积式水泵之外的水泵统称为他类水泵。

污水处理厂中常用的水泵有：离心泵、轴流泵、混流泵、螺旋泵、螺杆泵和计量泵等。

9.1.2 小城镇污水厂中常用的鼓风机

国内目前在城市及工业污水处理中常用的鼓风机主要有两种：一种为罗茨鼓风机；一种为离心式鼓风机，离心式鼓风机分为单级高速污水处理鼓风机和多级低速鼓风机。罗茨鼓风机是靠在汽缸内做旋转运动的活塞作用，使气体体积缩小而提高压力，而离心式鼓风机是靠高速旋转叶轮的作用，提高气体的压力和速度，随后在固定元件中使一部分速度能进一步转化为气体的压力能。污水处理厂要选用高效、节能、使用方便、运行安全、噪声低、易维护管理的机型，可选用离心式单级鼓风机，小规模污水处理厂也可选用罗茨鼓风机。

9.2 离心泵

9.2.1 离心泵的工作原理及构造

离心泵是利用叶轮旋转而使水产生的离心力来工作的。水泵在启动前，必须使泵壳和吸水管内充满水，然后启动电机，使泵轴带动叶轮和水作高速旋转运动，水在离心力的作用下，被甩向叶轮外缘，经蜗形泵壳的流道流入水泵的压水管路。水泵叶轮中心处，由于水在离心力的作用下被甩出后形成真空，吸水池中的水便在大气压力的作用下被压进泵壳内，叶轮通过不停地转动，使得水在叶轮的作用下不断流入与流出，达到了输送水的目的。

离心泵的主要部件有泵壳、泵轴、叶轮、联轴器、轴封装置等，图 9-1 所示为单级单吸卧式离心泵。

图 9-1　单级单吸卧式离心泵

1—叶轮；2—泵轴；3—键；4—泵壳；5—泵座；6—灌水孔；7—放水孔；8—接真空表孔；9—接压力表孔；
10—泄水孔；11—填料盒；12—减漏环；13—轴承座；14—压盖调节螺栓；15—传动轮

9.2.1.1　叶轮

叶轮是泵的核心组成部分，它可使水获得动能而产生流动。叶轮由叶片、盖板和轮毂组成，主要由铸铁、铸钢和青铜制成。

叶轮一般可分为单吸式和双吸两种。叶轮的形式有封闭式、半开式和敞开式三种。按其盖板情况有可分为封闭式、敞开式和半开式三种。污水泵往往采用封闭式叶轮单槽道或双槽道结构，以防止杂物堵塞；砂泵则往往采用半开式及敞开式结构，以防止砂粒对叶轮的磨损及堵塞。

9.2.1.2　泵壳

泵壳由泵盖和泵体组成。泵体包括泵的吸水口、蜗壳形通道和泵的出水口。蜗壳形流道沿流出的方向不断增大，可使其中水流的速度保持不变，以减少由于流速的变化而产生的能量损失。泵的出水口处有一段扩散形的锥形管，水流随着断面的增大，速度逐渐减小，而压力逐渐增大，水的动能转化为势能。一般在泵体顶部设有放气或加水的螺孔，以便在水泵启动前用来抽真空或灌水。在泵体底部设有放水螺孔，当停止用泵时，泵内的水由此放出，以防冻和防腐。

9.2.1.3　泵轴

泵轴是用来带动叶轮旋转的，它的材料要求有足够的强度与刚度，一般用经过热处理的优质钢制成，泵轴的直度要求非常高，任何微小的弯曲都可能造成叶轮的摆动，一定要小心，勿使其变形。泵轴一端用键、叶轮螺母和外舌止退圈固定叶轮，另一端装联轴器与电机或者其他原动机相连。为了防止填料与轴直接摩擦，有些离心泵的轴在与填料接触部位装有保护套，以便磨损后可以更换。

9.2.1.4　轴承

轴承用以支持转动部分的重量以及承受运行时的轴向力及径向力。一般来说，卧式泵以径向力为主，立式泵以轴向力为主。有的大型泵为了降低轴承温度，在轴承上安装了轴承降温水套，用循环的净水冷却轴承。

9.2.1.5　减漏环

减漏环又称密封环。在转动的叶轮吸入口的外缘与固定的泵体内缘存在一个间隙，它是水泵内高低压的一个界面。这个间隙如果过大，则泵体内高压水便会经过此间隙回漏到叶轮的吸水侧，从而降低水泵的效率。如果间隙太小，叶轮的转动就会与泵体发生摩擦；特别是水中含有砂粒时更会加剧这种摩擦。为了保护叶轮和泵体，同时为了减少漏水损失，在叶轮的吸入口与泵体的同一部位安装减漏环。减漏环有单环型、双环型和双环迷宫型。

9.2.1.6　轴封装置

在轴穿出泵盖处，为了防止高压水通过转动间隙流出及空气流入泵内，必须设置轴封装置。轴封装置有填料盒密封和机械密封。

（1）填料盒密封

填料盒密封是国内水泵使用最广泛的一种轴承装置。填料又称盘根，常用的有浸油石棉盘根、石棉石墨盘根，近年来，碳纤维盘根及聚四氟乙烯盘根也相继出现，使其使用效果要好与前者，但是成本较高；盘根的断面大部分为方形，它的作用是填充间隙进行密封，通常为 4～6 圈，填料的中部装有水封环，是一个中间凹外圈凸起的圆环，该环对准水封管，环上开有若干小孔。当泵运行时，泵内的高压水通过水封管进入水封环渗入填料进行水封，同时还起冷却及润滑泵轴的作用。填料压紧的程度用压盖上的螺丝来调节。如压得过紧，虽然能减少泄漏，但填料与轴摩擦损失增加，消耗功率也大，甚至发生抱轴现象，使轴过快磨损；压的过松，则达不到密封效果。因此，应保持密封部位每分钟 25～150 滴水为宜，但具体的泵应根据其说明书的要求来控制滴水的频率。

（2）机械密封

又称端面密封。机械密封主要是依靠液体的压力和压紧元件的压力，使密封端面上产生适当的压力和保持一层极薄的液体膜而达到密封的目的。

9.2.2　离心泵的维护与检修

9.2.2.1　离心泵开车前的准备工作

水泵开车前，操作人员应进行如下检查工作以确保水泵的安全运行。

① 用手慢慢转动联轴器或皮带轮，观察水泵转动是否灵活、平稳，泵内有无杂物，是否发生碰撞；轴承有无杂音或松紧不匀等现象；填料松紧是否适宜；皮带松紧是否适度。如有异常，应先进行调整。

② 检查并紧固所有螺栓、螺钉。

③ 检查轴承中的润滑油和润滑脂是否纯净，否则应更换。润滑脂的加入量以轴承室体积的 2/3 为宜，润滑油应在油标规定的范围内。

④ 检查电动机引入导线的连接，确保水泵正常的旋转方向。正常工作前，可开车检查转向，如转向相反，应及时停车，并任意换接两根电动机引入导线的位置。

⑤ 离心泵应关闭闸阀启动，启动后闸阀关闭时间不宜过久，一般不超过 3～5min，以免水在泵内循环发热，损坏机件。

⑥ 需灌引水的抽水装置，应灌引水。在灌引水时，用手转动联轴器或皮带轮，使叶轮内空气排尽。

9.2.2.2　离心泵运行中的注意事项

水泵运行过程中，操作人员要严守岗位，加强检查，及时发现问题并及时处理。一般情况下，应注意以下事项。

① 检查各种仪表工作是否正常，如电流表、电压表、真空表、压力表等。如发现读数过大、过小或指针剧烈跳动，都应及时查明原因，予以排除。如真空表读数突然上升，可能是进水口堵塞或进水池水面下降使吸程增加；若压力表读数突然下降，可能是进水管漏气、吸入空气或转速降低。

② 水泵运行时，填料的松紧度应该适当。压盖过紧，填料箱渗水太少，起不到水封、润滑、冷却作用，容易引起填料发热、变硬，加快泵轴和轴套的磨损，增加水泵的机械损失；填料压得过松，渗水过多，造成大量漏水，或使空气进入泵内，降低水泵的容积效率，导致出水量减少，甚至不出水。一般情况下，填料的松紧度以每分钟能渗水 20 滴左右为宜，可用填料压盖螺纹来调节。

③ 轴承温升一般不应超过 30～40℃，最高温度不得超过 60～70℃。轴承温度过高，将使润滑失效，烧坏轴瓦或引起滚动体破裂，甚至会引起断轴或泵轴热胀咬死的事故。温升过高时应马上停车检查原因，及时排除。

④ 防止水泵的进水管口淹没深度不够，导致在进水口附近产生漩涡，使空气进入泵内。应及时清理拦污栅和进水池中的漂浮物，以免阻塞进水管口。上述两者均会增大进水阻力，导致进口压力降低，甚至引起汽蚀。

⑤ 注意油环，要让它自由地随同泵轴做不同步的转动。随时听机组声响是否正常。

⑥ 停车前先关闭出水闸阀，实行闭闸停车。然后，关闭真空表及压力表上阀，把泵和电动机表面的水和油擦净。在无采暖设备的房屋中，冬季停车后，要考虑水泵不致冻裂。

9.2.2.3　离心泵的常见故障和排除

离心泵的常见故障现象有水泵不出水或水量不足、电动机超载、水泵振动或有杂音、轴承发热、填料密封装置漏水等多种。离心泵常见故障及其排除见表 9-1。

9.2.2.4　离心泵的检修与维护

离心泵一般一年大修一次，累计运行时间未满 2000h，可按具体情况适当延长。其内容如下。

① 泵轴弯曲超过原直径的 0.05％时，应校正。泵轴和轴套间的不同心度不应超过 0.05mm，超过时要重新更换轴套。水泵轴锈蚀或磨损超过原直径的 2％时，应更换新轴。

② 轴套有规则的磨损超过原直径的 3％、不规则磨损超过原直径 2％时，均需换新。同时，检查轴和轴套的接触面有无渗水痕迹，轴套与叶轮间纸垫是否完整，不合要求应修正或

更换。新轴套装紧后和轴承的不同心度，不宜超过 0.02mm。

表 9-1　离心泵常见的故障及其排除

故　障	产　生　原　因	排　除　方　法
启动后水泵不出水或出水不足	(1)泵壳内有空气,灌泵工作没做好 (2)吸水管路及填料有漏气 (3)水泵转向不对 (4)水泵转速太低 (5)叶轮进水口及流道堵塞 (6)底阀堵塞或漏水 (7)吸水井水位下降,水泵安装高度太大 (8)减漏环及叶轮磨损 (9)水面产生漩涡,空气带入泵内 (10)水封管堵塞	(1)继续灌水或抽气 (2)堵塞漏气,适当压紧填料 (3)对换一对接线,改变转向 (4)检查电路,是否电压太低 (5)揭开泵盖,清除杂物 (6)清除杂物或修理 (7)核算吸水高度,必要时降低安装高度 (8)更换磨损零件 (9)加大吸水口淹没深度或采取防止措施 (10)拆下清通
水泵开启不动或启动后轴功率过大	(1)填料压得太死,泵轴弯曲,轴承磨损 (2)多级泵中平衡孔堵塞或回水管堵塞 (3)靠背轮间隙太小,运行中两轴相顶 (4)电压太低 (5)实际液体的密度远大于设计液体的密度 (6)流量太大,超过使用范围太多	(1)松一点压盖,矫直泵轴,更换轴承 (2)清除杂物,疏通回水管路 (3)调整靠背轮间隙 (4)检查电路,向电力部门反映情况 (5)更换电动机,提高功率 (6)关小出水闸阀
水泵机组振动和噪声	(1)地脚螺栓松动或没填实 (2)安装不良,联轴器不同心或泵轴弯曲 (3)水泵产生汽蚀 (4)轴承损坏或磨损 (5)基础松软 (6)泵内有严重摩擦 (7)出水管存留空气	(1)拧紧并填实地脚螺栓 (2)找正联轴器不同心度,矫直或换轴 (3)降低吸水高度,减少水头损失 (4)更换轴承 (5)加固基础 (6)检查咬住部位 (7)在存留空气处,加装排气阀
轴承发热	(1)轴承损坏 (2)轴承缺油或油太多(使用黄油时) (3)油质不良,不干净 (4)轴弯曲或联轴器没找正 (5)滑动轴承的甩油环不起作用 (6)叶轮平衡孔堵塞,使泵轴向力不能平衡 (7)多级泵平衡轴向力装置失去作用	(1)更换轴承 (2)按规定油面加油,去掉多余黄油 (3)更换合格润滑油 (4)矫直或更换泵轴的正联轴器 (5)放正油环位置或更换油环 (6)清除平衡孔上堵塞的杂物 (7)检查回水管是否堵塞,联轴器是否相碰,平衡盘是否损坏
电动机过载	(1)转速高于额定转速 (2)水泵流量过大,扬程低 (3)电动机或水泵发生机械损坏	(1)检查电路及电动机 (2)关小闸阀 (3)检查电动机及水泵
填料处发热、漏渗水过少或没有	(1)填料压得太紧 (2)填料环装的位置不对 (3)水封管堵塞 (4)填料盒与轴不同心	(1)调整松紧度,使滴水呈滴状连续渗出 (2)调整填料环位置,使它正好对准水封管口 (3)疏通水封管 (4)检修,改正不同心地方

③ 叶轮及叶片若有裂纹、损伤及腐蚀等情况，轻者可采用环氧树脂等修补，严重者要更换新叶轮。叶轮和轴的连接部位如有松动和渗水，应修正或者更换连接键，叶轮装上泵轴后的晃动值不得超过 0.05mm（这一数值仅供参考，因有些高速叶轮对晃动值的要求更高一些）。修整或更换过的叶轮要求校验动平衡及静平衡，如果超出允许范围应及时修正，例如

将较重的一侧锉掉一些，等等，但是禁止用在叶轮上钻孔的方法来实现平衡，以免在钻孔处出现应力集中造成的破坏。

④ 检查密封环有无裂纹及磨损，它也叶轮的径向间隙不宜超过规定的最大允许值，超过时应该换新。在更换密封环时，应将叶轮吸水口处外径车削，原则是见光即可车削时要注意与轴同心。然后将密封环内径按配合间隙值车好尺寸，密封环与叶轮之间的轴向间隙以在 3～5mm 之间为宜。

⑤ 滚珠轴承及轴承盖都要清洗干净，如轴承有点蚀、裂纹或者游隙超标，要及时更换。更换时轴承等级不得低于原装轴承的等级，一定要使用正规轴承厂的产品。更换前应用塞规测量游隙，大型水泵每次大修时应清理轴承冷却水套中的水垢及杂物，以保证水流通畅。

⑥ 填料函压盖在轴或轴套上应移动自如，压盖内孔和轴或轴套的间隙保持均匀，磨损不得超过 3%，大过要嵌补或者更新。水封管路要保持畅通。

⑦ 清理泵壳内的铁锈，如有较大凹坑应修补，清理后重新涂刷防锈漆。

⑧ 对吸水底阀要求以检修，动作要灵活，密封要良好。采用真空泵引水的要保证吸水管阀无漏气现象，真空泵要保持完好。

⑨ 检查止回阀门的工作状况，密封圈是否密封，销子是否磨损过多，缓冲器及其他装置是否有效，如有损坏应及时维修或更换。

⑩ 出水控制阀门要及时检查和更换填料，以防止漏水。

⑪ 水泵上的压力表、真空表，每年应由计量权威部门校验一次，并清理管路及阀门。

⑫ 检查与电机相连的联轴器是否连接良好，键与键槽的配合有无松动现象，并及时修正。

⑬ 电动机的维修应由专业电工维修人员进行，禁止不懂电的人员拆修电机。

⑭ 如遇灾难性情况，如大水将地下泵房淹没等，应及时排除积水，清洗及烘干电机及其他电器，并证明所有电器及机械设施完好后方可试运行。

⑮ 定时更换轴承内的润滑油、脂。对于装有滑动轴承的新泵，运行 100h 左右，应更换润滑油，以后每运转 300～500h 应换油一次，但每半年至少换油一次。滚动轴承每运转 1200～1500h 应补充机油一次，但至少每年换油一次。转速较低的水泵可适当延长。

⑯ 如较长时间内不继续使用或在冬季，应将泵内和水管内的水放尽，以防生锈或冻裂。

⑰ 在排灌季节结束后，要进行一次小修，累积运行 2000h 左右应进行一次大修。

9.3 轴流泵与混流泵

9.3.1 轴流泵的工作原理及基本构造

轴流泵的工作是以空气动力学中的升力理论为基础的。当叶轮高速旋转时，泵体中的液体质点就会受到来自叶轮的轴向升力的作用，使水流沿轴向方向流动。

轴流泵外形很像一根水管，泵壳直径与吸水口直径差不多。轴流泵按泵轴的工作位置可以分为立轴、横轴和斜轴三种结构形式。由于立轴泵占地面积小，轴承磨损均匀，叶轮淹没在水中，启动无需灌水，还可以采用分座式支承方式并且能将电机安置在较高位置上，以防被水淹没，因此大多数轴流泵都采用立式结构。图 9-2（a）所示为立式半调（节）式轴流泵的外形图，图 9-2（b）所示为该泵的结构图，其基本部件由吸入管、叶轮（包括叶片、轮毂）、导叶、泵轴、出水弯管、上下轴承、填料盒以及叶片角度的调节机构等组成。

(a) 外形图　　　　　　　　　　(b) 结构图

图 9-2　立式半调（节）式轴流泵

1—吸入管；2—叶片；3—轮毂；4—导叶；5—下导轴承；
6—导叶管；7—出水弯管；8—泵轴；9—上导轴承；10—引水管；
11—填料；12—填料盒；13—压盖；14—泵联轴器；15—电动机联轴器

9.3.1.1　吸入管

吸入管的作用就是改善入口处水力条件，使来流稳定、均匀地流至叶轮进口。一般采用符合流线型的喇叭管或做成流道形式。

9.3.1.2　叶轮

轴流泵叶轮按其调节的可能性，可以分为固定式、半调式和全调式三种。固定式轴流泵的叶片和轮毂体是一体的，叶片的安装角度是不能调节的。半调式轴流泵的叶片是用螺母紧在轮毂体上，在叶片的根部上刻有基准线，而在轮毂体上刻有几个相应的安装角度的位置线。在使用过程中，可以根据流量和扬程的变化需要，调整叶片的安装角度，确保水泵在高效区工作。但调节叶片安装角度，只能在停机的情况下完成。全调式轴流泵可以根据不同的扬程与流量要求，在停机或不停机的情况下，通过一套油压调节机构来改变叶片的安装角度，从而来改变其性能，以满足使用要求，这种全调式轴流泵调节机构比较复杂，一般应用于大型轴流泵站。

9.3.1.3　导叶

在轴流泵中，液体流经叶轮时，除有轴向运动以外，还随叶轮有一个旋转运动，液体流出叶轮后继续旋转，而这种旋转运动是我们不需要的。导叶的作用就是把叶轮中向上流出的水流旋转运动变为轴向运动，把旋转的动能变为压力能，从而提高了泵的效率。导叶是固定在泵壳上不动的，水流经过导叶时就消除了旋转运动。一般轴流泵中有 6～12 片导叶。

9.3.1.4　轴和轴承

泵轴是用来传递扭矩的。在大型轴流泵中，为了在轮毂体内布置调节、操作机构，泵轴常做成空心轴，里面安置调节操作油管。轴承在轴流泵中按其功能有以下两种。

① 导轴承。主要是用来承受径向力，起到径向定位作用。

② 推力轴承。其主要作用在立式轴流泵中，是用来承受水流作用在叶片上的方向向下的轴向推力，水泵转动部件重量以及维持转子的轴向位置，并将这些推力传到机组的基础上去。

9.3.1.5　密封装置

轴流泵出水弯管的轴孔处需要设置密封装置，目前，一般仍常用压盖填料型的密封装置。

9.3.1.6　出水弯管

出水弯管作为轴流泵的一个过流部件起到了改变流向的作用，弯管角度一般为 60°或 75°。

9.3.2　混流泵的工作原理及基本构造

混流泵是介于离心泵与轴流泵之间的一种泵，泵体中的液体质点所受的力既有离心力，又有轴向升力，叶轮出水的水流方向是斜向的。根据其压水室的不同，通常可分为蜗壳式和导叶式两种，其中蜗壳式应用比较广泛。从外形上看，蜗壳式混流泵与单吸式离心泵相似，如图 9-3 所示。这两种混流泵的部件无多大区别，所不同的仅是叶轮的形状和泵体的支承方式。混流泵适用于工厂、矿山、城市给水排水以及农田灌溉等。

9.3.3　轴流泵的运行维护

9.3.3.1　轴流泵开车前的准备工作

① 检查泵轴和传动轴是否由于运输过程遭受弯扭，如有则需校直。

② 水泵的安装标高必须按照产品说明书的规定，以满足汽蚀余量的要求和启动要求。

③ 水池进水前应设有拦污栅，避免杂物带进水泵。水经过拦污栅的流速以不超过 0.3m/s 为合适。

④ 水泵安装前需检查叶片的安装角度是否符合要求、叶片是否有松动等。

⑤ 安装后，应检查各联轴器和各底脚螺栓的螺母是否都旋紧。在旋紧传动轴和水泵轴

上的螺母时要注意其螺纹方向。

⑥ 传动轴和水泵轴必须安装于同一垂直线上,允许误差小于 0.03mm/m。

⑦ 水泵出水管路应另设支架支承,不得用水泵本体支撑。

图 9-3　蜗壳式混流泵构造装配图

1—泵壳;2—泵盖;3—叶轮;4—泵轴;5—减漏环;6—轴承盒;7—轴套;8—填料压盖;

9—填料;10—滚动轴承;11—出水口;12—皮带轮;13—双头螺丝

⑧ 水泵出水管路上不宜安装闸阀。如有,则启动前必须完全开启。

⑨ 使用逆止阀时最好装一平衡锤,以平衡门盖的重力,使水泵更经济地运转。

⑩ 对于用牛油润滑的传动装置,轴承油腔检修时应拆洗干净,重新注以润滑剂,其量以充满油腔的 1/2～2/3 为宜,避免运转时轴承温升过高。必须特别注意,橡胶轴承切不可触及油类。

⑪ 水泵启动前,应向上部填料函处的短管内引注清水或肥皂水,用来润滑橡胶或塑料轴承,待水泵正常运转后,即可停止。

⑫ 水泵每次启动前应先盘动联轴器三四转,并注意是否有轻重不匀等现象。如有,必须检查原因,设法消除后再运转。

⑬ 启动前应先检查电机的旋转方向,使它符合水泵转向后,再与水泵连接。

9.3.3.2　轴流泵运行时注意事项

水泵运转时,应经常注意如下几点。

① 叶轮浸水深度是否足够,即进水位是否过低,以免影响流量,或产生噪声。

② 叶轮外圆与叶轮外壳是否有磨损,叶片上是否绕有杂物,橡胶或塑料轴承是否过紧或烧坏。

③ 固紧螺栓是否松动,泵轴和传动轴中心是否一致,以防机组振动。

9.3.3.3　轴流泵的常见故障及排除

表 9-2 所示为轴流泵的常见故障及排除方法。

表 9-2 轴流泵的常见故障及排除方法

故障现象		原因分析	排除方法
启动后不出水或出水量不足	不符合性能要求	(1)叶轮淹没深度不够,或卧式泵吸程太高 (2)装置扬程过高 (3)转速过低 (4)叶片安装角太小 (5)叶轮外圆磨损,间隙加大	(1)降低安装高度,或提高进水池水位 (2)提高进水池水位,降低安装高度,减少管路损失或调整叶片安装角 (3)提高转速 (4)增大安装角 (5)更换叶轮
	零部件损坏,内部有异物	(6)水管或叶轮被杂物堵塞	(6)清除杂物
	安装、使用不符合要求	(7)叶轮转向不符 (8)叶轮螺母脱落 (9)泵布置不当或排列过密	(7)调整转向 (8)重新旋紧。螺母脱落原因一般是停车时水倒流,使叶轮倒转所致,故应设法解决停车时水的倒流问题 (9)重新布置或排列
	进水条件不良	(10)进水池太小 (11)进水形式不佳 (12)进水池水流不畅或堵塞	(10)设法增大 (11)改变形式 (12)清理杂物
动力机超载	不符合性能要求	(1)因装置扬程过高、叶轮淹没深度不够、进水不畅等,水泵在小流量工况下运行,使轴功率增加,动力机超载 (2)转速过高 (3)叶片安装角过大	(1)消除造成超载的各项原因 (2)降低转速 (3)减小安装角
	零件损坏或内部有异物	(4)出水管堵塞 (5)叶片上缠绕杂物(如杂草、布条、纱布、纱线等) (6)泵轴弯扭 (7)轴承损坏	(4)清除 (5)清理 (6)校直或调换 (7)调换
	安装、使用不符合要求	(8)叶片与泵壳摩擦 (9)轴安装不同心 (10)填料过紧 (11)进水池不符合设计要求	(8)重新调整 (9)重新调整 (10)旋松填料压盖或重新安装 (11)水池过小,应予以放大;两台水泵中心距过小,应予以移开;进水处有漩涡,设法消除;水泵离池壁或池底太近,应予以放大
水泵振动或有异常声音	不符合性能要求	(1)叶轮淹没深度不够或卧式吸程太高 (2)转速过高	(1)提高进水池水位或重新安装 (2)降低转速
	零部件损坏或内部有异物	(3)叶轮不平衡或叶片缺损或缠有杂物 (4)填料磨损过多或变质发硬 (5)滚动轴承损坏或润滑不良 (6)橡胶轴承磨损 (7)轴弯曲	(3)调整叶轮、叶片或重新做平衡试验或清除杂物 (4)更换或用机油处理使其变软 (5)调换轴承或清洗轴承,重新加注润滑油 (6)更换并消除引起的原因 (7)校直或更换
	安装、使用不符合要求	(8)地脚螺丝或联轴器螺丝松动 (9)叶片安装角不一致 (10)动力机轴与泵轴不同心 (11)水泵布置不当或排列过密 (12)叶轮与泵壳摩擦	(8)拧紧 (9)重新安装 (10)重新调整 (11)重新布置或排列 (12)重新调整
	进水条件不良	(13)进水池太小 (14)进水池形式不佳 (15)进水池水流不畅或堵塞	(13)设法增大 (14)改变形式 (15)清理杂物

9.4 潜水排污泵

9.4.1 潜水排污泵的工作原理及构造

潜水泵主要是由电机、水泵和扬水管三个部分组成的，电机与水泵连在一起，完全浸没在水中工作。污水处理厂用得较多的是潜水排污泵。潜水排污泵按其叶轮的形式分为离心式、轴流式和混流式。图 9-4 所示为 QWB 型立式潜水泵的结构示意图。吸入口位于泵的底部，排出口为水平设置，选用立式潜水电动机与泵体直联，过负荷保护装置和浸水保护装置保证了运转的安全。

图 9-4 QWB 型立式潜水泵结构
1—进水端盖；2—O 形密封圈；
3—泵体；4—叶轮；5—浸水检出口；
6—机械密封；7—轴；8—电动机；
9—过负荷保护装置；10—连接部件

潜水泵的主要优点如下。

① 电动机与水泵合为一体，不用长的传动轴，重量轻；

② 电动机与水泵均潜入水中，不需修建地面泵房；

③ 由于电动机一般是用水来润滑和冷却的，所以维护费用小。

由于潜水泵长期在水下运行，因此对电动机的密封要求非常严格，如果密封质量不好，或者使用管理不好，会因漏水而烧坏电动机。

潜水电动机较一般电动机有特殊要求，通常有干式、半干式、湿式、充油式及气垫密封式电动机等几种类型。

干式电动机除对绕组绝缘加强防潮外，与一般电动机无区别。由于干式潜水电动机不允许所输送液体进入电动机内腔，故在电动机的轴伸端需要采取良好的密封措施。通常采用机械密封装置。但由于这种密封装置结构较复杂，加工工艺要求高，若水中含有泥沙，则密封构件很容易被磨损，使密封失效，故抽送不含泥沙的清水，采用机械密封效果较好。

半干式电动机是仅将电动机的定子密封，而让转子在水中旋转。

湿式电动机是在电动机定子内腔充以清水或蒸馏水，转子在清水中转动，定子是用聚乙烯、尼龙等防水绝缘导线绕制而成。为解决电动机绕组及水润滑轴承的冷却问题，电动机内腔充满清水。因而，这种泵的轴封仅起防止泥沙进入电动机的作用，结构较简单，便于制造和维修。但是，这种泵对电动机定子所用的绝缘导线和水润滑轴承材料要求较高，还要考虑部件的防锈蚀问题。

充油式电动机就是在电动机内充满绝缘油（如变压器油），防止水和潮气进入电动机绕组，并起绝缘、冷却、润滑和防止水及潮气侵入电动机内腔的作用。同时，在电动机轴伸端仍需设置机械密封，以阻止水和泥沙进入以及油的泄漏。电动机定子线圈用加强绝缘的耐油、耐水漆包线绕制。这种泵的电动机转子因在黏滞性较大的油中转动，造成较大的功率损耗，导致效率有所下降，一般约下降3%～5%。

气垫密封式潜污泵的电动机与干式潜水电动机一样。但在电动机下端有一个气封室，并由几个孔道与外界相通。泵潜入吸水池后，气封室内的空气在外界液体压力的作用下形成气垫，达到阻止液体进入电动机内腔的目的。由于这种泵只适用于潜水深度较小且稳定的场合。这种密封方式存在因空气的溶解而使水进入电动机内腔的危险，故使用得很少。

很多型号的潜水泵都设有自动耦合装置，在泵出口端设有滚轮，在导轨内上下滚动，耦合装置保证泵的出水口与固定在基础上的出水弯管自动耦合和脱接，泵的检修工作可在池外进行。竖向导轨下端固定于弯管支座之上，上端与污水池顶梁或墙（出口弯管侧）内预埋钢板焊接固定。轴承与潜水电动机共用。轴封采用机械密封，传动与潜水电动机同轴，由电动机直接驱动。

9.4.2　潜水泵的运行维护

9.4.2.1　影响潜水泵正常运行的主要原因

一般情况下，影响潜水泵正常运行的主要因素如下。

① 漏电问题。潜水泵的特点是机泵一体，并一起没入水中，所以漏电问题是影响潜水泵正常运行的重要因素之一。

② 堵转。潜水泵堵转时，定子绕组上将产生5～7倍于正常满载电流的堵转电流，如无保护措施，潜水泵很快烧毁。造成潜水泵堵转的原因很多，如叶轮卡住、机械密封碎片卡轴、污物缠绕等。

③ 电源电压过低或频率太低。电源电压过低或频率太低，水泵动力不够，直接影响水泵出水。

④ 磨损和锈蚀。磨损将大大降低电泵性能，流量、扬程及效率均随之降低，叶轮与泵盖锈住了还将引起堵转。潜水泵零件的锈蚀不仅会影响水泵的性能，而且会缩短使用寿命。

⑤ 电缆线破裂、折断。电缆线破裂、折断不仅容易造成触电事故，而且水泵运行时极有可能处于两相工作的状态，既不出水又易损坏电动机。

9.4.2.2　使用以前的准备工作

① 检查电缆线有无破裂、折断现象。使用前既要观察电缆线的外观，又要用万用表或兆欧表检查电缆线是否通路。电缆出线处不得有漏油现象。

② 新泵使用前或长期放置的备用泵启动之前，应用兆欧表测量定子对外壳的绝缘不低于1MΩ，否则应对电机绕组进行烘干处理提高绝缘等级。

潜水电泵出厂时的绝缘电阻值在冷态测量时一般均超过50MΩ。

③ 检查潜水电泵是否漏油。潜水电泵的可能漏油途径有电缆接线处、密封室加油螺钉处的密封及密封处O形封环。检查时要确定是否真漏油。造成加油螺钉处漏油的原因是螺钉没旋紧，或是螺钉下面的耐油橡胶衬垫损坏。如果确定O形封环密封处漏油，则多是因为O形封环密封失效，此时需拆开电泵换掉密封环。

④ 长期停用的潜水电泵再次使用前，应拆开最上一级泵壳，盘动叶轮后再行启动，防止部件锈死启动不出水而烧坏电动机绕组。这对充水式潜水电泵更为重要。

9.4.2.3　潜水泵运行中的注意事项

① 潜水泵在无水的情况下试运转时，运转时间严禁超过额定时间。吸水池的容积能保

证潜水泵开启时和运行中水位较高，以确保电动机的冷却效果和避免因水位波动太大造成的频繁启动和停机，大中型潜水泵的频繁启动对泵的性能影响很大。

② 当湿度传感器或温度传感器发出报警时，或泵体运转时振动、噪声出现异常时，或输出水量水压下降、电能消耗显著上升时，应当立即对潜水泵停机进行检修。

③ 有些密封不好的潜水泵长期浸泡在水中时，即使不使用，绝缘值也会逐渐下降，最终无法投用，甚至在比连续运转的潜水泵在水中的工作时间还短的时间内发生绝缘消失现象。因此潜水泵在吸水池内备用有时起不到备用的作用，如果条件许可，可以在池外干式备用，等运行中的某台潜水泵出现故障时，立即停机提升上来后，将备用泵再放下去。

④ 潜水泵不能过于频繁开、停，否则将影响潜水泵的使用寿命。潜水泵停止时，管路内的水产生回流，此时立即再启动则引起电泵启动时的负载过重，并承受不必要的冲击载荷；另外，潜水泵过于频繁开、停将损坏承受冲击能力较差的零部件，并带来整个电泵的损坏。

⑤ 停机后，在电机完全停止运转前，不能重新启动。

⑥ 检查电泵时必须切断电源。

⑦ 潜水泵工作时，不要在附近洗涤物品、游泳或放牲畜下水，以免电泵漏电时发生触电事故。

9.4.2.4　潜水电泵的维护和保养

① 经常加油，定期换油。潜水电泵每工作1000h，必须调换一次密封室内的油，每年调换一次电动机内部的油液。对充水式潜水电泵还需定期更换上下端盖、轴承室内的骨架油封和锂基润滑油，确保良好的润滑状态。

对带有机械密封的小型潜水电泵，必须经常打开密封室加油螺孔加满润滑油，使机械密封处于良好的润滑状态，使其工作寿命得到充分保证。

② 及时更换密封盒。如果发现漏入电泵内部的水较多时（正常泄漏量为每小时0.1mL），应及时更换密封盒，同时测量电动机绕组的绝缘电阻值。若绝缘电阻值低于0.5MΩ时，需进行干燥处理，方法与一般电动机的绕组干燥处理相同。更换密封盒时应注意外径及轴孔中O形密封环的完整性，否则水会大量漏入潜水泵的内部而损坏电动机绕组。

③ 经常测量绝缘电阻值。用500V或1000V的兆欧表测量电泵定子绕组对机壳的绝缘电阻数值，在1MΩ以上者（最低不得小于0.5MΩ）方可使用，否则应进行绕组维修或干燥处理，以确保使用安全性。

④ 合理保管。长期不用时，潜水泵不宜长期浸泡在水中，应在干燥通风的室内保管。对充水式潜水泵应先清洗，除去污泥杂物后再放在通风干燥的室内。潜水泵的橡胶电缆保管时要避免太阳光的照射，否则容易老化，表面将产生裂纹，严重时将引起绝缘电阻的降低或使水通过电缆护套进入潜水泵的出线盒，造成电源线的相间短路或绕组对地绝缘电阻为零等严重后果。

⑤ 及时进行潜水泵表面的防锈处理。潜水泵使用一年后应根据潜水泵表面的腐蚀情况及时地进行涂漆防锈处理。其内部的涂漆防锈应视泵型和腐蚀情况而定。一般情况下内部充满油时是不会生锈的，此时内部不必涂漆。

⑥ 潜水泵每年（或累计运行2500h）应维护保养一次，内容包括：拆开泵的电动机，对所有部件进行清洗，除去水垢和锈斑，检查其完好度，及时整修或更换损坏的零部件；更换密封室内和电动机内部的润滑油；密封室内放出的润滑油若油质浑浊且水含量超过50mL，则需更换整体式密封盒或动、静密封环。

⑦ 气压试验。经过检修的电泵或更换机械密封后，应该以 0.2MPa 的气压试验检查各零件止口配合面处 O 形密封环和机械密封的二道封面是否有漏气现象，如有漏气现象必须重新装配或更换漏气零部件。然后分别在密封室和电动机内部加入 N7（或 N10）机械油，或用 N15 机械油，缝纫机油，10 号、15 号、25 号变压器油代用。

9.4.2.5 潜水泵的常见故障及排除

表 9-3 所示为潜水泵的常见故障和排除方法。

表 9-3 潜水泵的常见故障和排除方法

故障现象	原因分析	排除方法
启动后不出水	(1)叶轮卡住 (2)电源电压过低 (3)电源断电或断相 (4)电缆线断裂 (5)插头损坏 (6)电缆线压降过大 (7)定子绕组损坏;电阻严重不平衡;其中一相或两相断路;对地绝缘电阻为零	(1)清除杂物,然后用手盘动叶轮看其是否能够转动。若发现叶轮的端面同口环相擦,则须用垫片将叶轮垫高一点 (2)改用高扬程水泵,或降低电泵的扬程 (3)逐级检查电源的保险丝和开关部分,发现并消除故障;检查三相温度继电器触点是否接通,并使之正常工作 (4)查出断点并连接好电缆线 (5)更换或修理插头 (6)根据电缆线长度,选用合适的电缆规格,增大电缆的导电面积,减小电缆线压降 (7)对定子绕组重新下线进行大修,最好按原来的设计数据进行重绕
出水量过少	(1)扬程过高 (2)过滤网阻塞 (3)叶轮流通部分堵塞 (4)叶轮转向不对 (5)叶轮或口环磨损 (6)潜水泵的潜水深度不够 (7)电源电压太低	(1)根据实际需要的扬程高度,选择泵的型号,或降低扬程高度 (2)清除潜水泵格栅外围的水草等杂物 (3)拆开潜水泵的水泵部分,清除杂物 (4)更换电源线的任意两根非接地线的接法 (5)更换叶轮或口环 (6)加深潜水泵的潜水深度 (7)降低扬程
电泵突然不转	(1)保护开关跳闸或保险丝烧断 (2)电源断电或断相 (3)潜水泵的出线盒进水,连接线烧断 (4)定子绕组烧坏	(1)查明保护开关跳闸或保险丝烧断的具体原因,然后对症下药,予以调整和排除 (2)接通电线 (3)打开线盒,接好断线包上绝缘胶带,消除出线盒漏水原因,按原样装配好 (4)对定子绕组重新下线进行大修。除及时更换或检修定子绕组外,还应根据具体情况找到产生故障的根本原因,消除故障
定子绕组烧坏	(1)接地线错接电源线 (2)断相工作,此时电流比额定值大得多,绕组温升很高,时间长了会引起绝缘老化而损坏定子绕组 (3)机械密封损坏而漏水,降低定子绕组绝缘电阻而损坏绕组 (4)叶轮卡住,电泵处于三相制动状态,此时电流为 6 倍左右的额定电流,如无开关保护,很快烧坏绕组 (5)定子绕组端部碰潜水泵外壳,而对地击穿 (6)潜水泵开、停过于频繁 (7)潜水泵脱水运转时间太长	(1)正确地将潜水泵电缆线中的接地线接在电网的接地线或临时接地线上 (2)及时查明原因,接上断相的电源线,或更换电缆线 (3)经常检查潜水电泵的绝缘电阻情况,绝缘电阻下降时,及时采取措施维修 (4)采取措施防止杂物进入潜水泵卡住叶轮,注意检查潜水泵的机械损坏情况,避免叶轮由于某种机械损坏而卡住。同时,运行过程中一旦发现水泵突然不出水应立即关机检查,采取相应措施检修 (5)绕组重新嵌线时尽量处理好两端部,同时去除上、下盖内表面上存在的铁疙瘩,装配时避免绕组端部碰到外壳 (6)不要过于频繁地开、关电泵,避免潜水泵负载过重或承受不必要的冲击载荷,如有必要重新启动潜水泵则应等管路内的水回流结束后再启动 (7)运行中应密切注意水位的下降情况,不能使电泵长时间(大于 1min)在空气中运转,避免潜水泵缺少散热和润滑条件

9.5 螺旋泵

9.5.1 螺旋泵的工作原理及构造

螺旋泵也称阿基米德螺旋泵，是利用螺旋推进原理来提水的，其工作原理如图9-5所示。螺旋倾斜放置在泵槽中，螺旋的下部浸入水下，由于螺旋轴对水面的倾角小于螺旋叶片的倾角，当螺旋泵低速旋转时，水就从叶片的 P 点进入，然后在重力的作用下，随着叶片下降到 Q 点，由于转动产生的惯性力将 Q 点的水又提升到 R 点，而后在重力的作用下水又下降到高一级叶片的底部。如此不断循环，水延螺旋轴一级一级地往上提升，最后升高到螺旋泵槽的最高点而出流。

图 9-5 螺旋泵提水原理

螺旋泵装置主要由电动机、变速装置、泵轴、叶片、轴承座、泵壳等部分所组成，如图9-6所示。泵体连接着上下水池，泵壳仅包住泵轴及叶片的下半部，上半部只要安装小半截挡板，以防止污水外溅。泵壳与叶片间，既要保持一定的间隙，又要做到密贴，尽量减少液体侧流，以提高泵的效率，一般叶片与泵壳之间保持1mm左右间隙。大中型泵

图 9-6 螺旋泵装置

1—螺旋轴；2—轴心管；3—下轴承座；4—上轴承座；5—罩壳；6—泵壳；

7—联轴器；8—减速箱；9—电动机；10—润滑水管；11—支架

壳可用预制混凝土砌块拼成，小型泵壳一般采用金属材料卷焊制成，也可用玻璃钢等其他材料制作。

采用螺旋泵抽水可以不设集水池，不建地下式或半地下式泵房，节约土建投资。螺旋泵抽水不需要封闭的管道，因此水头损失较小，电耗较省。

由于螺旋泵螺旋部分是敞开的，维护与检修方便，运行时不需看管，便于实行遥控和在无人看管的泵站中使用，还可以直接安装在下水道内提升污水。

螺旋泵叶片间隙大，可以提升破布、石头、杂草、罐头盒、塑料袋以及废瓶子等任何能进入泵叶片之间的固体物。因此，泵前可不必设置格栅。格栅设于泵后，在地面以上，便于安装、检修与清除。

使用螺旋泵时，可完全取消通常其他类型污水泵配用的吸水喇叭管、底阀、进水和出水闸阀等配件和设备。

由于螺旋泵转速慢，在提升活性污泥和含油污水时，不会打碎污泥颗粒和矾花；用于沉淀池排泥，能使沉淀污泥起一定的浓缩作用。

由于以上特点，螺旋泵在排水工程中的应用近年来日渐增多。

但是，螺旋泵也有其本身的缺点如下。

① 受机械加工条件的限制，泵轴不能太粗太长，所以扬程较低，一般为 3～6m，国外介绍可达 12m。因此，不适用于高扬程、出水水位变化大或出水为压力管的场合。

② 螺旋泵的出水量直接与进水位有关，因此不适用于水位变化较大的场合。

③ 螺旋泵必须斜装，占地较大。

9.5.2 螺旋泵使用和维护的注意事项

① 应尽量使螺旋泵的吸水位在设计规定的标准点或标准点以上工作，此时螺旋泵的扬水量为设计流量，如果低于标准点，即使只低几厘米，螺旋泵的扬水量也会下降很多。

② 当螺旋泵长期停用时，如果长期不动，很长的螺旋泵螺旋部分向下的挠曲会永久化，因而影响到螺旋与泵槽之间的间隙及螺旋部分的动平衡，所以，每隔一段时间就应将螺旋转动一定角度以抵消向一个方向挠曲所造成的不良影响。

③ 螺旋泵的螺旋部分大都在室外工作，在北方冬季启动螺旋泵之前必须检查吸水池内是否结冰、螺旋部分是否与泵槽冻结在一起，启动前要清除积冰，以免损坏驱动装置或螺旋泵叶片。

④ 确保螺旋泵叶片与泵槽的间隙准确均匀是保证螺旋泵高效运行的关键，应经常测量运行中的螺旋泵与泵槽的间隙是否在 5～8mm 之间，并调整到均匀准确的程度。巡检时注意螺旋泵声音的异常变化，例如螺旋叶片与泵槽相摩擦时会发出钢板在地面刮行的声响，此时应立即停泵检查故障，调整间隙。上部轴承发生故障时也会发出异常的声响且轴承外壳体发热，巡检时也要注意。

⑤ 由于螺旋泵一般都是 30°倾斜安装，驱动电动机及减速机也必须倾斜安装，这样一来会影响减速机的润滑效果。因此，为减速机加油时应使油位比正常油位高一些，排油时如果最低位没有放油口，应设法将残油抽出。

⑥ 要定期为上、下轴承加注润滑油，为下部轴承加油时要观察是否漏油，如果发现有泄漏，要放空吸水池紧固盘根或更换失效的密封垫。在未发现问题的情况下，也要定期排空吸水池空车运转，以检查水下轴承是否正常。

9.6 螺杆泵

9.6.1 螺杆泵的构造

螺杆泵分单螺杆泵，双螺杆泵及三螺杆泵，污水处理厂的污泥输出主要使用单螺杆泵（下面简称螺杆泵），如图 9-7 所示。

图 9-7 单螺杆泵

1—排出室；2—转子；3—定子；4—联轴器；5—联轴器；6—吸入室；7—轴封；
8—轴承座；9—联轴器；10—联轴器罩；11—底座；12—减速箱机；13—电动机

单螺杆泵又称莫诺泵，它是一种有独特工作方式的容积泵，主要由驱动马达及减速机，连轴杆及连杆箱（又称吸入室）、定子及转子等部分组成。

9.6.1.1 螺杆泵的转子

螺杆泵的转子是一根具有大导程的螺杆，根据所输送介质的不同，转子由高强度合金钢、不锈钢等制成。为了抵抗介质对转子表面的磨损，转子的表面都经过硬化处理，或者镀一层抗腐蚀、高硬度的铬层。转子表面的光洁度非常高，这样才能保证转子在定子中转动自如，并减少对定子橡胶的磨损。转子在其吸入端通过联轴器等方式与连轴杆连接，在其排出端则是自由状态。在污水处理行业，螺杆泵所输出的主要介质有生污泥、消化污泥以及浮渣等，这些介质有较强的腐蚀性及沙粒，因而螺杆泵的转子都采用高强度合金钢见表面硬化处理并镀铬而成。

9.6.1.2 定子

定子的外壳一般用钢管制成，两端有法兰与连杆箱及排出管相连接，钢管内是一个具有双头螺线的弹性衬套，用橡胶或者合成橡胶等材料制成。

9.6.1.3 连轴杆

由于转子在作行星转动时有较大的摆动，与之连接的连轴杆也必须随之摆动。目前常用的有两种连轴杆：一种是使用特殊的高弹性材料制成的挠性连轴杆。它的两端与减速机输出轴和转子之间用法兰做刚性连接，靠连轴杆本身的挠曲性去驱动转子转动并随转子摆动。为了防止介质中的砂粒对挠性轴的磨损和介质对轴的腐蚀，在轴的外部包裹有橡胶及塑料护管。这种挠性轴价格昂贵，据了解，目前只有美国莫诺公司及其子公司生产安装这种挠性轴的螺杆泵。另一种是在连轴杆的两端，在与转子的连接处和与减速机输出轴的连接处各安装一个万向联轴器，这样就可以在驱动专子转动的同时适应转子的摆动。为了保护联轴器不受泥沙的磨损，每一个联轴器上都有专用的橡胶护套。国内几个厂家目前均使用这种连接方式。

有些螺杆泵为了输送一些自吸性差的物质（如浮渣）时，在吸入腔内的连轴杆上还设置了螺旋输送装置。

9.6.1.4　减速机与轴承架

一般在污水处理厂用做输送污泥与浮渣的螺杆泵，其转子的转速在 $150\sim400r/min$，因此必须设置减速装置。减速机采用一级至两级齿轮减速，一些需要调节转速的螺杆泵还在减速器上安装了变速装置。减速器使用重载齿轮油来润滑。为了防止连轴杆的摆动对减速器的影响，在减速器与连轴杆之间还设置了一个轴承座，用以承受摆动所造成的交变径向力。

9.6.1.5　螺杆泵的密封

螺杆泵的吸入室与轴承座之间的密封是关键的密封部位，一般有 3 种密封方式。

① 填料密封。这是使用较为广泛的密封方式，由填料盒、填料及压盖等构成，它利用介质中的水作为密封，润滑及冷却液体。

② 带轴封液的填料密封。在塑料圈填料中加进一个带有很多水孔的填料环，用清水式缓冲液提供密封压力、润滑和防止介质中的有害物质及空气对填料及轴径的侵害，这种方式操作较为复杂，但能大大提高填料的寿命。

③ 机械密封。机械密封的形式很多，如单端面及双端面的，它的密封效果较好，无滴漏或有很少滴漏，但有时要加接循环冷却水系统。

9.6.2　螺杆泵的运行维护

9.6.2.1　螺杆泵开车前的准备工作

螺杆泵在初次启动前，应对集泥池，进泥管线等进行清理，以防止在施工中遗落的石块、水泥块及其他金属物品进入破碎机或泵内。平时启动前应打开进出口阀门并确认管线通畅后方可动作。

作为螺杆泵，它所输送的介质在泵中还起对转子定子冷却及润滑作用，因此是不允许空转的，否则会因摩擦和发热损坏定子及转子。在泵初次使用之前应向泵的吸入端注入液体介质或者润滑液，如甘油的水溶液或者稀释的水玻璃、洗涤剂等，以防止初期启动时泵处于摩擦状态。

泵和电机安装的同轴度精确与否，是泵是否平稳运行的首要条件。虽然泵在出厂前均经过精确的调定，但底座安装固定不当会导致底座扭曲，引起同轴度的超差。因此首次运转前，或在大修后应校验其同轴度。

9.6.2.2　螺杆泵运行中的注意事项

对正在运行的泵在巡视中应主要注意其螺栓是否有松动、机泵及管线的振动是否超标、填料部位滴水是否在正常范围、轴承及减速器温度是否过高、各运转部位是否有异常声响。

① 尽量避免发生污泥或者浮渣中的大块杂质（如包装袋等）被吸入管道而出现堵塞的现象，如不慎发生此类情况应立即停泵清理，以保护泵的安全运行。

② 在运行过程中，机座螺栓的松动会造成机体的振动、泵体的移动、管线破裂等现象。因此对机座螺栓的经常紧固是十分必要的，对泵体上各处的螺栓也应如此。在工作中应经常检查电机与减速器之间、减速器与吸入腔之间以及吸入腔与定子之间的螺栓是否牢固。

③ 尽管螺杆泵的生产厂家都对这些螺杆有各种防松措施，但由于此处在运行中震动较大，仍可能有一些螺栓发生松动，一旦万向节或挠性轴脱开，将使泵造成进一步损坏，因此，每运转 300～500h，应打开泵对此处的螺栓进行检查、紧固。并清理万向节或者挠性轴上的缠绕物。

④ 在正常运行时，填料函处同离心泵的填料函一样，会有一定的滴水，水在填料与轴之间起到润滑作用，减轻泵轴或套的磨损。正常滴水应在每分钟 50～150 滴左右，如果超过这个数就应该紧螺栓。如仍不能奏效就应及时更换盘根。在螺杆泵输出初沉池污泥或消化污泥时，填料函处的滴水应以污泥中渗出的清液为主，如果有很稠的污泥漏出，即使数量不多也会有一些砂粒进入轴与填料之间，会加速轴的磨损。

当用带冷却的填料环时，应保持冷却水的通畅与清洁。

⑤ 尽量避免过多的泥砂进入螺杆泵。螺杆泵的定子是由弹性材料制作的，它对少量进入泵腔的泥砂有一定的容纳作用，但坚硬的砂粒会加速定子和转子的磨损。大量的砂粒随污泥进入螺杆泵时，会大大减少定子和转子的寿命，减少进入螺杆泵的砂粒要依靠除砂工序来实现。

⑥ 要保证变速箱、滚动轴承、联轴器三个润滑部位工作良好。

a. 变速箱。变速箱一般采用油润滑，在磨合阶段（200～500h）以后应更换一次润滑油，以后每 2000～3000h 应换一次油。所采用的润滑油标号应严格按说明书声的标号，说明书未规定标号的可使用质量较好的重载齿轮油。

b. 轴承架内的滚动轴承。这一部位一般采用油脂润滑，污水处理厂主要输出常温介质，可选用普通钙基润滑脂。

c. 联轴器。联轴器包裹在橡皮护套中，采用销子联轴器的是用脂润滑，一般不需要经常更换润滑脂，但是如果出现护套破损或者每次大修时，应拆开清洗，填装新油脂，并更换橡皮护套和磨坏的销子等配件。如采用齿型联轴器，一般用油润滑，应每 2000h 清洗换油一次，输出污泥及浮渣的螺杆泵可使用 68 号机械油。

使用挠行连轴杆的螺杆泵由于两端属于钢性连接，可免去加油清洗的麻烦。

⑦ 制定严格的巡视管理制度。在污水处理厂，螺杆泵一般在地下管廊等场所运转，而且有时很分散，不可能派专人去监视每一台泵的工作，因此定时定期对运转中的螺杆泵进行巡视就成为运行操作人员的一项重要日常工作，应制定严格的巡视管理制度，建议在白天每 2h 巡视一次，夜间每 3～4h 巡视一次。对于经常开停的螺杆泵应尽量到现场去操作，以观察其启动时的情况。

巡视时应注意的主要内容如下。

a. 观察有无松动的地脚螺栓、法兰盘、联轴器等，变速箱油位是否正常，有无漏油现象。

b. 注意吸入管上的真空表和出泥管上的压力表的读数。这样可以及时发现泵是否在空转或者前方、后方有堵塞。

c. 听运转时有无异常声响，因为螺杆泵的大多数故障都会发出异常声响。如变速箱、轴承架、联轴器或连轴杆、定子和转子出故障都有异常声响。经验丰富的操作人员能从异常声响中判断可能出现故障的部位及原因。

d. 用手去摸变速箱、轴承架等处有无异常升温现象。对于有远程监控系统的螺杆泵，每日的定时现场巡视也是必不可少的。在很多方面，远程监控代替不了巡视。

⑧ 认真填写运行记录。主要记录的内容有工作时间和累计工作时间、介质状况、轴承

温度、加换油记录，填料滴水情况及大中小修的记录等。

⑨ 定子与转子的更换。当定子与转子经过一段时间的磨损就会逐渐出现内泄现象，此时螺杆泵的扬程、流量与吸程都会减小。当磨损到一定程度，定子与转子之间就无法形成密封的空腔，泵也就无法进行正常的工作，此时就需要更换定子或转子。

更换的方法是：先将泵两端的法门关死，然后将定子两端的法兰或者卡箍卸开，旋出定子，然后用水将定子、转子、连轴杆及吸入室的污泥冲洗干净，卸下转子后即可观察定子与转子的磨损情况。一般正常磨损情况是：在转子的突出部位，电镀层被均匀磨掉。其磨损程度可使用卡尺对比新转子量出，定子内部内腔均匀变大，但内部橡胶弹性依然良好。如发现转子有烧蚀的痕迹，有一道道深沟，定子内部橡胶炭化变硬，则说明在运转中有无介质空转的情况。如发现定子内部橡胶严重变形，并且炭化严重，则说明可能出现过在未开出口阀门的情况下运转。上述两种情况都属于非正常损坏，应提醒运行操作者注意。

一般来说，在正常使用的情况下，转子的寿命是定子寿命的2～3倍。当然这与介质、转子和定子的质量及操作者的责任心有关。

更换转子和定子时，应使用洗涤剂等润滑液将接触面润滑，这样转子易于装入定子，同时也避免了初次试运行是的干涩。

在更换转子或定子同时，应检查联轴节的磨损情况，并清洗更换联轴节的润滑油（脂）。

9.6.2.3　螺杆泵的常见故障及排除

螺杆泵常见故障及其排除方法见表9-4。

表 9-4　螺杆泵常见的故障及其原因

故障现象	原　　因	处理方法
泵不吸液	(1)吸入管路堵塞或漏气 (2)吸入高度超过允许吸入真空高度 (3)电动机反转 (4)介质黏度过大	(1)检修吸入管路 (2)降低吸入高度 (3)改变电机转向 (4)将介质加温
压力表指针波动大	(1)吸入管路漏气 (2)安全阀没有调好或工作压力过大,使安全阀时开时闭	(1)检修吸入管路 (2)调整安全阀或降低工作压力
流量下降	(1)吸入管路堵塞或漏气 (2)螺杆与泵套磨损 (3)安全阀弹簧太松或阀瓣与阀座接触不严 (4)电动机转速不够	(1)检修吸入管路 (2)磨损严重时应更换零件 (3)调整弹簧,研磨阀瓣与阀座 (4)修理或更换电动机
轴功率急剧增大	(1)排出管路堵塞 (2)螺杆与泵套严重摩擦 (3)介质黏度太大	(1)停泵清洗管路 (2)检修或更换有关零件 (3)将介质升温
泵振动大	(1)泵与电动机不同心 (2)螺杆与泵套不同心或间隙大 (3)泵内有气 (4)安装高度过大泵内产生气蚀	(1)调整同心度 (2)检修调整 (3)检修吸入管路,排除漏气部位 (4)降低安装高度或降低转速
泵发热	(1)泵内严重摩擦 (2)机械密封回油孔堵塞 (3)液温过高	(1)检查调整螺杆和泵套 (2)疏通回油孔 (3)适当降低液温
机械密封大量漏油	(1)装配位置不对 (2)密封压盖未压平 (3)动环或静环密封面碰伤 (4)动环或静环密封圈损坏	(1)重新按要求安装 (2)调整密封压盖 (3)研磨密封面或更换新件 (4)更换密封圈

离心鼓风机

9.7.1 离心鼓风机的工作原理及结构

9.7.1.1 离心鼓风机的工作原理

离心鼓风机按照风机的作用原理分类属于透平式鼓风机，是通过叶轮的高速度旋转，使气体在离心力的作用下被压缩，然后减速，改变流向，使动能（速度）转换成势能（压力）。在单级离心鼓风机（见图9-8）中，原动机通过轴驱动叶轮高速旋转，气流由进口轴向进入高速旋转的叶轮后变成径向流动被加速，然后进入扩压器，改变流动方向而减速，这种减速作用将高速旋转的气流中具有的动能转化为势能，使风机出口保持稳定压力。压力增高主要发生在叶轮中，其次发生在扩压过程。在多级鼓风机中，用回流器使气流进入下一个叶轮，产生更高的压力。

9.7.1.2 性能特点

从理论上讲，离心鼓风机的压力-流量特性曲线应该是一条直线，它实质上是一种变流量恒压装置，但由于风机内部存在摩擦阻力等损失，实际的压力与流量特性曲线随流量的增大而平缓下降，对应的离心风机的功率-流量曲线随流量的增大而上升（见图9-9）。当风机以恒速运行时，风机的工况点将沿压力-流量特性曲线移动。风机运行时的工况点，不仅取决于本身的性能，而且取决于系统的特性，当管网阻力增大时，管路性能曲线将变陡。离心鼓风机中所产生的压力还受进气温度或密度变化的影响。对一个给定的进气量，最高进气温度（空气密度最低）时产生的压力最低。当鼓风机以恒速运行时，对于一个给定的流量，所需的功率随进气温度的降低而升高。

图9-8　离心鼓风机

图9-9　离心鼓风机特性曲线

离心鼓风机又分为多级低速和单级高速，单级高速以提高转速来达到所需风压，较多级风机流道短，减少了多级间的流道损失，特别是可采用节能效果好的进风导叶片调节风量方式，适宜在大中型污水处理厂中采用。离心鼓风机与容积式风机相比不还具有供气连续、运行平衡，效率高、结构简单、噪声低、外形尺寸及重量小、易损件少等优点。

9.7.1.3 离心鼓风机的结构及主要部件

由于污水处理厂对单级高速离心鼓风机组使用比较普遍，所以下面以单级高速离心鼓风机为例，来介绍离心鼓风机的主要结构及材料。该种形式的鼓风机主要由下列几部分组成：鼓风机、增速器、联轴器、机座、润滑油系统、控制和仪表系统及驱动设备。

（1）鼓风机

鼓风机由转子、机壳、轴承、密封和流量调节装置组成（见图 9-10）。

图 9-10　鼓风机立体透视图

转子是指叶轮和轴的装配体。叶轮是鼓风机中最关键的零件，常见有开式径向叶片叶轮、开式后弯叶片叶轮和闭式叶轮。叶轮叶片的形式影响鼓风机的压力流量曲线、效率和稳定运行的范围。制造叶轮的常用材料为合金结构钢、不锈钢和铝合金等。

鼓风机机壳由进气室、蜗壳、扩压器和排气口组成。

机壳要求具有足够的强度和刚度。进气室的作用是使气体均匀地流入叶轮。扩压器分无叶扩压器和叶片扩压器两种形式。蜗壳的作用是集气，并将扩压后的气体引向排气口。蜗壳的截面有圆形、梯形和不对称等形状。

转速低于 3000r/min、功率较小的鼓风机可以采用滚动轴承。如果转速高于 3000r/min 或轴功率大于 336kW，应采用强制供油的径向轴承和推力轴承。

密封结构有三种类型：迷宫式密封、浮环密封和机械密封。浮环密封是运行时注入高压油或水。密封环在旋转的轴上浮动，环与轴之间形成稳定的液膜，阻止高压气体泄漏。机械密封由动环和静环组成的摩擦面，阻止高压气体泄漏。密封性能较好，结构紧凑，但摩擦的线速度不能过高，一般转速小于 3000r/min 时采用。

由于利用可调进口导叶调节进气流量来满足工艺需要，并且部分负荷时还可获得高效率和较宽的性能范围，所以进口导叶已经成为污水处理厂单级离心鼓风机普遍采用的部件。进口导叶的自动调节是通进口导叶调整机构与气动、电动或液力伺服电动机连接，根据控制系统的指令自动调整进口导叶的开闭角度，来进行流量控制。进口导叶还可以通过手动调节。

（2）增速器

离心式鼓风机必须配备增速器才能实现叶轮转速远远超过原动机的转速，常采用平行轴齿轮增速器，齿轮齿型有渐开线型和圆弧型。

（3）联轴器

联轴器是用来实现电动机与变速器之间的传动。

（4）机座

机座用型材和钢板焊成，应有足够的强度和刚度。

（5）滑油系统

润滑油系统主要包括主油泵、辅助油泵、油冷却器、滤油器、储油箱等。

主油泵和辅助油泵应单独设置安全阀，以防止油泵超压，辅助油泵必须单独驱动并自动控制。

储油箱的容积至少为主油泵每分钟流量的3倍。

（6）控制和仪表

① 温度的测量。可以在鼓风机的进口和出口管路上都装有铂热电阻，将温度信号引至机旁盘显示，同时也有温度计进行现场显示。

② 压力的测量。可以在鼓风机的进口和出口采用压力表对压力值进行现场显示，在出口管路上装有压力变送器，将压力信号引至机旁盘显示调节入口导叶。

③ 对保证启动安全方面的控制。为了保证鼓风机的正常启动、运行和停止，还应设置各种启动联锁保护控制，对开车条件按照要求设置保护，满足条件机组方可开车。故障报警，对在运行中的油压、电机轴承温度、润滑油温度等设置参数故障报警。

④ 对防喘振的控制。当用户管网阻力增大到某值时，鼓风机的流量会下降很快，当下降到一定程度时，就会出现整个鼓风机管网的气流周期性的振荡现象，压力和流量都发生脉动，并发出异常噪声，即发生喘振现象，喘振会使整个机组严重破坏，因此鼓风机严禁在喘振区运行，为了防止喘振发生，机组应设有流量、压力双参数防喘振控制系统。

⑤ 对入口导叶调节的控制。进口导叶的自动调节是通进口导叶调整机构与气动、电动或液力伺服电机连接，根据控制系统的指令自动调整进口导叶的开闭角度，来进行流量控制。

⑥ 油系统的控制。机组润滑油系统的作用是给机组提供润滑油，以保证机组的正常运行。当系统开机时，采用辅助油泵供油，当机组正常工作时，采用主油泵供油，当油压低于设定值时，由压力变送器送出信号至控制盘，经电控系统启动辅助油泵，当机组故障停机时，辅助油泵也应自动启动保证供油，直到机组稳定停止后再将辅助油泵停止，以确保可靠供油。

（7）驱动方式

离心鼓风机通常用交流电机驱动，使用维修较为方便。

9.7.2 离心鼓风机（单级高速）的检修

9.7.2.1 鼓风机的拆卸

首先，拆卸联轴器的隔套，卸下进气和排气侧连接管，把进（出）口导叶驱动装置与进

（出）口导叶杆脱离，拆下螺栓卸下进气机壳，（在这种情况下注意一定不要损坏叶轮叶片和进气机壳流道表面）卸下叶轮，注意不要损坏密封结构部分，然后拆下密封，拆卸齿轮箱箱盖，注意不要损坏轴承表面和密封结构部分，拆卸轴端盖，最后测量轴承和齿轮间隙之后，拆卸高速轴轴承、低速轴轴承和大齿轮轴，并且要用油清洗每个拆下的部件。

9.7.2.2 鼓风机的检查

① 齿轮齿的检查。检查齿轮箱内大小齿轮齿的任何损坏情况。

② 测量增速齿轮的齿隙。

③ 清除叶轮灰尘。清理叶轮，在这种情况下，应彻底清除灰尘，以防止其不平衡，并且不要使用钢丝刷或类似物，以避免造成叶轮表面的损坏。

④ 叶轮的液体渗透试验。看叶轮上是否有裂纹使用液体渗透试验，尤其要注意叶片根部。

⑤ 除去外部扩压器的灰尘。彻底清除黏结到扩压器上的灰尘，因为它可以使流量降低。

⑥ 叶轮周边与进气机壳的间隙检查。组装鼓风机后，用塞尺测量叶轮周边与鼓风机进气机壳之间的间隙。

⑦ 检查轴承的每个孔：拆卸之后，用油进行清洗，并查看轴承内侧的每个孔中有无阻塞物。

⑧ 轴承间隙和磨损情况。在检查轴承过程中，一定不要损坏轴承表面，也不要对轴承做任何改变或调整，因为它是适合于高速旋转的专用形式。

⑨ 对油封、密封和止推面的间隙测量。用塞尺测量油封、密封和止推面的间隙，在安装齿轮箱盖之前进行。

⑩ 用油清洗喷嘴之后，检查喷嘴内有无任何阻塞物。

9.7.2.3 轴承的检查

小齿轮和大齿轮轴支撑轴承应符合间隙标准而止推轴承应符合间隙和修磨标准。

轴承的间隙测量应在鼓风机拆卸和重新组装时进行。

9.7.2.4 鼓风机的组装

对每个部件进行全面清洗和检查之后，应重新组装鼓风机，鼓风机的重新组装顺序按照拆卸的逆顺序进行，但应注意如下几点。

① 当泵体装入时，一定要重新装配所有的内件。

② 当安装油封时，一定要注意齿轮箱的顶部和底部不要颠倒。

③ 当轴承装入时，应固定每个螺钉和柱销。

④ 在安装轴承箱的上半部过程中，使用起顶螺栓将其装入下半部，不要毁坏油封，止推轴承等部件。

⑤ 当安装齿轮箱盖时，打入定位锥销。

⑥ 当装入叶轮螺母和叶轮键时，调至叶轮表面上的标志。

⑦ 为防止双头螺栓（用于齿轮箱和蜗壳安装）在拆卸时松动，应把防松油漆涂在螺栓上。

⑧ 在组装时应使用液体密封胶来涂每个安装表面。齿轮箱盖与体的结合部；蜗壳和进气机壳的结合部；泵壳和齿轮箱的结合部；轴端盖和齿轮箱的结合部；油封和气封密封安装部分。

9.7.2.5 大修后的检查

① 检查鼓风机是否有气体泄漏情况 鼓风机大修之后，检查鼓风机结合部分，和进气/排气联接部分是否漏气。启动鼓风机，用肥皂水做漏泄检查，检查点有：蜗壳与进气机壳之间的结合部分、进气机壳进口连接部分及蜗壳出口连接部分。

② 检查齿轮箱的油漏泄情况 在鼓风机大修之后如果有漏油情况，检查齿轮箱结合部分，检查点有：齿轮箱盖、体之间的结合部，尤其是要注意密封部分，再有就是泵壳与齿轮箱之间的结合部分。

9.7.3 机组运行中的维护

① 要定期检查润滑油的质量，在安装后第一次运行200h后进行换油，被更换的油如果未变质，经过滤机过滤后仍可重新使用，以后每隔30天检查一次，并作一次油样分析，发现变质应立即换油，油号必须符合规定，严禁使用其他牌号的油。

② 应经常检查油箱中的油位，不得低于最低油位线，并要经常检查油压是否保持正常值。

③ 应经常检查轴承出口处的油温，应不超过60℃，并根据情况调节油冷却器的冷却水量，使进入轴承前的油温保持在30~40℃之间。

④ 应定期清洗滤油器。

⑤ 经常检查空气过滤器的阻力变化，定期进行清洗和维护，使其保持正常工作。

⑥ 经常注意并定期测听机组运行的声音和轴承的振动。如发现异声或振动加剧，应立即采取措施，必要时应停车检查，找出原因，排除故障。

⑦ 严禁机组在喘振区运行。

⑧ 应按照电机说明书的要求，及时对电机进行检查和维护。

9.7.4 常见故障

离心鼓风机常见故障及其原因见表9-5。

表9-5 离心鼓风机常见的故障及其原因

故障现象	故障原因	消除方法
轴承温度高	(1) 油脂过多 (2) 轴承烧痕 (3) 对中不好 (4) 机组振动	(1) 更换油脂 (2) 更换轴承 (3) 重新找正 (4) 测振分析
机组振动	(1) 转子不平衡 (2) 转子结垢 (3) 主轴弯曲 (4) 密封间隙过小、磨损 (5) 找正不好 (6) 轴承箱间隙大 (7) 转子与壳体磨卡 (8) 基础下沉、变形 (9) 联轴器磨损、倾斜 (10) 管道系统或外部原因 (11) 地脚螺栓松动	(1) 作动、静平衡 (2) 清洗 (3) 校正主轴 (4) 更换修理 (5) 重新对中找正 (6) 调整 (7) 解体调整 (8) 加固 (9) 更换修理 (10) 检查支座和气体流动情况或调整风量 (11) 紧固

故障现象	故障原因	消除方法
轴承磨损	(1) 定子与转子摩擦 (2) 杂质吸入 (3) 齿轮联轴器齿圈坏 (4) 进口叶片拉杆坏 (5) 喘振 (6) 轴承损坏	(1) 解体检查 (2) 清理 (3) 更换 (4) 重新固定 (5) 调节风量 (6) 更换轴承
性能降低	(1) 叶轮粘有杂质 (2) 进口叶片控制失灵 (3) 进口消音器过滤堵 (4) 壳体内积灰尘多 (5) 轴封漏 (6) 进出口法兰密封不好	(1) 清洗 (2) 检查修理 (3) 解体清理 (4) 清理 (5) 更换修理 (6) 更换垫片

9.8 罗茨鼓风机

罗茨鼓风机由美国人罗特（Root）兄弟于 1854 年发明，故用罗茨命名，这是目前我国压缩机中唯一保留以人名称呼的机器。

9.8.1 罗茨鼓风机的工作原理及构造

9.8.1.1 工作原理

罗茨鼓风机按照风机的作用原理和结构分类属于容积式回转式气体压缩机，基本组成部分如图 9-11 所示，在长圆形的机壳 1 内，平行安装着一对形状相同、相互啮合的转子 4。两转子间及转子与机壳间均留有一定的间隙，以避免安装误差及热变形引起各部件接触。两转子由传动比为 1 的一对齿轮 3 带动，作同步反向旋转。转子按图示方向旋转时，气体逐渐被吸入并封闭在空间 V_0 内，进而被排到高压侧。主轴每回转一周，两叶鼓风机共排出气体量 $4V_0$，三叶鼓风机共排出气体量 $6V_0$。转子连续旋转，被输送的气体便按图中箭头所示方向流动。

(a) 两叶罗茨鼓风机　　(b) 三叶罗茨鼓风机

图 9-11　罗茨鼓风机结构原理

1—机壳；2—主轴；3—同步齿轮；4—转子

罗茨鼓风机的转子叶数（又称头数）多为 2 叶或 3 叶，4 叶及 4 叶以上则很少见。转子型面沿长度方向大多为直叶，这可简化加工。型面沿长度方向扭转的叶片在三叶中有采用，具有进排气流动均匀、可实现内压缩、噪声及气流脉动小等优点，但加工较复杂，故扭转叶片较少采用。

9.8.1.2　结构形式

罗茨鼓风机的典型结构如图 9-12 所示，这是一个水平轴、卧式机型。润滑油贮于机壳底部油箱内，经油泵泵送到同步齿轮、轴承等需要润滑的部位。齿轮喷油润滑，主轴采用带传动，紧靠转子两端的部位设有轴封。

图 9-12　LG42-3500 型罗茨鼓风机的构造

1—进油管；2—油泵；3—出油管；4—齿轮箱；5—齿轮；6—支撑轴承箱；7—机壳；8—转子；
9—主轴；10—轴封；11—注油器；12—轴承；13—带轮；14—辅助轴承；15—底座

按转子轴线相对于机座的位置，罗茨鼓风机可分为竖直轴和水平轴两种。竖直轴的转子轴线垂直于底座平面，这种结构的装配间隙容易控制，各种容量的鼓风机都有采用。水平轴的转子轴线平行于底座平面，按两转子轴线的相对位置，又可分为立式和卧式两种。立式的两转子轴线在同一竖直平面内，进、排气口位置对称，装配和联结都比较方便，但重心较高，高速运转时稳定性差，多用于流量小于 $40m^3/min$ 的小型鼓风机。卧式的两转子轴线在同一水平面内，进、排气口分别在机体上、下部，位置可互换，实际使用中多将出风口设在下部，这样可利用下部压力较高的气体，一定程度上抵消转子和轴的重量，减小轴承力以减轻磨损。排气口可从两个方向接出，根据需要可任选一端接排气管道，另一端堵死或接旁通阀。这种结构重心低，高速运转时稳定性好，多用于流量大于 $40m^3/min$ 的中大型鼓风机。

9.8.1.3　性能特点

罗茨鼓风机结构简单，运行平稳、可靠，机械效率高，便于维护和保养；对被输送气体中所含的粉尘、液滴和纤维不敏感；转子工作表面不需润滑，气体不与油接触，所输送气体纯净。罗茨鼓风机效率高于相同规格的离心鼓风机的效率，但罗茨鼓风机的排气量最大可达到 $1000m^3/min$，所以在相对压力增大时，效率不高，根据罗茨鼓风机上述工作原理及特点，在污水处理中比较适合于好氧消化池曝气、滤池反冲洗，以及渠道和均和池等处的搅拌。

9.8.2 罗茨鼓风机的维护与检修

① 做好例行保养工作。鼓风机房应保持清洁，通风良好，机组表面无积土和油垢。

② 定期（每月）检查风机各连接螺栓的紧固程度。

③ 新机或大修以后的风机运转 8h 后，应将油箱内的润滑油全部换去，重新加入规定牌号的润滑油。

④ 齿轮箱润滑油牌号应符合产品说明要求，连续工作满 500h 应全部换新油。

⑤ 滚动轴承每周须加注润滑油一次，轴封装置每 4h 加注润滑油一次。

⑥ 每周应打开轴片放油螺塞一次，以清除废油。若轴封出现微量漏气，为减少热空气对轴承的影响，可将此螺栓常开，但应相应增加注入轴封之润滑油。

⑦ 润滑油或润滑脂应专人验收、专人保管、专人指导使用，定期检查，不可混入杂质或进水乳化，所加机油一定要过滤，润滑脂用手刮一遍，以防混入杂质，加注润滑油前应先检查油枪、油杯是否畅通。

⑧ 每台风机每天至少开 1h 以免电动机受潮绝缘降低。

⑨ 停用后的鼓风机应每隔 24h 盘动转轴，翻转 180°改变风叶停留位置。

⑩ 为延长风机使用寿命及合理安排检修期，应适当安排鼓风机的运转周期，做到交叉间歇使用，因此，连续运转的机组最多 10d 应换机一次。正常情况下，鼓风机每运转 500h 检查一次，每 2000h 进行小修，每 3000h 进行中修，每 15000h 进行大修。蝶阀或闸阀每两周保养一次，若干部位须加油。

9.8.3 常见故障

罗茨离心鼓风机常见故障及其原因见表 9-6。

表 9-6 罗茨鼓风机常见的故障及其原因

故障现象	故障原因	处理方法
风量波动或不足	(1) 叶轮与机壳磨损导致间隙过大 (2) 转子啮合不好 (3) 系统可能有泄漏	(1) 更换、修理受损零件 (2) 按要求进行调整 (3) 检查修复
轴承发热	(1) 润滑油不清洁 (2) 强制润滑系统不工作 (3) 主从动轴不同心 (4) 轴承失效 (5) 轴瓦与止推垫圈间隙过小 (6) 轴承压盖太紧，轴承内间隙过小	(1) 更换润滑油 (2) 检修润滑系统 (3) 重新找正 (4) 更换轴承 (5) 调整间隙 (6) 调整压盖压力
密封环损坏	(1) 密封环与轴套不同心 (2) 轴弯曲 (3) 密封环内进入硬颗粒 (4) 转子振动过大	(1) 调整或更换 (2) 对轴进行校正 (3) 进行清洗 (4) 消除异常振动
振动噪声过大	(1) 转子不平衡 (2) 轴承失效 (3) 齿轮损坏 (4) 紧固件松动 (5) 有磨卡现象 (6) 工况点不合适	(1) 进行调整 (2) 更换轴承 (3) 修理或更换 (4) 检查紧固 (5) 解体修理 (6) 调整工况点

第 10 章 污水处理厂专用机械设备及其检修

10.1 格栅清污机及其检修

10.1.1 清污机种类

格栅清污机是污水处理专用的物化处理机械设备，主要是去除污水中悬浮物或漂浮物，应用于污水处理中的预处理工序，一般置于污水处理厂的进水渠道上。经过格栅清污机的处理后，会大量减少水中各种垃圾及漂浮物，保护水泵等其他设备，从而使后续的水处理工序得以正常地顺利进行，所以格栅清污机是污水处理中很重要的设备，必不可少。

由于格栅清污机的工作目的就是用机械的方法将拦截到格栅上的垃圾捞出水面，所以目前国内生产的格栅清污机形式多样，种类繁多，各污水处理厂可以根据自己厂里的土建设施情况、进水的水质水量等情况来选择不同形式的格栅清污机。格栅清污机按格栅的有效间距可以分为粗格栅清污机和细格栅清污机，按格栅的安装角度分可以分为倾斜式格栅清污机和垂直式格栅清污机，按运动部件分可以分为高链式格栅清污机、回转式格栅清污机、耙齿式格栅清污机、针齿条式格栅清污机、钢绳式格栅清污机等。常用的几种除渣机的适用范围及优缺点见表 10-1。

表 10-1 常用除渣机的适用范围及优缺点

除渣机类型	适用范围	优　点	缺　点
链条式	主要用于安装深度不大的中小型粗、中格栅	(1) 构造简单，制造方便 (2) 占地面积小	(1) 杂物进入链条与链轮时容易卡住 (2) 套筒滚子链造价高，易腐蚀
圆周回转式	主要用于中、细格栅，耙钩式用于较深中小格栅，背耙式用于较深格栅	(1) 用不锈钢或塑料制成耐腐蚀 (2) 封闭式传动链，不易被杂物卡住	(1) 耙钩易磨损，造价高 (2) 塑料件易破损
移动伸缩臂式	主要用于深度中等的宽大型粗、中格栅，耙斗式适于较深格栅	(1) 设备全部在水面以上，可不停水检修 (2) 钢丝绳在水面上运行，寿命长	(1) 移动部件构造复杂 (2) 移动时耙齿与栅条不好对位
钢丝绳牵引式	主要用于中、细格栅，固定式适用于中小格栅，移动式适用于宽大格栅	(1) 无水下固定部件者，维修方便 (2) 适用范围广	(1) 钢丝绳易腐蚀磨损 (2) 水下有固定部件者，维修检查时需停水
自清式	主要用于深度较浅的中小型格栅或两道格栅	(1) 安装方便占地少 (2) 动作可靠，容易检修	不能承受重大污物的冲击

10.1.2　格栅除污机的控制方式

一般来讲，格栅除污机没有必要昼夜不停地运转，长时间运转会加速设备的磨损和浪费电能。有些除污机如高链式除污机和钢丝绳式除污机每次仅把捞几片树叶或者一两只塑料，这也是一种浪费，因此积累一定数量的栅渣后间歇开机较为经济。

控制格栅除污机间歇运行的方式有以下几种。

（1）人工控制

有定时控制与视渣情控制两种。定时控制是制定一个开机时间表，操作人员按规定的时间去开机与停机，也可以由操作人员每天定时观察拦截的栅渣状况，按需要开机。

（2）自动定时控制

自动定时机构按预先定好的时间开机与停机。人工与自动定时控制都需有人时刻监视渣情，如发现有大量垃圾突然涌入，应及时手动开机。

（3）水位差控制

这是一种较为先进、合理的控制方式。污水通过格栅时都会有一定的水头损失，拦截的栅渣增多时，水头损失增大，即栅前与栅后的水位差增大，利用传感器测量水位差，当水位差达到一定的数值时，说明积累的栅渣已较多，除污机自动开启。为了卫生条件的改善，格栅除污机一般和螺旋输送机，压榨机一并使用。

10.1.3　格栅清污机的维护和检修

① 格栅清污机的水中的链轮不易保养，且水中的链条易腐蚀，应一季度进行一次链条及链轮的检查，对存在故障隐患的链条、链轮和轴承及时更换。

② 传动链条及水上轴承应每个月加注一次润滑脂。

③ 注意保持链条的适当张紧度，由于长时间的运转，链条会变松，应及时调整张紧度。

④ 驱动装置上的减速机的良好润滑是保证设备正常安全运行的必要条件，操作人员要经常观察减速机的运转情况，随时补充及更换润滑油，以保持减速机内的有效油位。

⑤ 运行人员应及时将缠绕的杂物清除。

10.2　除砂设备及其检修

除砂设备用于沉砂池，以去除污水中密度大于水的无机颗粒，是污水处理工艺中的一道重要工序，它可以减少砂粒对后续污泥处理设备的磨损，减少砂粒在渠道、管道、生化反应池的沉积，对于延长污泥泵、污泥阀门及脱水机的使用寿命起着重要作用。

10.2.1　除砂设备

除砂设备的种类很多，按集砂方式分为两种：刮砂型和吸砂型。刮砂型是将沉积在沉砂池底部的砂粒刮到池心，再清洗提升，脱水后输送到池外盛砂容器内，待外运处置。吸砂型则是利用砂泵将池子底层的砂水混合物抽至池外，经脱水后的砂粒输送至盛砂容器内待外运处置。为了进一步提高除砂效果，有的沉砂池还增设了一些旋流器、旋流叶轮等专用设备。除砂设备见表10-2。

表 10-2　除砂设备一览表

池型	集砂方式	设备名称
平流式沉砂池	刮砂	行车提板式刮砂机
		链斗式刮输砂机、链板式刮输砂机
		螺旋式刮输砂机
		抓斗式除砂机
	吸砂	行车泵吸式吸砂机
		行车双沟式吸砂机
旋流式沉砂池	吸(刮)砂	钟式沉砂池刮砂机

钟式沉砂池刮砂机是一种新型引进技术，用于去除污水中的砂粒及粘在砂粒是的有机物质，它可以去除直径 0.2mm 以上的绝大部分砂粒。该设备通过设在池中心的叶轮搅拌器旋转时，产生的离心力，不仅使水中砂粒沿池壁及斜坡沉于池底的砂斗中，同时将砂粒上黏附的有机物撞击下来沉于池底，再通过气提作用将砂提升到砂水分离器中进行砂水分离。该套设备具有节省能源、转速低、占地面积小、结构简单、便于维护保养等优点，在近几年新建的污水处理厂使用的比较多。

10.2.2　砂水分离设备

除砂机从池底抽出的混合物，其含水量多达 95%～97% 以上，还混有相当数量的有机污泥。这样的混合物运输、处理都相当困难，还必须将无机砂粒与水及有机污泥分开，这就是污水处理的砂水分离及洗砂工序，常用的砂水分离设备有水力旋流器、振动筛式砂水分离器及螺旋式洗砂机。

10.2.2.1　水力旋流器

水力旋流器又称旋流式砂水分离器，结构很简单，上部是一个有顶盖的圆筒，下部是一个倒锥体。入流管在圆筒上部从切线方向进入圆筒；溢流管从顶盖中心引出；锥体的下尖部连有排砂管。为了减轻砂粒的磨损与腐蚀，水力旋流器的内部有一层耐腐耐油的橡胶衬里。

从水力旋流器排砂口流出的砂浆尽管已被大大浓缩，但含有 80% 以上的水及少量有机污泥，仍无法装车运输，还需要经过螺旋洗砂机进一步处理。

10.2.2.2　螺旋洗砂机

螺旋洗砂机又称螺旋式水分离器，作用有两个，一是进一步完成砂水分离及有机污泥的分离，二是将分离的于砂装上运输车。这一部分由砂斗、溢流管、溢流堰、散水板、空心式螺旋输送器及其驱动装置构成。

砂斗的作用是使混合砂浆暂停留，使砂沉淀在斗底。溢流堰与溢流管其作用是使上部的澄清液顺利排出。散水板是装在水力旋流器砂口下的一块弧形的钢板，它使从水力旋流器出砂口流出的混合砂浆散开并沿斗壁流到斗底，有利于砂在斗底的沉积，避免水流直接冲击斗底。空心螺旋提升机可使沉淀在斗底的砂粒沿筒壁升到最高处的出砂口。运砂车辆可在出砂口下接砂。空心螺旋中心的通道可使砂浆中的水顺利地流回到砂斗。

10.2.2.3　砂水分离设备的运行管理

（1）有机污泥的影响

泵吸式除砂机工作时不可避免将沉在池底的有机污泥连同砂与水一起抽出。砂浆中含有机物较少时，水力旋流器可将大部分有机物与砂分离，并使之随水一起从溢流管排出。而螺旋洗砂机也可将部分有机物进一步分离，使之随水从溢流管排出，从而使出砂中的有机物含量低于 35%，这是正常的工作状态。

当除砂机抽取的砂浆中有机物含量较大时，部分无机砂粒会被黏稠的有机物裹挟，而从水力旋流器上部的溢流口排走，使出砂率降低。如果操作时发现螺旋洗砂机长时间不出砂，但系统中各设备运行都正常，就可能属于上面所述的情况。

遇到因有机污泥太多造成的不正常情况，应在曝气沉砂池采取工艺措施，如增加曝气量，提高流速等，以减少有机污泥的沉积。

(2) 埋泵与堵塞

泵吸式除砂机吸砂口或集砂井内的砂泵都有可能出现被沉砂埋死情况，应尽量采取措施避免这种情况发生，如砂井内积砂过多，可打开下部的排污口，将砂排掉一部分，或者用另一只潜水砂泵排出过多的积砂，都可以使砂泵恢复运行。

砂浆中如果有大块的杂物或棉丝、塑料包装物等，也可能出现对水力旋流器或砂泵的堵塞、缠绕。对偶然出现的此类情况，可对症采取疏通措施；如经常发生这类情况，则应对设备或者工艺进行改造。

10.2.2.4 刮砂机的检修

(1) 检修周期

中修 12 个月，大修 36～40 个月。

(2) 中修项目

中修内容主要包括以下几点。

① 对减速机部分解体检查，清除机件和齿轮箱体内部油垢及杂物，更新润滑油。

② 检查针轮减速机的磨损及啮合情况，缺陷严重应修理或更换。

③ 检查和调整滑动轴承间隙，更换密封件。

④ 检查主动车轮的滚动情况。

⑤ 检查水下各连接件的固定情况及腐蚀情况。

⑥ 检查转动齿轮及传动链条的啮合、润滑及磨损情况。

(3) 大修项目

包括中修项目，另外还要放水检查刮板固定情况、磨损情况及腐蚀情况，必要时予以更新。

10.3 排泥设备及其检修

10.3.1 排泥设备的类型

初沉池和二沉池都要安装排泥设备。初沉池一般安装刮泥机，二沉池一般安装刮吸泥机。常用的排泥设备见表 10-3。常用排泥设备的适用范围与特点见表 10-4。

表 10-3 排泥设备的分类

桁车式	吸泥机	泵吸式	单管扫描式	中心传动式	垂架式	刮泥机	双刮臂式
			多管并列式				四刮臂式
		虹吸式				吸泥机	水位差自吸式
		泵/虹吸式					虹吸式
	刮泥机	翻板式					空气提升式
		提板式			悬挂式刮泥机		
链板式		单列链式		周边传动式		刮泥机	
		双列链式				吸泥机	
螺旋输送式			水平式				
			倾斜式				

表 10-4　常用排泥设备的适用范围及特点

序号	机种名称	适用范围	特点
1	桁车式虹吸、泵吸吸泥机	给水平流沉淀池 排水二次沉淀池 斜管沉淀池 悬浮物的质量浓度应低于 500mg/L 固体重度不大于 2.5mg/粒	优点:边行进边吸泥,效果好;可根据污泥量多少,调节排泥次数;往返工作,排泥效率高 缺点:除采用液下泵外,吸泥前须先引水,操作较麻烦;池内不均匀沉淀,吸泥浓度不一,吸出污泥的含水率高
2	桁车式提板刮泥机	给水平流沉淀池 排水初次沉淀池	优点:排泥次数可由污泥量确定;传动部件均可脱离水面,检修方便;回程时,收起刮泥板,不扰动沉淀 缺点:电气元件如设在户外,易受损
3	链板刮泥(撇渣)机	沉砂池 排水初次沉淀池 排水二次沉淀池	优点:排泥效率高,刮板较多,使刮泥保持连续,刮泥撇渣两用,机构简单 缺点:池宽受到刮板的限制,链条易磨损,对材质要求较高
4	螺旋输送式刮泥机	沉砂池 沉淀池	优点:排泥彻底,污泥可直接输送出池外,输送过程中起到浓缩的效果;连续排泥 缺点:倾斜安装式,效率较低;螺旋槽精度要求较高;输送长度受到限制
5	悬挂式中心传动刮泥机	初沉池	
6	垂架式中心传动刮泥机	二次沉淀池刮泥 二次沉淀池吸泥	优点:结构简单;连续运行,管理方便 缺点:刮泥速度受到刮板外缘的速度控制
7	周边传动吸泥、刮泥机	污泥浓缩池	
8	钢索牵引刮泥机	斜板斜管沉淀池 机械搅拌澄清池	优点:驱动装置简单,传动灵活;适用各种池形,适用范围广 缺点:磨损腐蚀较快,维修工程量较大;钢索伸长,需经常张紧

10.3.1.1　桁车式吸泥机

桁车式吸泥机主要由桁车钢结构、驱动机构、吸泥系统、配电及行程控制装置组成,见图 10-1。

桁车钢结构指的是吸泥机的桁车架为钢结构,由主梁、端梁、水平桁架及其他构件焊接而成。主梁通常分为型钢梁、板式梁、箱式梁、L 形梁和组合梁 5 种。主梁在设计时有一定的上拱度,要承受钢架自重以及驱动机构等设备的重量。桁车驱动机构指的是桁车车轮的驱动,它的驱动方式一般有分别驱动和集中驱动两种。分别驱动指桁车两侧的驱动轮分别由独立的驱动装置驱动。两侧驱动装置均以相同的机件组成,并且要求同步运行;而集中驱动机构两侧的驱动轮由一套驱动装置通过一根长轴驱动。

吸泥机排泥的方式有虹吸、泵吸和空气提升 3 种,在桁车式吸泥机中主要采用虹吸排泥与泵吸排泥 2 种形式。吸泥机的虹吸管路一般由吸口、排泥直管、弯头、阀门等管配件组成。从吸泥口到排泥口均以单管自成系统,管材可选用镀锌水煤气管。运行前先把水位以上排泥管内的空气用真空泵或水射器抽吸或用压力水倒灌等方法排除,从而在大气压的作用下,使泥水充满管道,开启排泥阀后形成虹吸式连续排泥。

泵吸泥管路主要由泵和吸泥管路组成,它与虹吸式的差别是各根吸泥管在水下(或水上)相互连通后由总管接入水泵,通过水泵的抽吸将污泥排出池外。

图 10-1 桁车式吸泥机结构简图

1—栏杆；2—液下污水泵；3—主梁；4—吸泥管路；5—端梁；6—排泥管路；7—电缆卷筒

10.3.1.2 链条刮板式刮泥机

链条刮板式刮泥机是一种带刮板的双链输送机，一般安装在中小型污水处理厂的初次沉淀池，近年来大中型污水厂也逐渐使用这种机型。国内使用这种链条式刮泥机较晚，多用于中小型污水厂。

链条刮板式刮泥机的主要结构包括以下几部分。

（1）驱动装置

刮泥板的移动速度一般是不变的，故其驱动装置为一个三相异步电机和一部减速比较大的摆线行星针轮或减速器。

（2）主动轴及主动链轮

主动轴具有将驱动链轮传来的动力传到主链轮的作用，是一根横贯沉淀池的长轴，用普通钢材制造，两端的轴承座固定于池壁上。

（3）导向链轮及装紧装置

导向链轮的轴承座固定在混凝土构筑物上，导向链轮一般没有贯通全池的长轴。由于导向轮都在较深的水下运转，经常加油是非常困难的，因此一般都是采用水润滑的滑动轴承。

（4）主链条

主链条可采用锻铸铁、不锈钢和高强度塑料链条。由于高强度塑料链条有良好的耐腐蚀性，自润滑性，自重较小，其连续运转寿命超过 8 年，间歇运转寿命达到 15 年，目前使用较多。

（5）刮泥板及刮板导轨

多用塑料及不锈钢型材制造。刮板导轨用于保持刮板链条的正确刮泥、刮渣位置。池底的导轨用聚氯乙烯板固定于池底，上面的导轨用聚氯乙烯板固定于钢制的支架上。

（6）机械安全装置

链条式刮泥机的机械安全装置，大多数采用剪切销，主链条的运动出现异常阻力时设置在驱动链轮上的剪切销会被切断，使驱动装置与主动轴脱开，用以保证整个设备的安全。

（7）管式浮渣撇除装置

由于链条刮板式刮泥机是利用在水面的回程刮板刮渣的，故其收集浮渣必须安装在出水堰前面。在出水堰前横一根 $DN250\sim300$ 的金属管，上面切去1/4，管子可以由人工控制转动。平时管子的四分之一缺口朝上，水无法流入管内。每隔一段时间，当刮板刮来一定数量的浮渣时，操作人员可向来浮渣的方向转动这根横管，使其低于水面。聚积在横管前的浮渣便随水冲入管内，并通过与横管相连的另一根管道排出池外。

（8）电气及控制装置

链条式刮泥机的电控装置很简单，包括一套开关及过载保护系统，以及可调节的定时开关系统。操作者可根据实际需要，控制每一天的间歇运行时间；间歇运行可有利于污泥的沉淀，并可延长刮泥机的使用寿命。

链条刮板式刮泥机的特点如下。

① 刮板移动的速度可调至很低，以防扰动沉下的污泥；常用速度为 $0.6\sim0.9m/min$。

② 由于刮板的数量多，工作连续，每个刮板的实际负荷较小，故刮板的高度只有 $150\sim200mm$，它不会使池底污水形成紊流。

③ 由于利用回程的刮板刮浮渣，故浮渣槽必须设置在出水堰一端。

④ 整个设备大部分在水中运转，可以在池面加盖，防止臭气污染。缺点是水中运转部件较多，维护困难；大修设备有时需要更换所有主链条，成本较高，约占整机成本的 70% 以上。

10.3.1.3　回转式刮吸泥机

污水处理厂的沉淀池多为辐流式的，其形状多为圆形。在辐流池上使用的刮泥机的运转形式为回转运动。这种刮泥机结构简单，管理环节少，故障率极低，国内应用的很多。回转式刮泥机分为全跨式与半跨式。半跨式的特点是结构简单、成本低，适用于直径 30m 以下的中小型沉淀池。

回转式刮吸泥机的驱动方式有2种：中心驱动式和周边驱动式。

（1）中心驱动式

中心驱动式刮泥机的桥架是固定的，桥架所起的作用是固定中心架位置与安置操作，维修人员行走。驱动装置安装在中心，电机通过减速机使悬架转动。悬架的转动速度非常慢。其减速比很大，为了保证刮泥板与池底的距离及悬架的支承力，刮泥板下都安装有支承轮。图 10-2 为中心驱动式刮泥机。

图 10-2　垂架式中心传动刮泥机结构

1—传动装置；2—工作桥；3—稳流筒；4—刮泥；5—中心架；6—刮板；7—排泥管

（2）周边驱动式

与中心驱动式不同之处在于，它的桥架绕中心轴转动，驱动装置安装在桥架的两端，刮板与桥架通过支架固定在一起，随桥架绕中心转动，完成刮泥任务。由于周边传动使刮泥机受力状况改善，因此它的回转直径最大可达60m。周边驱动式需要在池边的环形轨道上行驶。如果行走轮是钢轮，则需要设置环形钢轨；如果是胶轮，只需要一圈平整的水泥环形池边即可。

回转式刮泥机还可以分为全跨式与半跨式。半跨式（又称单边式）的是在半径上布置刮泥板，桥架的一端与中心立柱上的旋转支座相接，另一端安装驱动机构和滚轮，桥架作回转运动，每转一圈刮一次泥。其特点是结构简单，成本低，适用于直径30m以下的中小型沉淀池。

全跨式（又称双边式）具有横跨直径的工作桥，旋转式桁架为对称的双臂式桁架，刮泥板也是对称布置的。对于一些直径30m以上的沉淀池，刮泥机运转一周需30～100min，采用全跨式可每转一周刮2次泥，可减少污泥在池底的停留时间，有些刮泥机在中心附近与主刮泥板的90°方向上再增加几个副刮泥板，在污泥较厚的部位每回转一周刮4次泥。

回转式刮泥机的运行管理简单，全机只有一种回转运行。只要定时开机、关机并按规定加油即可。日常维护应该注意以下几点。

① 不要忽略对中心轴承的加油及保护，这个大轴承一旦因缺油而产生损坏，其维修及更换将十分困难。

② 在加润滑油时应注意，如果行走轮为胶轮，加油时一定不要将油洒在胶轮上，因为机油对胶轮的腐蚀作用是非常大的。这一点也适用于其他胶轮行走式机械；如果行走轮是钢轮，则应注意环形钢轨的稳定性要比直轨差，经常由于弹性恢复、热胀冷缩、震动等原因脱离固有位置，就会与钢轮发生干涉，这就是"啃轨"现象。

③ 周边驱动的刮泥机，对集电环的保护是十分重要的，集电环全部安装在桥架的转动中心，有集电环箱来保护。箱内要保持干燥，保持电刷的良好接触，如电刷磨损，或者弹簧失灵应及时更换。因为任何一个电刷接触不良都会造成电源缺相或监控信号不通。尤其要注意的是，集电环如果发生监控线路与电源电路的短路，则将把380V电压引入监控计算机，可能造成较大损失与安全事故。

④ 对中心驱动的刮泥机，由于其中心驱动装置的减速比非常大，因此扭矩也非常大。一旦出现阻力超过允许值，将会使主轴受很大的转矩，此时如果剪断销部位锈死，会使主轴变形。因此剪断销处的黄油嘴是非常重要的，应至少每月加润滑脂一次，以保证其有良好的过载保护的功能。

10.3.2 环形轨道的使用及维护

圆形沉淀池或浓缩池的吸泥机是在环形轨道上行驶的。钢轮及环形钢轨具有承载力强、导向性好、运行稳定、寿命长等优点。但必须对其加强运行监视与维修管理，如果管理不好也会发生故障及事故。

10.3.2.1 轨道变形的调整

目前环形轨道的成形方法及固定方式在国内尚无统一的规范，各个生产厂家有各自的固定方法。钢轨普遍选用轻型钢轨在压力机上成形。成形后很少经过消除内应力的"时效处理"。因此，当轨道经过一段时间的使用，经过振动、日晒、雨淋及气温变化等自然时效，由于其残存内应力的作用，轨道的弯曲度变小，整个圆形变成了多角形。这样就发生了钢轮的凸缘与钢轨侧面的干涉，被称为"啃轨"现象。

轨道在调整前应先将压板螺栓及鱼尾板螺栓拧松，然后用弯轨器仔细地调整，并随时用样板检查。初步调整结束后可先上紧两端的鱼尾板螺栓及少部分压板螺栓，并使桥车运转，仔细观察钢轨与钢轮的相对位置关系，如有偏差可继续调整，直到钢轨完全恢复原有状态，再将螺栓上紧，继续调整其余钢轨。注意，应调整完一根钢轨，拧紧压板后再去松另外一根钢轨上的压板螺栓，切不可将整个环形全部松开，否则桥车将无法在钢轨上运行，也就无法利用桥车钢轮去检验钢轨位置。

另外，在调整钢轨时应注意桥车的热胀冷缩及钢轨热胀冷缩所造成的影响。在北方冬季调整轨道时，每根钢轨之间应当有 4~5mm 的间隙；在南方冬季也要留 3~4mm，而在夏季调整钢轨时，留 1mm 间隙即可。

10.3.2.2 环形轨道的日常维护

对于正在使用的环形轨道，应至少每月进行一次检查。检查的方法如下：检查人员跟在运转的桥车的钢轮后观察轮子与钢轨的位置关系，如有偏移或啃轨，用油漆作一记号，以备调整钢轨时寻找。当钢轮滚过一块压桥时观察压板螺栓是否松动，压桥下的钢轨是否垫实。螺栓松动的应随时上紧；压板应垫实的垫实后再上紧螺栓。两根钢轨接头处也应将下面垫实，螺栓上紧。桥车行走一周，例行检查即告结束。

10.3.3 刮吸泥机的检修

（1）检修周期（当连续运转时）

中修：12 个月；大修：36~40 个月。

（2）检修内容

中修项目包括以下几点。

① 对减速器部分解体检查，清除机件和箱体内油垢及杂物，更换润滑油。

② 检查减速器内部零部件的磨损情况，缺陷严重的要及时更换。

③ 检查和调整间隙，更换轴承、密封件。

④ 检查中心支座及其轴承滚动情况及集电装置碳刷磨损情况。

⑤ 检查行走轮及其轴承运转情况，及各桁架联结固定情况。

⑥ 检查和调整电机、减速机的传动皮带。

大修项目包括以下几点。

① 包括中修项目。

② 放水检查桁架的固定连接和腐蚀情况，以及橡胶皮刮板固定情况、磨损情况及铁板腐蚀情况，必要时予以更换。

③ 检查主动车轮、轴及减速器，更换部分损坏零件。

④ 检查解体制动器的磨损情况。

⑤ 整体进行涂刷防锈或防腐蚀（水下部分）。

⑥ 检查所有滚动轴承的磨损及润滑情况，更换损坏的轴承并加注足够的润滑脂。

10.4 曝气设备

曝气设备是污水生化处理工程中必不可少的设备，其性能的好坏，直接表现为能否提供较充足的溶解氧，是提高生化处理效果及经济效益的关键。常用的曝气设备有转刷曝气机、转盘曝气器、膜片式微孔曝气器等。曝气装置系指曝气过程中的空气扩散装置。常用的扩散装置分微孔气泡、中小气泡、大气泡以及水力剪切型、机械剪切型等。这些曝气器分别采用玻璃钢、热塑性塑料、陶瓷、橡胶和金属材料等制成，其空气转移效率均比穿孔曝气器有很大提高。

10.4.1 微孔曝气器

微孔曝气器也称多孔性空气扩散装置，采用多孔性材料如陶粒、粗瓷等掺以适量的酚醛树脂一类的黏合剂，在高温下烧结成为扩散板、扩散管及扩散罩等形式。为克服上述刚性微孔曝气器容易堵塞的缺点，现在已广泛应用膜片式微孔曝气器。

微孔曝气是利用空气扩散装置在曝气池内产生微小气泡后，微小气泡与水的接触面积大，所产生的气泡的直径在 2mm 以下，氧利用率较高，一般可达 10% 以上，动力效率大于 $2kgO_2/(kW \cdot h)$。其缺点是气压损失较大、容易堵塞，进入的压缩空气必须预先经过过滤处理。

10.4.1.1 常用微孔曝气器的种类

根据扩散孔尺寸能否改变分为固定孔径微孔曝气器和可变孔径微孔曝气器两大类。

常用固定孔径微孔曝气器有平板式（见图 10-3）、钟罩式（见图 10-4）和管式等三种，由陶瓷、刚玉等刚性材料制造而成。其平均孔径为 $100\sim200\mu m$，氧利用率为 20%～25%，充氧动力效率为 $4\sim6kg（kW \cdot h）$，通气阻力为 $150\sim400mmH_2O（1.47\sim3.92kPa）$，曝气量为 $0.8\sim3m^3/（h \cdot 个）$，服务面积为 $0.3\sim0.75m^2/个$。

图 10-3 平板式微孔曝气器

图 10-4 钟罩式微孔曝气器

常用可变孔径微孔曝气器多采用膜片式（见图 10-5）。膜片式微孔曝气器系统主要由曝气器底座，上螺旋压盖，空气均流板，合成橡胶等部件组成。曝气器尺寸（平板型）Ⅰ型 $D=260mm$，Ⅱ型 $D=215mm$。曝气器膜片平均孔径为 $80\sim100\mu m$，空气流量 $1.5\sim3m^3/（h \cdot 个）$，服务面积Ⅰ型 $0.5\sim0.7m^2/个$，Ⅱ型 $0.35\sim0.5m^2/个$。

可变孔径微孔曝气器膜片被固定在一般由 ABS 材料制成的底座上，膜片上有用激光打出同心圆布置的圆形孔眼。曝气时空气通过底座上的通气孔进入膜片与底座之间，在压缩空气的作用下。膜片微微鼓起，孔眼张开，达到布气扩散的目的。停止供气后压力消失，膜片本身的弹性作用使孔眼自动闭合，由于水压的作用，膜片又会压实于底座之上。这样一来，曝气池中的混合液不可能倒流，也就不会堵塞膜片的孔眼。同时，当孔眼受压开启时。压缩

微孔合成橡胶膜片

不锈钢丝箍

微孔合成橡胶膜片

底座

通气孔

垫圈
安装接头

图 10-5　膜片式微孔曝气器

空气中即使含有少量尘埃，也可以通过孔眼而不会造成堵塞，因此可以不用设置除尘设备。

微孔曝气器可分为固定式安装及可提升式安装两种形式。微孔曝气器容易堵塞，固定式安装的缺点是清理维修时需要放空曝气池，难以操作。可提升式安装可在正常运转过程中，随时或定期将微孔曝气器从混合液中提出来进行清理或更换，从而能长期保持较高的充氧效率。

10.4.1.2　微孔曝气器的注意事项

微孔曝气器的种类很多，各有各自的参数，服务面积、充氧能力、动力效率、曝气量、阻力（水头损失）、氧利用率都有一定区别，使用过程中必须按照产品的使用说明提出的要求进行控制。另外还要注意以下事项。

① 风机进风口必须有空气过滤装置，最好使用静电除尘等方式将空气中的悬浮颗粒含量降到最低。

② 要防止油雾进入供气系统，避免使用有油雾的气源，风机最好使用离心式风机。

③ 输气管采用钢管时，内壁要进行严格的防腐处理，曝气池内的配气管及管件应采用 ABS 或 UPVC 等高强度塑料管，钢管与塑料管的连接处要设置伸缩节。

④ 微孔曝气器一般在池底均布，与池壁的距离要大于 200mm，配气管间距 300～750mm，使用微孔曝气器的曝气池长宽比为（8～16）∶1。

⑤ 全池微孔曝气器表面高差不超过 ±5mm，安装完毕后灌入清水进行校验。运行中停气时间不宜超过 4h，否则应放空池内污水，充入 1m 深的清水或二沉池出水，并以小风量持续曝气。

10.4.2　可变孔曝气软管

可变孔曝气软管表面都开有能曝气的气孔，气孔呈狭长的细缝型，气缝的宽度在 0～200μm 之间变化，是一种微孔曝气器。可变孔曝气软管的气泡上升速度慢，布气均匀，氧的利用率高，一般可达到 20%～25%，而价格比其他微孔曝气器低。所需的压缩空气不需要过滤过程，使用过程中可以随时停止曝气，不会堵塞。软管在曝气时膨胀开，而在停止曝气时会被水压扁。可变孔曝气软管可以卷曲包装，运输方便，安装时池底不需附加其他复杂设备，而只需要固定件卡住即可。

10.4.3　转刷曝气机

转刷曝气机是氧化沟工艺中普遍采用的一种表面曝气设备，具有充氧、混合、推进等作用，向沟内的活性污泥混合液中进行强制充氧，以满足好氧微生物的需要，并推动混合液在沟内保持连续循环流动，以使污水与活性污泥保持充分混合接触，并始终处于悬浮状态。

10.4.3.1　转刷曝气机的结构

水平轴转刷曝气机主要由电机、减速装置、转刷主体及连接支承等部件组成，见图 10-6。这种结构转刷适用于中小型氧化沟污水厂。电机与减速机之间采用三角皮带连接，减速机

图 10-6 转刷曝气机外形结构

1—电机；2—转刷；3—软轴联轴器；4—边轴承；5—湿度过滤器

通过弹性联轴节和 2 个轴承座与转刷的主轴相连，电机、减速机、转刷固定在机架上。机架上有平台和栏杆护手，整个设备靠机架固定在氧化沟槽上。电机采用卧式电机，包括普通电机、多极变速电机以及无极变速电机；减速机则采用标准的摆线针轮减速机。采用桥式结构制造安装极为方便，可在厂内整机装配后包装运至现场，安装时只需在预定位置上调整水平即可。

10.4.3.2　刷曝气机的维护

① 由于转刷曝气机一般都为连续运转，因此要保持其变速箱及轴承的　良好润滑，两端轴承要一季度加注润滑脂一次，变速箱至少要每半年打开观察一次，检查齿轮的齿面有无点蚀等痕迹。

② 应及时紧固及更换可能出现松动、位移的刷片。

10.4.4　转盘曝气机

转盘曝气机是在消化吸收国外先进技术的基础上，结合我国特点开发的高效低耗氧化沟曝气装置。主要用于由多个同心沟渠组成的 Orbal 型氧化沟。具有充氧效率高、动力消耗省、推动能力强、结构简单、安装维护方便等特点。

AD 型剪切式转盘曝气机是使用较多的一种。这种转盘曝气机主要由电机、减速装置、柔性联轴节、主轴、转盘及轴承和轴承座等部件组成。转盘直径 $\phi 1000 \sim 1400mm$，转速 $40 \sim 60r/min$，转盘浸没深度 $300 \sim 550mm$，充氧能力 $0.5 \sim 2.0 kgO_2/$（片·h）（0.1MPa20℃无氧清水），动力效率 $1.5 \sim 4.0 kgO_2/$（kW·h）（以轴功率计），氧化沟设计有效水深 $2.5 \sim 5.0m$，转盘安装密度 $3 \sim 5$ 片/m，转盘单轴最大长度为 6m。

10.4.5　立式叶轮表面曝气机

立式叶轮表面曝气机规格品种繁多，但目前国内是以泵型（E 型）及倒伞型叶轮为主。

立式叶轮表面曝气机运行时充氧方式有以下 3 种。

① 水在转动的叶轮叶片的作用下，不断从叶轮周边呈水幕状甩向水面，形成水跃，并使水面产生波动，从而裹进大量空气，使氧迅速溶入水中。

② 叶轮的喷吸作用，使污水上下循环不断进行液面更新，接触空气。

③ 负压吸氧，叶轮的一些部位（如水锥顶、叶片后侧等）因水流作用形成的负压，使大量空气被吸入叶轮与水混合，运行人员应注意在调节叶轮的浸水深度时，可能有某一深度叶轮会因吸入空气太多而产生"脱水"现象，造成水跃消失、功率及充氧量下降。如果这种现象较为严重，而调节浸水深度又达不到满意的效果，应适当减小叶

轮进气孔的面积。

10.4.5.1 泵（E）型叶轮与倒伞型叶轮

（1）泵（E）型叶轮曝气机

泵（E）型叶轮曝气机是我国自行研制的高效表面曝气机。整机由电机、减速机、机架、联轴器、传动轴和叶轮组成。部分产品为了达到无级调速的目的，驱动电机选用直流电机，但还要有一套与之配套的整流电源、调速器等附属设备。

泵（E）型叶轮的直径在 0.4～2.0m 之间，它由平板、叶片、导流锥、进水口和上、下压水罩等部分构成。泵（E）型叶轮的充氧方式以水跃为主，液面更新为辅。

泵（E）型叶轮充氧量及动力效率较高，提升力强，但其制造较为复杂，且叶轮中的水道易被堵塞。运行时应保证叶轮有一定的浸没度（50mm 以内），浸水太浅会产生脱水现象而形不成水跃。因而它适合通过调节转速来调节充氧量，而不宜靠改变浸没度来调节充氧量。

（2）倒伞型叶轮曝气机

倒伞型叶轮曝气机的叶轮由圆锥体及连在其表面的叶片组成。叶片的末端在圆锥体底边沿水平伸展出一小段距离，使叶轮旋转时甩出的水幕与池中水面相接触，从而扩大叶轮的充氧作用。为了增加充氧量，有些倒伞型叶轮在锥体上邻近叶片的后部钻有进气孔。

倒伞型叶轮可以利用变更浸没深度来改变充氧量，以适应水质及水量的变化。浸没度的调节既可采用叶轮升降的传动装置，也可通过氧化沟、曝气池的出水堰门的调节来实现。倒伞型叶轮构造简单，易于加工，运转时不堵塞。这种倒伞型叶轮曝气机的充氧方式是以液面更新为主，水跃及负压吸氧为辅，多用于卡鲁塞尔式氧化沟。

倒伞型叶轮的直径一般为 0.5～2.5m。国内最大的倒伞型叶轮直径为 3m，由于其直径较泵型的大，故其转速较慢，约为 30～60r/min。动力效率为 $2.13～2.44kgO_2/(kW·h)$，在最佳时可达 $2.51kgO_2/(kW·h)$。

除了上述两种叶轮外，还有平板型叶轮及 K 型叶轮。

10.4.5.2 立式叶轮表面曝气机的维护管理

表面曝气机的运行保养、维护与检修主要内容有以下几点。

① 定期巡视检查。一般 5～7h 上池检查一次，巡视检查的主要内容有：曝气机（包括电动机、减速器、主轴箱）运转是否正常，包括温升、声响、振动等，若是变速电动机要检查电动机转速。

② 经常检查减速器油位，如油不足，需及时添加，如发现漏油、渗油情况，应及时解决。

③ 定期检查和添加主轴箱润滑脂。

④ 定期检查叶轮或转刷钩带污物情况，如有钩带则及时清除。

⑤ 经常检查曝气池溶解氧情况，过高或过低时应及时调整转速或调节叶轮或转刷浸没深度。有时发现曝气池溶解氧上升，污泥浓度异常减少，则可能是叶轮或转刷夹带垃圾异物，使提升力降低，污泥下沉到池底导致耗氧减少所致，这时应停车清除叶轮或转刷内垃圾杂物。

⑥ 在恶劣天气，如暴雨、下雪等情况下，注意电动机是否有受潮可能，如有可能应采取遮盖措施。

⑦ 每天做好清洁工作，保持机组整洁。

10.4.6 潜水曝气机

10.4.6.1 构造与工作过程

潜水曝气机由潜污泵、混合室、底座、进气管和消音器等组成。潜污泵启动后吸入空气，并在混合室与液体充分混合，混合液体从周边出口流出，完成对液体的充氧。根据空气来源分为自吸式和鼓风式两种，采用较多的是自吸式的。

10.4.6.2 特点及应用

潜水曝气机的特点是：结构紧凑、占地面积小、安装方便，叶轮流道采用无堵塞式，安全可靠，潜水运行噪声小，自吸式可免去鼓风机，可降低工程投资。

潜水曝气机可用于污水厂曝气池（尤其是 SBR 反应池）中，进行混合液混合、搅拌及充氧。

自吸式潜水曝气机潜入深度 $2\sim6m$，进气量范围较广（$10\sim150m^3/h$）。

10.4.6.3 维护管理

应定期检查潜水电动机的相间绝缘电阻及对地绝缘电阻，检查接地是否可靠。根据工作条件不同，按说明书要求定期检查油室内的滑润油，若油中有水，应及时更换密封和润滑油。定期做好大修、检查和及时更换易损件、紧固件，拆修后更换所有密封件。

10.4.7 潜水推流器

10.4.7.1 构造与应用

潜水推流器广泛应用于各种水池之中，通过旋转叶轮，产生强烈的推进和搅拌作用，有效地增加池内水体的流速和混合，防止沉积。潜水推流器还可以称之为潜水搅拌机。按叶轮速度不同，可以分为高速搅拌机和低速推流器。高速搅拌机叶轮直径小，转速高；低速推流器叶轮直径大，转速低。低速推流器由水下电动机、减速机、叶轮、支架、卷扬装置和控制系统组成。高速机另外设有导流罩。

潜水推流器具有以下特点。

① 推流器结构紧凑、操作维护简单、安装检修方便、使用寿命长。

② 电动机具有过载、漏水及过热功能保护。

③ 叶轮设计具有最优水力性能结构，工作效率高，后掠式叶片具有自洁功能，可防杂物缠绕。

10.4.7.2 运行维护和保养

推流器无水工作时间不宜超过 3min。运行中防止下列原因引起震动：叶轮损坏或堵塞，表面空气吸入形成涡流，不均匀的水流或扬程太高。

运行稳定时电流应小于额定电流，下列原因会引起过高电流，应予以克服：旋转方向错误，黏度或密度过高，叶轮堵塞或导流罩变形，叶片角度不对。

每运行一定时间（如 $4000\sim8000h$）或每年检修一次，及时更换不合格零部件和易损件。其内容为：密封及油的状况和质量，电气绝缘、磨损件、紧固件、电缆及其入口、提升机构等。

每运行一定时间（如 $2000\sim5000h$）或每两年大修一次，除一般检修内容外，还包括：更换轴承、更换轴密封、更换 O 形环、更换油、更换电缆及其入口的密封，必要时更换叶轮、导流罩、提升机构。

10.5 滗水器及其检修

10.5.1 滗水器的类型与构造

滗水器是 SBR 工艺的关键设备，可以排出反应池内上清液的作用。目前，国内生产的滗水器主要有机械式、浮力式和虹吸式三种。机械式滗水器分为旋转式和套筒式，图 10-7 为旋转式滗水器。

旋转式滗水器由电动机、减速执行装置、传动装置、挡渣板、浮筒、淹没出流堰口、回转支承等组成。电动机带动减速执行装置，使堰口绕出水总管做旋转运动，滗出上清液，液面也随之下降。旋转式滗水器对水质、水量变化有很强的适应性，且技术性能先进、旋转空间小、工作可靠、运转灵活。其主要特点如下。

① 滗水深度可达 3m，设备整体耐腐蚀性好，运转可靠性高；

② 设备选用先进的移动行程开关及安全报警装置，使设备在运行过程中具有较大的活动性和可调性，以适应水质、水量的变化，能够实现自动停机报警，减少不必要的经济损失；

③ 回转支承采用自动微调装置，高效低阻密封，密封可靠，自动调心，转动灵活，节省动力；

④ 滗水器运行过程中在最佳的堰口负荷范围内，堰口下的液面不起任何扰动，且堰口处设有浮筒、挡渣板部件，以确保出水水质达到最佳状态。

图 10-7　旋转式滗水器结构
1—电动机减速机；2—最高水位；3—浮箱；
4—最低水位；5—收水口；6—排水管；
7—旋转接头；8—出水管；9—牵引线

套筒式滗水器有丝杠式和钢丝绳式两种，都是在一个固定的池内平台上，通过电动机丝杠或滚筒上的钢丝绳，带动出流堰口上下移动。堰口下的排水管插在有橡胶密封的套筒上，可以随出水堰上下移动，套筒连接在出水总管上，将上清液滗出池外，在堰口上也有一个拦浮渣和泡沫用的浮箱，采用剪刀式铰链的堰口连接，以适应堰口淹没深度的微小变化。

浮力式滗水器是依靠上方的浮箱本身的浮力，使堰口随液面上下运动而不需外加机械动力。按堰口形状可分为条形堰式、圆盘堰式和管道式等。堰口下采用柔性软管或肘式接头来适应堰口的位移变化，将上清液滗出池外。浮箱本身也起拦渣作用。为了防止混合液进入管道，在每次滗水结束后，采用电磁阀或自力式阀关闭堰口，或采用气水置换浮箱，将堰口抬出水面。

虹吸式滗水器实际上是一组淹没出流堰，由一组垂直的短管组成，短管吸口向下，上端用总管连接，总管与 U 形管相通，U 形管一端高出水面一端低于反应池的最低水位，高端设自动阀与大气相通，低端接出水管以排出上清液。运行时通过控制进、排气阀的开闭，采用 U 形管水封封气，来形成滗水器中循环间断的真空和充气空间，达到开关滗水器和防止混合液流入的目的。滗水的最低水面限制在短管吸口以上，以防止浮渣或泡沫进入。

10.5.2 维修与保养

经常巡查滗水器收水装置的充气放气管路以及充放气电磁阀，发现有管路断开、堵塞、电磁阀损坏等问题，应及时清理、更换。

定期检查旋转接头，伸缩套筒和变形波纹管的密封状况和运行状况，发现其断裂，不正常变形不能恢复时应予更换，并按使用要求定期更换。

注意观察浮动收水装置的导杆、牵引丝杆或钢丝绳的形态和运动情况，发现有变形、卡阻等现象，应及时维修或予以更换。对长期不用滗水器的导杆，应防止其锈蚀卡死。

做好电动机、减速机的维护。

10.6 可调堰与套筒阀

10.6.1 可调堰

可调堰一般用于曝气池和配水池内控制水的排放和池内水面高程。可调堰一般由手动（或电动）启闭机、螺杆、连接曲柄或连杆、堰门、密封橡胶条、门框或升降槽组成。按照堰门的运行方式不同，可分为直调式堰门和旋转式堰门。

直调式堰门占用空间较大，升降时容易卡阻，但密封效果较好。旋转式堰门占用空间小，升降操作容易，密封性较差。直调式堰门与旋转式堰门的堰门宽度一般为 2～5m，调节高度范围为 250～300mm。图 10-8 所示为直调式堰门。

图 10-8　直调式调节堰门

可调堰的运行维护主要是经常检查螺杆、密封条、门框等有无变形、老化或损坏情况、堰门调节是否受影响等，应定期做好除防锈和润滑工作。

10.6.2 套筒阀

套筒阀又称溢流式排泥阀，是通过调节升降筒的高度来控制出水量的。一般用于污水厂沉淀池或消化池排泥，只要池内液面高度与套筒阀升降筒高度存在合适的高差，污泥即会按一定的流量溢出。

　　套筒阀一般由手动或电动启闭机、连杆、可升降内筒、外筒、导向杆、密封圈等构成。参见图 10-9。套筒阀运行操作灵活，容易对污泥出流量控制，构造简单。

伸缩管

吸泥管

图 10-9　套筒排泥阀

　　套筒阀运行维护要求：定期检查导向杆及密封圈等有无变形或破损，必要时予以更换。定期检查操作是否灵活、更换润滑油脂等。定期清除升降筒溢流口处的杂物或泥苔。

10.7　污泥脱水机及其检修

　　由于污泥经浓缩或消化之后，仍呈液体流动状态，体积还很大，无法进行运输和处置，为了进一步降低含水率，使污泥含水率尽可能的低，必须对污泥进行脱水，以减少污泥体积和便于运输。目前进行污泥脱水的机械种类很多，按原理可分为真空过滤脱水、压滤脱水和离心脱水三大类。

　　真空过滤脱水是将污泥置于多孔性过滤介质上，在介质另一侧造成真空，将污泥中的水分强行吸入，使之与污泥分离，从而实现脱水，常用的设备有各种形式的真空转鼓过滤脱水机。由于真空过滤脱水产生的噪声大，泥饼含水率较高、操作麻烦，占地面积大，所以很少采用。压滤脱水是将污泥置于过滤介质上，在污泥一侧对污泥施加压力，强行使水分通过介质，使之与污泥分离，从而实现脱水，常用的设备有各种形式的带式压滤脱水机和板框压滤机。板框压滤脱水机泥饼含水率最低，但这种脱水机为间断运行，效率低，操作麻烦，维护量很大，所以也较少采用，而带式压滤脱水机具有出泥含水率较低且稳定、能耗少，管理控制简单等特点被广泛使用。离心脱水是通过水分与污泥颗粒的离心力之差，使之相互分离，从而实现脱水，常用的设备有卧螺式等各种形式的离心脱水机。由于离心脱水机能自动、连续长期封闭运转，结构紧凑，噪声低，处理量大，占地面积小，尤其是有机高分子絮凝剂的普遍使用，使污泥脱水效率大大提高，是当前较为先进而逐渐被广泛应用的污泥处理方法。

10.7.1　带式压滤脱水机

10.7.1.1　工作原理及结构

带式压滤脱水机是由上下两条张紧的滤带夹带着污泥层，从一连串按规律排列的辊压筒中呈 S 弯曲经过，靠滤带本身的张力形成对污泥层的压榨力和剪切力，把污泥层中的毛细水挤压出来，获得含固量较高的泥饼，从而实现污泥脱水（见图 10-10）。

图 10-10　带式压滤脱水机

带式压滤脱水机有很多形式，但一般都分成四个工作区：重力脱水区，在该区内，滤带水平行走，污泥经调质之后，部分毛细水转化成了游离水，这部分水分在该区内借自身重力穿过滤带，从污泥中分离出来。楔形脱水区，由于楔形区是一个三角形的空间，滤带在该区内逐渐靠拢，污泥在两条滤带之间逐步开始受到挤压，因此在该段内，污泥的含固量进一步提高，并由半固态向固态转变，为进入压力脱水区作准备。低压脱水区，污泥经楔形区后，被夹在两条滤带之间绕辊压筒作 S 形上下移动，低压区主要作有是使污泥成饼，强度增大，使污泥的含固量进一步提高。高压脱水区，污泥进入高压区之后，受到的压榨力逐渐增大，最后增至最大，因为辊压筒的直径越来越小，再一次提高污泥的含固量。

带式压滤机一般都由滤带、辊压筒、滤带张紧系统、滤带调偏系统、滤带冲洗系统和滤带驱动系统组成。

滤带通常是用单丝聚酯纤维材质编织而成，因为这种材质抗拉强度大、耐曲折、耐酸碱及耐温度变化等特点。

10.7.1.2　脱水机的维护

① 注意观察滤带的损坏情况，并及时更换新滤带，滤带的损坏表现为撕裂、腐蚀或老化。

② 每天应对滤布有足够的冲洗时间。脱水机停止工作后，必须立即冲洗滤布。

③ 定期进行机械检修，加注润滑油、及时更换易损部件等。

④ 定期对脱水机及内部进行彻底清洗，以保证清洁。

10.7.1.3 常见故障的分析

带式压滤脱水机常见故障及其原因见表10-5。

表 10-5 带式压滤脱水机常见的故障及其原因

故障现象	可能产生的原因
滤带损坏	(1) 滤带的材质、尺寸或接缝不合理 (2) 辊压筒不整齐，张力不均匀，纠偏系统不灵敏 (3) 冲洗水不均匀，污泥分布不均匀，使滤带受力不均匀
滤带打滑	(1) 进泥超负荷，应降低进泥量 (2) 滤带张力太小，应增加张力 (3) 辊压筒损坏，应及时修复或更换
滤带跑偏	(1) 进泥不均匀，在滤带上摊布不均匀，应调整进泥口或更换平泥装置 (2) 辊压筒局部损坏或过度磨损，应予以检查更换 (3) 辊压筒之间相对位置不平衡，应检查调整 (4) 纠偏装置不灵敏，应检查修复
滤带堵塞严重	(1) 冲洗不彻底 (2) 滤带张力太大，应适当减小张力 (3) 加药过量，黏度增加 (4) 进泥中含砂量太大，也易堵塞滤布
泥饼含固量下降	(1) 加药量不足、配药浓度不合适或加药点位置不合理，达不到最好的絮凝效果 (2) 带速太大，泥饼变薄，导致含固量下降 (3) 滤带张力太小 (4) 滤带堵塞
固体回收率降低	(1) 带速太大，导致挤压区跑泥，应适当降低带速 (2) 张力太大，导致挤压区跑泥，应适当减小张力

10.7.2 卧螺式离心机

10.7.2.1 卧螺离心机的工作原理及结构

卧螺离心机主要由高转速的转鼓，螺旋输送器和差速器等部件组成。需要分离的悬浮液进入离心机转鼓后，由于离心力的作用，使密度大的固相颗粒沉降到转鼓内壁地，利用螺旋和转鼓的相对转速差把固相颗粒推向转鼓小端出口处排出，分离后的清液从离心机另一端排出。进泥方向与污泥固体的输送方向一致，即进泥口和出泥口分别在转鼓的两端时，它称为顺流式离心脱水机（见图10-11）。当进泥方向与污泥固体的输送方向相反，即进泥口和出泥口在转鼓的同一端时，它称为逆流式离心脱水机（见图10-12）。

图 10-11 顺流式离心脱水机

图 10-12 逆流式离心脱水机

卧螺离心机主要特点是结构紧凑，占地面积小，操作费用低，而且能自动、连续、长期封闭运转，维修方便。

卧螺离心机各组成部件的作用如下。

（1）转鼓

转鼓是卧螺离心机的主要部件，悬浮液的液固分离是在转鼓内完成的，转鼓内液池容量的大小靠溢流挡板来调节，液池深度大，澄清效果好，处理量也大。

卧螺离心机的出渣口设在转鼓锥段，径向出渣，出渣孔的形状有椭圆形和圆形，出渣孔一般是6～12个。由于出渣孔内装有可更换的耐磨衬套，转鼓内表面设置筋条以防止沉降在转鼓内壁的物料与转鼓产生相对运动而磨损，离心机的处理量主要取决于离心机转鼓的几何尺寸和转鼓的线速度。

转鼓半锥角是指转鼓锥体部分母线与轴线之间的夹角。锥角大，有利于固相脱水，但螺旋的推料功率会增大，转鼓的半锥角一般选6°～8°，污泥脱水机半锥角为20°。

（2）螺旋输送器

螺旋输送器是卧螺离心机的重要部件之一，其推料叶片的形式很多，有连续整体螺旋叶片，连续带状螺旋叶片和间断式螺旋叶片等，最常用的是连续式整体螺旋叶片。

螺旋叶片的减数，根据使用要求，可以是单头螺旋，双头螺旋，也可以是多头螺旋，双头螺旋较单头螺旋输渣效率高，但对机内流体搅动较大，不适宜分离细黏的低浓度物料，因为机内搅动大会导致分离液中含固量的增加，所以一般使用单头螺旋。

在推料过程中，螺旋输送器的叶片，特别是锥段部分，易受到物料的磨损，为了减少和避免螺旋叶片的磨损，特别是锥段叶片的面进行硬化处理，如喷涂高硬度的合金，焊接合金块，或采用可更换的扇形耐磨片。

（3）差速器

差速器（齿轮箱）的作用是使转鼓和螺旋之间形成一定的转速差。沉渣在转鼓内表面的轴向输送和卸料是靠螺旋与转鼓之间的相对运动，即差速来实现的，而差速是靠差速器来实现的，差速器是卧螺离心机中最复杂，最重要的部件，其性能高低，制造质量优劣决定了整台卧螺离心机的运行可靠性。差速器的结构形式很多，有机械式、液压式、电磁式等。

10.7.2.2 卧螺离心机的检修

（1）更换零件

为保证脱水机无故障运行，在更换零件过程中必须注意以下几点。

① 接触面和滑动面，以及O形环和密封必须仔细完全清洁干净。

② 应将拆下的零件放到清洁、软性的表面上，以免刮伤零件表面。

③ 用来拉出零件的每个螺钉端部应相互对齐。

（2）O形环、密封和垫片的检修

① 检查O形环、密封和垫片是否损坏。

② 检查O形环槽和密封表面应清洁。

③ 更换O形环后，O形环应完全装入槽内，并且O形环不得扭曲。

④ 密封圈安装完毕后，其开口端应指向正确方向。

（3）减震器检修

定期检查并更换那些破碎的减震器，以及橡胶件已经鼓起来或有裂纹的减震器。如果减震器有任何损坏，严禁开动脱水机。

（4）拆卸转鼓

① 当转鼓静止不动后，拆卸齿轮箱护罩，皮带护罩，进料管，主传动皮带，以及中心传动皮带或联轴器。

② 拆卸将轴承座固定到机架上的螺钉。

③ 拧松将盖固定到罩盖上的拉紧螺栓并打开盖。

④ 将吊环放入吊具的中间孔里，小心地吊起转鼓，找到转鼓重心位置，确保起吊平衡，仔细起吊转鼓组件、轴承座和齿轮箱，将它们放到平板上或木架上并固定住，防止滚动。

⑤ 在拆卸转鼓时要注意不得损坏齿轮箱连接盘上的加油嘴。

⑥ 对拆卸下的组件及相应的机架表面等各部位进行清洗，确保完全清洁。

（5）拆卸大端毂和小端毂

拆卸大端毂和小端毂时，为避免轴承超载荷，通常用一根吊索将其挂在起重机或类似设备上。拆卸时要小心不得损坏轴承。

（6）拆卸齿轮箱

拆卸齿轮箱时，也要用吊车或类似设备将其吊起，并注意选择合适的工具松螺栓，不得损坏螺栓。

（7）拆卸大端主轴承和小端主轴承

小心地拆卸轴承，注意不得损坏轴承座，用手拆除密封圈座、轴盖、挡环及密封环等。对拆卸下来的螺钉进行清洁并仔细清洁齿轮箱连接器与轴颈间的接触面。

（8）拆卸螺旋输送器大端轴承和小端轴承

拆卸时，应在轴承座和中心穿孔的螺旋输送器上做好标记，以便在重新组装轴承座和螺旋输送器时便于对准。拆开整个组件，轴承座，止推环，轴承，O形环及相应的密封垫等。

（9）拆卸输送螺杆

找到螺杆的重心，小心地平衡起吊螺杆。

（10）脱水机的安装

为拆卸的反过程，但在安装前要注意将适当的位置涂抹润滑脂，如安装齿轮箱时要先将齿轮槽涂上油脂，并小心地把齿轮箱和齿轮轴推进去，转动中心轮轴几转，以验齿槽是否啮合。在固定轴承座时，不要忘了弹簧垫圈。在轴承处要加润滑剂。在将输送螺杆放入转鼓中时要注意调整螺杆的轴向位置及轴向间隙。

10.7.2.3 卧螺离心机的设备故障现象、原因及处理方法

卧螺离心机的设备故障现象、原因及处理方法见表10-6。

表 10-6 卧螺离心机的设备故障现象、原因及处理方法

故障现象	原因及处理方法
离心机处理量逐渐变小	（1）机转速下降，可张紧传送皮带，检查电机并检查供电频率及电压 （2）进料管道或机器内的通道堵塞，要检查、排除堵塞物 （3）螺旋推料器叶片磨损，可以更换螺旋推器叶片或叶片上的防磨片
污泥泥饼变稀	（1）速增大了，扭矩减少了，可以调整差速和扭矩适量 （2）主机转速下降，可张紧传送皮带，检查电机并检查供电频率及电压 （3）螺旋推料器叶片磨损，可以更换螺旋推器叶片或叶片上的防磨片 （4）堰板发生变化，可以降低堰板控制的液位高度

故障现象	原因及处理方法
出口的清液变浑	(1)主机的转速下降,可张紧传送皮带,检查电机并检查供电频率及电压 (2)差速过大,应调整差速到适当值 (3)堰板高度发生变化,可调整堰板使液位深度提高
絮凝剂用量变大	(1)旋推进器叶片磨损,可以修复更换叶片 (2)差速过大,可以调整差速到适量 (3)流速过大,可以降低流速到适量
机器振动过大	(1)固形物堵塞机内进料口,应及时清除堵塞物 (2)差速过小,应调整差速至适量 (3)动平衡破坏,有磨损、变形或损坏,应及时修复磨损变形损坏的部件 (4)软连接、避震器失效,更换软连接或避震器 (5)基础安装不牢固,可进一步固定机器的底脚螺丝
噪声过大	(1)平衡破坏,有堵塞、磨损或变形,应检修相关部件 (2)主机转速过高,可降低转速至适量 (3)扭矩过大,应降低扭矩至适量 (4)轴承润滑不正确,要更换润滑油或更换轴承 (5)排出口敞开,连接排出口管道 (6)出泥饼不畅,应使出泥饼畅通
扭矩过大造成停机	(1)差速太小,调整差速 (2)出泥饼口受阻,应使出泥饼畅通 (3)螺旋推料器轴承损坏或润滑欠佳,应更换轴承或保证润滑 (4)机器的齿轮箱扭矩过小,调整扭矩 (5)机器的相关部件损坏或故障,应及时检修
离心机无法启动	(1)启动部分故障,可能是皮带损坏或主轴承损坏,应检修 (2)转鼓受阻,可能为转鼓变形,或有异物卡住 (3)机盖未盖好也会造成无法启动 (4)无电源供给或供电电压过低 (5)主电机故障
离心机电机电流大,过热	(1)转鼓故障使主电机运行电流大,要及时排除故障 (2)主轴承故障,可以更换轴承或润滑脂 (3)频繁启动也可能造成电机电流大及过热现象 (4)电源不正常 (5)主电机本身故障

10.8 闸阀、闸门及其检修

在污水处理厂中使用的闸门与阀门种类繁多。闸门有铸铁闸门、平面钢闸门、速闭闸门等,阀门有闸阀、止回阀、蝶阀、球阀、截止阀等。

10.8.1 闸门

在污水处理厂中,闸门一般设置在全厂进水口、沉砂池、沉淀池、泵站进水口及全厂出水管渠口处,其作用是控制水厂的进出水量或者完全截断水流,闸门的工作压力一般都小于0.1MPa,大都安装在迎水面一侧。

在污水处理厂中使用的大多为铸铁单面密封平面闸门,按形状分为圆形闸门和方形闸门。圆形闸门的直径一般为200~1500mm,方形闸门的尺寸一般在2000mm×2000mm以下。

铸铁闸门的闸框安装在混凝土构筑物上,给闸板的上下运动起导向和密封作用。为了加强闭水效果,在闸板和闸框之间都设有楔形压紧机构,这样,在闸门关闭时,在闸门本身的重力及启闭机的压力下,楔形块产生一个使两个密封面互相压紧的反作用分力,从而达到良好的闭水效果。

10.8.2 阀门

阀门是在封闭的管道之间安装的,用以控制介质的流量或者完全截断介质的流动。在污水处理厂中,介质主要为污水、污泥和空气。

按介质的种类可分为污水阀门、污泥阀门、清水阀门、加药阀门、高低压气体阀门等。

按功能可分为截止阀、止回阀、安全阀等。

按结构可分为蝶阀、旋塞阀、闸阀、角阀和球阀等。

按驱动动力可分为手动、电动、液动及气动四种方式。

按公称压力可分为高压、中压和低压三类。

阀门的型号根据阀门的种类、阀体结构、阀体材料、驱动方式、公称压力及密封或衬里材料等,分别用汉语拼音字母及数字表示。各类阀门型号含义按机械工业部标准JB308-75规定。

10.8.2.1 闸阀

闸阀由阀体、闸板、密封件和启闭装置组成。其优点是当阀门全开时通道完全无障碍,不会发生缠绕,特别适用于含有大量杂质的污水、污泥管道中使用。它的流通直径一般为50~1000mm,最大工作压力可达4MPa。流通介质可以是清水、污水、污泥、浮渣或空气。其缺点是密封面太长,易于外泄漏,运动阻力大,体积较大等。

10.8.2.2 蝶阀

蝶阀是污水处理厂中使用得最为广泛的一种阀门,它的流通介质有污水、清水、活性污泥及低压气体等。蝶阀由阀体、内衬、蝶板及启闭机构几部分组成。阀体一般由铸铁制成,与管道的连接方式大部分为法兰盘。内衬多使用橡胶材料或者尼龙材料制成,可实现阀体与蝶板间的密封,避免介质与铸铁阀门的接触以及法兰盘密封。蝶板的材质由介质来决定,有的是加防腐涂层或镀层的钢铁材料,有的是不锈钢或者铝合金。其启闭机构分手动和电动两种。小型蝶阀可直接用手柄转动,大一些的要借助蜗杆蜗轮减速增力,还可用齿轮减速和螺旋减速使得蝶板转动。电动蝶阀的启闭机构由电机、减速机构、开度表及电器保护系统组成。启闭机构与阀体之间用盘根或橡胶油封等密封,以防止介质泄漏。其优点是密封性好、成本低,缺点是阀门开启后,蝶板仍横在流通管道的中心,会对介质的流动产生阻碍,介质中的杂质会在蝶板上造成缠绕。因此，在含浮渣较多的管道中应避免使用蝶阀。另外，在蝶阀闭合时，如果在蝶板附近存有较多沉砂淤积，泥砂会阻碍蝶板的再次开启。见图10-13。

10.8.2.3 止回阀

止回阀又称逆止阀或单向阀，它由阀体和装有弹簧的活瓣门组成。其工作原理为：当介质正向流动时，活瓣门在介质的冲击下全部打开，管道畅通无阻；当介质倒流的情况下，活瓣门在介质的反向压力下关闭，以阻止介质的倒流，从而可以保证整个管网的正常运行，并对水泵及风机起到了保护作用。

在污水处理厂中，由于工艺运行的需要，还常使用缓闭止回阀，用以消除停泵时出现的水锤现象。缓闭止回阀主要由阀体、阀板及阻尼器三部分组成。停泵时阀板分两个阶段的关闭，第一阶段在停泵后借阀板自身重力关闭大部分，尚留一小部分开启度，使形成正压水锤的回冲水流过，经水泵、吸水管回流，以减少水锤的正向压力；同时由于阀板的开启度已经变小，防止了管道水

图 10-13　蝶阀

的大量回流和水泵倒转过快。第二阶段时，将剩余部分缓慢关闭，以免发生过快关闭的水锤冲击。

10.8.3　闸门与阀门的检修与维护

① 闸门与阀门的润滑部位以螺杆、减速机构的齿轮及蜗轮蜗杆为主，这些部位应每三个月加注一次润滑脂，以保证转运灵活和防止生锈。有些闸或阀的螺杆是放置在露天的，应每年至少一次将暴露的螺杆清洗干净，并涂上新的润滑脂。有些内螺旋式的闸门，其螺杆长期与污水接触，应经常将附着的污物清理干净后涂以耐水冲刷的润滑脂。

② 在使用电动阀或闸，应注意手轮是否脱开，扳杆是否在电动的位置上。如果不注意脱开，在启动电机时一旦保护装置失效，手柄可能高速转动伤害操作者。

③ 在手动开或关时应注意，一般用力不要超过15kg，如果感到很费劲，就说明阀杆有锈死、卡死或者弯曲等故障，此时应在排除故障后再转动；当闸门闭合后，应将闸门的手柄反转一两圈，以免给再次开启造成不必要的阻力。

④ 电动闸与阀的转矩限制机构，不仅起扭矩保护作用，当行程控制机构在操作过程中失灵时，还起备用停车的保护作用。其动作扭矩是可调的，应将其随时调整到说明书给定的扭矩范围之内。有少数闸阀是靠转矩限制机构来控制闸板或阀板压力的，如一些活瓣式闸门、锥形泥阀等，如调节转矩太小，则关闭不严；反之则会损坏连杆，更应格外注意转矩的调节。

⑤ 应将闸和阀的开度指示器的指针调整到正确的位置，调整时首先关闭闸门或阀门，将指针调零后再逐渐打开；当闸门或阀门完全打开时，指针应刚好指到全开的位置。正确的指示有利于操作者掌握情况，也有助于发现故障，例如当指针未指到全开位置而马达停转，就应判断这个阀门可能卡死。

⑥ 在北方地区，冬季应注意阀门的防冻措施，特别是暴露于室外、井外的阀门，冬季要用保温材料包裹，以避免阀体被冻裂。

⑦ 在长期闭合的污水阀门，附近形成一个死区，其内会有泥砂沉积，这些泥砂会对蝶阀的开合形成阻力。如果开阀的时候发现阻力增大，不要硬开，应反复做开合运动，以促使

水将沉积物冲走，在阻力减小后再打开阀门。同时如发现阀门附近有经常积砂的情况，应时常将阀门开启几分钟，以利于排除积砂；同样对于长期不启闭的闸门或阀门，也应定期运转一两次，以防止锈死或淤死。

⑧ 在可燃气体管道上工作的阀门如沼气阀门，应遵循与可燃气体有关的安全操作规程。

第 11 章 小城镇污水处理厂自动控制和测量仪表

11.1 小城镇污水处理厂自动控制基本知识

污水处理自动化，是污水处理厂的污水污泥处理、介质或药剂等生产过程实现自动化的简称。污水处理厂引进自动化管理与自动控制机制，使污水处理厂的运行管理更加科学合理，是污水处理厂工作稳定、可靠和水质优良的重要保证。同时也降低了能耗和药耗，并提高了劳动生产率。

11.1.1 污水处理过程的自动化要求及污水处理自动控制系统功能

污水处理工艺过程中要用到大量的阀门、泵、风机及吸、刮泥机等机械设备，它们常常要根据一定的程序、时间和逻辑关系定时开、停。例如，在采用氧化沟处理工艺的污水处理厂，氧化沟中的转刷要根据时间、溶解氧浓度等条件定时启动或停止；在采用 SBR 工艺的污水处理厂，曝气、搅拌、沉淀、滗水和排泥应按照预定的时间程序周期运行。在自动调节系统中，这种调节、控制方式称为程序调节，又常常称其为顺序逻辑控制。另外，污水处理的工艺过程同其他工艺过程类似，也要在一定的温度、压力、流量、液位、浓度等工艺条件下进行。但是，由于种种原因，这些数值总会发生一些变化，与工艺设定值发生偏差。为了保持参数设定值，就必须对工艺过程施加一个作用以消除这种偏差而使参数回到设定值上来。例如，消化池内的污泥温度需要控制在一定的范围内，鼓风机的出口压力需要控制在一个定值，曝气池内的溶解氧浓度要根据工艺要求控制在一定的范围内，等等，类似这样的控制方式在自动调节系统中称为定值调节，又常常称之为闭环回路控制。

在污水处理厂中，自动控制系统主要是对污水处理过程进行自动控制和自动调节，使处理后的水质指标达到预期要求。污水处理自控系统通常应具有如下功能。

① 控制操作。在中心控制室能对被控设备进行在线实时控制，如启停某一设备，调节某些模拟输出量的大小，在线设置 PLC 的某些参数等。

② 显示功能。用图形实时地显示各现场被控设备的运行工况，以及各现场的状态参数。

③ 数据管理。利用实时数据库和历史数据库中的数据进行比较和分析，可得出一些有用的经验参数，有利于优化处理过程和参数控制。

④ 报警功能。当某一模拟量（如电流、压力、水位等）测量值超过给定范围或某一开关量（如电动机启停、阀门开关）发生变位时，可根据不同的需要发出不同等级的报警。

⑤ 打印功能。可以实现报表和图形打印以及各种事件和报警实时打印。打印方式可分

为：定时打印、事件触发打印。

11.1.2 自动化系统的类型

自动化装置，就是指实现自动化的工具，归纳起来可以分为以下四类。

（1）自动检测装置和报警装置

污水处理一般是空间或时间上的连续生产过程。各种物料在管道、处理设施和容器内不断地变化，为了控制运行，就必须随时了解各生产过程中参数的变化情况，为此，利用自动检测装置，在工艺过程中，对生产中的各个参数自动、连续地进行检测并显示出来。污水处理厂的各种测量仪表就属于自动检测装置。只有采用了自动检测，生产过程自动化问题才可提到日程上。

自动报警装置是指用声光等信号自动地反映生产过程的情况及机器设备运转是否正常的情形。

（2）自动保护装置

当生产操作不正常，有可能发生事故时，自动保护装置能自动地采取措施（联锁），防止事故的发生和扩大，保护人身和设备的安全。实际上自动保护装置和自动报警装置往往是配合使用的。

（3）自动操作装置

利用自动操作装置可以根据工艺条件和要求，自动地启动或停运某台设备，或进行交替动作。如在污水处理工艺过程控制中利用自动操作装置定时地对初沉池进行排泥，则需要定时自动启动排泥泵前阀门、排泥泵等设备。

（4）自动调节装置

在工业过程控制中，有些工艺参数需要保持在规定的范围内，如污水处理过程中，曝气池内溶解氧含量需保持在 2mg/L 左右。当某种干扰使工艺参数发生变化时，就由自动调节装置对生产过程施加影响，使工艺参数回复到原来的规定值上。

上面讲的四类自动化装置，在采用可编程控制器和计算机系统的现代污水处理过程控制中，类别界限已经不很明显，如自动报警、自动保护、自动操作和自动调节的功能都可以在可编程控制器和计算机系统中完成。因此，测量仪表、计算机监控系统和被控设备，即组成了现代污水处理厂的自动化系统。

现代化的污水处理厂采用了大量的自动检测仪表，这些仪表的输出信号都送入了 PLC 和计算机组成的监控系统进行显示储存、打印、分析等。此外计算机控制系统还可发出信号来控制某些连续动作装置如调节阀等。污水处理厂的过程控制都有一个共同的特点，就是开关量多，模拟量少，以逻辑程序控制为主，闭合回路控制为辅。因此，可编程控制器在污水处理过程控制中得到了广泛的应用。

11.1.3 PLC 控制技术

11.1.3.1 可编程控制器

可编程控制器（Programmable Logical Controller）简称为 PC 或 PLC，是面向用户的专门为在工业环境下应用而开发的一种数字电子装置，可以完成各种各样的复杂程度不同的工业控制功能。它采用可以编制程序的存储器，在其内部存储执行逻辑运算、顺序运算、计时、计数和算术运算等操作指令，可以从工业现场接收开关量和模拟量信号，按照控制功能进行逻辑及算术运算并通过数字量或模拟量的输入和输出来控制各种类型的生产过程。

可编程控制器（简称PLC）的出现使自动化控制进入了一个新时代。它可以取代常规的继电器逻辑等这样硬接线的逻辑控制电路，实现生产的自动控制，由于可编程控制器的灵活性和可扩展性，它很快被其他行业采用。随着微电子技术和计算机技术的发展，微处理器被应用到PLC中，使它更多地具有计算机的功能。现在，PLC已作为通用的自动控制设备，可以应用于单一机电设备的控制，也可以用于工艺过程的控制，而且控制的精度和可靠性都相当高，使用方便。在工业发达国家，可编程控制器的应用已经相当广泛。传统的控制器如继电器控制逻辑、二极管矩阵逻辑以及硬件接线的数字逻辑等，正在被可编程控制器所代替。近几年来，我国新建的城市污水处理厂已经大量应用可编程控制器系统，缩短了我国污水处理厂与世界上发达国家污水处理厂在自动控制领域的距离。

11.1.3.2 可编程控制器的特点

可编程控制器之所以得到广泛的应用，是因为它具有如下一些优点。

① 可靠性高、抗干扰能力强。为保证PLC能在恶劣的工业环境下可靠工作，在设计和生产过程中采取了一系列提高可靠性的措施。

② 可实现三电一体化。PLC将电控（逻辑控制）、电仪（过程控制）、计算机这三电集于一体，可以灵活方便地组合成各种不同规模和要求的控制系统，以适应各种工业控制的需要。

③ 易于操作、编程方便、维修方便。可编程控制器的梯形图语言更易被电气技术人员所理解和掌握。具有的自诊断功能对维修人员维修技能的要求降低了。当系统发生故障时，通过软件或硬件的自诊断，维修人员可以很快找到故障所在的部位，为迅速排除故障和修复节省了时间。

④ 体积小、重量轻、功耗低。PLC是专为工业控制而设计的，其结构紧密、坚固、体积小巧，易于装入机械设备内部，是实现机电一体化的理想控制设备。

11.1.3.3 可编程控制器的主要功能

可编程控制器的功能主要表现在以下几个方面。

① 开关逻辑和顺序控制。可编程控制器最广泛的应用就是在开关逻辑和顺序控制领域，主要功能是进行开关逻辑运算和顺序逻辑控制。

② 模拟控制。在过程控制点数不多，开关量控制较多时，PLC可作为模拟量控制的控制装置。采用模拟输入输出模块可实现PID反馈或其他控制运算。

③ 信号联锁。信号联锁是安全生产的保证，高可靠性的可编程控制器在信号联锁系统中发挥着重要的作用。

④ 通信。可编程控制器可以作为下位机，与上位机或同级的可编程控制器进行通信，完成数据的处理和信息的交换，实现对整个生产过程的信息控制和管理。

11.1.3.4 可编程控制器的结构与原理

可编程控制器是以微处理器为核心的高度模块化的机电一体化装置，主要由中央处理器、存储器、输入和输出接口电路及电源四个部分组成。图11-1为PLC控制系统典型结构图。

各部分功能介绍如下。

① 中央处理器CPU。中央处理器CPU是可编程序控制器控制系统的核心部件。CPU

一般由运算器、控制电路和寄存器组成，这些电路都集成在一个电路芯片上，并通过地址总线、数据总线和控制总线与存储器、输入输出及接口电路相连接。

图 11-1　PLC 控制系统典型结构

② 存储器。存储器用来存放系统程序和应用程序。系统程序是指控制 PLC 完成各种功能的程序。这些程序是由 PLC 生产厂家编写并固化到 PLC 的只读存储器中。用户程序是指用户根据工业现场的生产过程和工艺要求编写的控制程序。并由用户通过编程器输入到 PLC 的随机存储器中，允许修改，由用户启动运行。

③ 输入和输出接口电路。输入是把工业现场传感器传入的外部开关量信号（如按钮、行程开关和继电器触点的通/断）或模拟量信号（4～20mA 电流或 0～10V 电压）转变为 CPU 能处理的电信号，并送到主机进行处理。输出是把控制器运算处理的结果发送给外部元器件。输入和输出电路一般由光电隔离电路和接口电路组成。光电隔离电路增强了 PLC 的抗干扰能力。

④ 电源。PLC 的电源大致可分为三部分：处理器电源、I/O 模块电源和 RAM 后备电源。通常，构成基本控制单元的处理器与少量的 I/O 模块，可由同一个处理器电源供电。扩展的 I/O 模块必须使用独立的 I/O 电源。

可编程序控制器的工作方式是周期扫描方式。在系统程序的监控下，PLC 周而复始地按固定顺序对系统内部的各种任务进行查询、判断和执行，这个过程实质上是一个不断循环的顺序扫描过程。

11.1.3.5　可编程控制器的编程语言

可编程控制器有多种程序设计语言。在高档 PLC 中，提供有较强运算和数据转换等功能的专用高级语言或通用计算机程序设计语言。在传统的电器控制系统中，普遍采用继电器及相应的梯形图来实现 I/O 的逻辑控制。PLC 梯形图几乎照搬了继电器梯形图的形式，图 11-2 为两者对照的梯形图。其中，图 11-2(a) 为继电器梯形图。使用 3 个按钮分别作为启动 S_1，停止 S_2 和点动 S_3 操作输入，KM_1 和 KM_2 为两个接触器，在小功率时也可代之以继电器 K_1、K_2 的线圈和接点。图 11-2(b) 为 PLC 梯形图。除了在结点的排列顺序上与图 11-2(a) 稍有不同外，结构几乎完全一样，操作功能也基本相当。在此，我们用 X_i 表示通过 PLC 输入结点进入 PLC 内部的输入状态信息，用 Y_i 表示可通过 PLC 输出继电器对外设的控制操作。通常，PLC 的每个输出继电器 Y_i 直接对外连接的只有一个端点（该梯形图上没有出现），在梯形图中只出现该继电器的内部结点，或称输出继电器的辅助结点。

(a) 继电器梯形图　　　　　　　　　　(b) PLC梯形图

图 11-2　两种梯形图

指令语句采用助记符形式表示机器的操作指令，指令在形式上类似于微机的汇编语言，但相比之下更为简单而易于使用。表 11-1 的指令语句为与图 11-2 对应的 PLC 程序。

表 11-1　指令语句

序号	命　令	注　　释	序号	命　令	注　　释
000	LD　X_0	行起始指令，取常开接点 X_0 状态	004	LD　X_2	取 X_2 状态
001	OR　Y_1	并联常开接点 Y_1，逻辑或	005	AND-NOT　Y_1	串联 Y_1，逻辑与
002	AND-NOT　X_1	串联常闭接点 X_1，逻辑与	006	OUT　Y_2	输出到线圈 Y_2
003	OUT　Y_1	输出到线圈 Y_1，该行结束	007	END	程序结束，自动返回到 000 行

11.1.4　自动调节系统的分类和组成

11.1.4.1　自动调节系统分类

按系统调节对象所要求调节指标的不同情况可以把自动调节系统分为以下三类。

① 顺序调节系统，又称为程序调节系统，或顺序逻辑控制。这类系统的给定值是变化的，但它是一个已知的时间函数，即工艺运行过程需按一定的时间程序来变化。例如：T 形氧化沟的工艺运行控制就是根据一定的时间、顺序和逻辑关系对一些控制阀门、出水堰及转刷进行控制，它具有典型的顺序逻辑控制的特点。同样，泵站水位控制、SBR 工艺运行控制均为顺序逻辑调节形式。

② 定值调节系统，又称为闭环回路系统。就是工艺运行中要求调节对象的某一被调节参数保持在一个恒定的指标上不变。但是，由于多方面原因，这些数值总会发生一定变化，与要求的恒定值产生偏差。为了保证被调参数近于恒定值，就需要对工艺过程加以控制，只消除偏差，使数值回到恒定值，即定值调节。

③ 随动调节系统，又称为自动跟踪系统。这类系统的调节对象的某一参数不断发生变化，并要求系统的调节机构也不断做出相应的变化。例如，污水或污泥处理的自动投药系统，当污水或污泥种类、浓度发生变化时，系统能随时测定，并调节投药量。

11.1.4.2　自动调节系统组成

自动调节系统一般包括四个部分。

① 调节对象或简称为对象，是指生产工艺过程的装置。这些生产工艺装置需用调节的工艺参数称为被调参数，该工艺参数的设定的值，称为给定值。例如：管道及其闸阀、曝气池等为调节对象，流量和曝气池溶解氧为被调参数。

② 测量元件和仪表，是用来测定工艺装置某一工艺参数（例如管道流量、曝气池溶解氧）并能以某一特定信号表示和传送这一参数的测量元件和变送器。例如：电磁流量计、溶解氧测定仪。

③ 自动调节器是根据变送器送来的信号，与工艺上需要的给定值加以比较，按比较结果（偏差）以设计好的运算规律算出结果，然后将此结果用特定的信号传送给执行机构。调节器是一个自动调节系统的核心部分。种类也很多。例如：位式调节器、比例调节器、比例积分调节器、比例微分调节器、积分调节器、微分调节器等。常用的调节器如 DDZ-Ⅱ 或 DDZ-Ⅲ 电动调节器，在采用可编程控制器的系统中，常用 PLC 中的 PID 指令来实现调节器的功能。

④ 调节阀，又称执行机构或机器。它和普通阀的功能一样，只不过它能自动根据调节器传送来的信号改变阀门的开启度。按调节阀的动力形式可分为电动调节阀、气动调节阀和液压调节阀。在污水处理厂一般以电动调节阀和气动调节阀应用较多。

11.2 计算机控制技术

计算机控制是以自动控制理论和计算机技术为基础的控制技术。在污水处理过程中引入计算机自动控制技术，能够提高处理效率，减轻操作人员的工作负担，获得最佳运行方式，节约能源。本节从计算机控制系统的组成和分类入手来说明计算机控制技术基本原理。

11.2.1 计算机控制系统的基本组成

计算机控制系统组成框图见图 11-3。

图 11-3　计算机控制系统组成框图

① 控制对象。指所要控制的装置和设备。

② 检测单元。将被检测参数的非电量转换成电量。

③ 执行机构。其功能是根据工艺设备要求由计算机输出的控制信号，改变被调参数（如流量或能量）。常用的执行机构有电动、液动和气动等控制形式，也有的采用马达、步进电机及可控硅元件等进行控制。

④ 数字调节器与输入、输出通道。数字调节器以数字计算机为核心，它的控制规律是由编制的计算机程序来实现的。输入通道包括多路开关，采样保持器，模-数转换器。输出通道包括数-模转换器及保持器。

多路开关和采样保持器用来对模拟信号采样，并保持一段时间。

模-数转换器把离散的模拟信号转换成时间和幅值上均为离散的数字量。

数-模转换器把数字量转化成离散模拟量。

⑤ 外部设备。是实现计算机和外界进行信息交换的设备，简称外设，包括人机联系设备（操作台）、输入输出设备（磁盘驱动器、键盘、打印机、显示终端等）和外存储器（磁盘）。

11.2.2 计算机控制系统的分类

11.2.2.1 操作指导控制系统

在操作指导控制系统中，计算机的输出不直接作用于生产对象，属于开环控制结构。计算机根据数学模型、控制算法对检测到的生产过程参数进行处理，计算出各控制量应有的较合适或最优的数值，供操作员参考，这时计算机就起到了操作指导的作用。

该系统的优点是结构简单，控制灵活和安全可靠。缺点是要由人工进行操作，操作速度受到了人为的限制，并且不能同时控制多个回路。

11. 2. 2. 2　直接数字控制系统（DDC 系统）

DDC(Direct Digital Control) 系统是通过检测元件对一个或多个被控参数进行巡回检测，经输入通道送给计算机，计算机将检测结果与设定值进行比较，再进行控制运算，然后通过输出通道控制执行机构，使系统的被控参数达到预定的要求。

DDC 系统的优点是灵活性大、计算能力强，要改变控制方法，只要改变程序就可以实现，无须对硬件线路作任何改动；可以有效地实现较复杂的控制，改善控制质量，提高经济效益。当控制回路较多时，采用 DDC 系统比采用常规控制器控制系统要经济合算，因为一台微机可代替多个模拟调节器。

11. 2. 2. 3　计算机监督控制系统（SCC 系统）

SCC(Supervisory Computer Control) 系统比 DDC 系统更接近生产变化的实际情况，因为在 DDC 系统中计算机只是代替模拟调节器进行控制，系统不能运行在最佳状态，而 SCC 系统不仅可以进行给定值控制，并且还可以进行顺序控制、最优控制以及自适应控制等，它是操作指导控制系统和 DDC 系统的综合与发展。就其结构来讲，SCC 系统有两种形式：一种是 SCC＋模拟调节器控制系统；另一种是 SCC＋DDC 控制系统。

11. 2. 2. 4　分布式控制系统（DCS 系统）

DCS(Distributed Control System) 是采用积木式结构，以一台主计算机和两台或多台从计算机为基础的一种结构体系，所以也叫主从结构或树形结构，从机绝大部分时间都是并行工作的，只是必要时才与主机通信。该系统代替了原来的中小型计算机集中控制系统。

11.3　集散控制系统

集散控制系统融合了自动控制技术、计算机技术与通信技术于一体，具有技术先进、功能完备、应用灵活、运行可靠等特点，是实现工业自动化集中综合管理的最新过程控制系统。

集散控制系统具有"管理集中，控制分散，危险分散"的特点，以多台微处理机分散在生产现场，进行过程的测量和控制，实现了功能和地理上的分散，避免了测量、控制高度集中带来的危险性和常规仪表控制功能的单一的局限性；数据通信技术和 CRT 显示技术以及其他外部设备的应用，能够方便的集中操作、显示和报警，克服了常规仪表控制过于分散和人机联系困难的缺点。

11. 3. 1　集散控制系统的基本构成

集散控制系统结构如图 11-4 所示。

11. 3. 1. 1　现场级

它包括基本控制器、多功能控制器和可编程控制器等。其功能是采集并处理现场的输入输出信号，并将处理结果反馈给现场或送至上位控制单元。

图 11-4　集散控制系统结构

11.3.1.2　控制级

包括操作员接口和工程师接口两个部分。实现对整个工艺过程、整个系统组态和运行状态及操作等人机交互功能。

11.3.1.3　管理级

是系统的中央控制部分，由高性能的计算机系统实现各级间的信息交换，完成高层次的管理和控制。

11.3.1.4　通信网络

通信网络将各个不同的系统联成一个网络，并实现各个系统间的通信。

11.3.2　集散控制系统的特点

由于集散型控制系统操作、管理集中，测量和控制的功能分散，因此系统具有一系列特点。

① 系统具有极高的可靠性。由于系统的功能分散，一旦某个部分出现故障时，系统仍能维持正常的工作。

② 系统功能多效率高。除了实现单回路 PID 控制外，还可实现复杂的规律控制如串级、前馈、解耦、自适应、最优和非线性控制等功能，也可实现顺序控制如工厂的自动启动和停车，微型计算机能够预见处理要求记录的数据，减少了信息传输的总数；计算机的存储器能够作为缓冲器，缓和数据传输的紧张情况。

集散控制系统操作使用简便，操作者也不需要编制计算机软件，可集中精力考虑利用已有的功能模块，组建出希望的控制方案。

③ 系统的软件和硬件采用模块化积木式结构，实施系统方便，即使没有计算机知识的控制人员，也可根据说明组建集散型控制系统。使用中无需编制软件，减少了软件的成本。

④ 维护方便。

⑤ 系统易开发，便于扩展。

⑥ 采用 CRT 操作站有良好的人-机界面。

⑦ 数据的高速传输 监督计算机通过高速数据通道和基本调节器等连接，完成计划、管理、控制、决策的最优化，从而实现对过程最优化的控制和管理。

⑧ 设备、通信、配线的费用低廉，具有良好的性能、价格比，采用微型机或微处理机，其价格比完成同样功能的中小型计算机低得多。监督机与调节器之间采用串行通信，与集中控制并行连接传感器、执行器比较成本低得多。

11.4 污水处理监控系统

系统监控是用现代电子监测、控制装置代替人工，对分布的多种设备和环境的各种参数、图像、声音等进行遥测、遥信和遥控，实时监测其运行参数，诊断和处理故障，记录和分析相关数据，从而实现污水处理厂少人或无人值守，并对设备进行集中监控和集中维护的计算机控制系统。系统不同的联结方式与功能分配，形成了不同形式的监控系统。当前污水厂广泛采用的是集散式监控系统。

11.4.1 总体要求及功能

污水处理厂自控系统的基本要求是对污水处理过程进行自动控制和自动调节，使处理后的水质指标达到要求的范围。在中控室发出上传指令时，将当前时刻运行过程中的主要工作参数（水质参数、流量、液位等）、运行状态及一定时间段内的主要工艺过程曲线等信息上传到公司中控室。功能如下：

① 控制操作。在中心控制室能对被控设备进行在线实时控制，如启停某一设备，调节某些模拟输出量的大小，在线设置 PLC 的某些参数等。

② 显示功能。用图形实时地显示各现场被控设备的运行工况，以及各现场的状态参数。

③ 数据管理。依据不同运行参数的变化快慢和重要程度，建立生产历史数据库，存储生产原始数据，供统计分析使用。利用实时数据库和历史数据库中的数据进行比较和分析，得出一些有用的经验参数，有利于优化 SBR 池的准闭环控制，并把一些必要的参数和结果显示到实时画面和报表中去。

④ 报警功能。当某一模拟量（如电流、压力、水位等）测量值超过给定范围或某一开关量（如电机启停、阀门开关）阀发生变位时，可根据不同的需要发出不同等级的报警。

⑤ 打印功能。可以实现报表和图形打印以及各种事件和报警实时打印。打印方式可分为：定时打印、事件触发打印。

11.4.2 污水处理厂监控实例

以辽宁省抚顺市三宝屯污水处理厂为例，简要介绍污水处理厂的主要监控过程。全厂运行采用集中监视、分散控制的集散系统。中央控制室设有操作站、CRT、打印机、彩色硬拷和彩色模拟盘。5 个分控室内设现场控制器 PLC，按编制的程序控制运行，并将采集的大量信息输至中央控制室进行处理。厂内还设有电视监视系统，对厂区主要部位及进水泵房、鼓风机房、发电机房等多处主要设备的运行情况，通过电视进行监视。

11.4.2.1 粗格栅进水泵房

粗格栅分别按时间顺序进行控制，15min 为一个周期，间歇时间 10min，每次运行时间为 5min。若两台以上粗格栅同时运行时，运行时间应错开。粗格栅同时还由设在格栅前后的超声波液位计的液位差控制，当液位差大于 25cm 时，格栅同时连续运行，直到液位差下降小于 10cm 时，格栅恢复到时序控制状态运行。需要测控的数据有：电机电流、电压、温度、有功电度、无功电度、闸阀开关状态、河流水位、源水浊度、清水池水位、流量、扬程、调频信号以及工业电视信号等。

潜水泵主要根据水位启动和关闭，具体控制如下。

① 旱季状态。连通阀开启，10 台泵循环，根据水位和泵的运行时间（取运行时间最短的泵）确定水泵的启闭。

当前池水位升到 60.6 时，开第一台泵。

当前池水位升到 62.5 时，开第二台泵。

当前池水位降到 61.5 时，关第二台泵。

当前池水位降到 60.5 时，关第一台泵。

② 雨季状态。连通阀关闭，1#～5# 泵（原污水进厂泵）自动运行，当水位升到 63.3 时，提示运行人员，已达到污水厂警戒水位。启动超越程序，根据水位陆续开启 6#～9# 泵。

当池中水位降到 60.0（浮球动作）时，系统发出报警信号。

取水泵站的自动控制一般可分为远程控制和全自动控制两种。远程控制是指远距离输水的取水泵站，在此状态，操作人员可根据需要，通过计算机操作，对任一台泵进行启动或停止。全自动控制是指在全自动方式下，根据水池水位，出厂水流量和水源进水量决定源水泵的开启台数，并按先启动先停车的原则，对累计工作时间多的先停的原则，轮换进行工作。

确定泵启停的基本条件。在泵启动前，先检查该泵是否满足启动条件。在泵的启动过程中，还需不断地检测启动电流的变化曲线，比较是否与正常的启动电流曲线相符，如不相符，立即停止该泵的启动，并给出声、光报警（包括漏电报警、缺相报警、阀不到位报警、吸水井水位过低报警等），显示相应的故障类别，以便操作人员及时处理。

11.4.2.2 细格栅及沉砂池

在细格栅沉砂池的控制过程中，需要监控的参数有：每个细格栅前液位、后液位、进水流量以及总进水流量、累计进水量。控制系统见图 11-5。

① 细格栅。在运行过程中，两台细格栅分别按时间顺序进行控制，15min 为一个周期，间歇时间 5min。若两台细格栅同时运行时，运行时间应错开。格栅同时还由设在格栅前后的超声波液位计的液位差控制，当液位差大于 25cm 时，格栅同时连续运行，直到液位差下降小于 10cm 时，格栅恢复到时序控制状态运行。

② 螺旋输送机。螺旋输送机与细格栅联动运行，当有一台格栅运行时，输送机同时运行，当格栅关闭时，输送机滞后 1min 停止运行。

③ 旋流沉砂池、砂水分离器、鼓风机、气冲阀。气冲阀 1A 打开，2min 后气冲阀 1B 打开，并将气冲阀 1A 关闭，再过 2min 后关闭气冲阀 1B，从打开 1A 开始延时 50min 后启动砂水分离器 1，并运行 5min，停止砂水分离器，进入下一个控制周期。鼓风机在任一个阀打开时运行，全部未打开时停止。另一组沉砂池控制方法相同。

11.4.2.3 生化反应池

生化处理采用的是 DAT-IAT 工艺，DAT-IAT 池的监控参数有：DAT 溶氧量、DAT 浓度、IAT 溶氧量、IAT 浓度、鼓风流量，并需要控制滗水器、进水闸阀、排泥阀的动作

图 11-5 细格栅沉砂池

以及鼓风机房的送风量。控制系统见图 11-6。

（1）DAT 池的运转控制方式

① 时间控制方式。时间控制方式是一种应急控制方式，只是在 DO 仪发生故障不能正常工作时，才转换到时间控制方式。时间控制方式是 DAT 池根据预先设定的时间程序，在曝气过程和沉淀过程间自动切换，循环工作。

② DO 控制方式。当切换到 DO 控制方式后，曝气系统根据 DAT 池中的溶解氧情况自动调节曝气量来保持 DAT 池中正常的 DO 水平。

DAT 池中 DO 值的控制范围设上限、下限两个点，上限为 2.5mg/L，下限为 1.5mg/L，当 DO 值高于上限值时，PLC 将自动调节空气管路中的空气流量调节阀，减少对 DAT 池的曝气量，反之则控制调节阀加大对 DAT 池的曝气量。

注：必须在 DO 仪测定值保持 5min（此时间可调）后，调节阀才开始动作。如果 DO 值在调节阀动作后的一定时间内（可调）仍未达到正常范围，则 PLC 发出报警信号。

③ 时间/DO 控制方式。当选择时间/DO 控制方式后，DAT 池的曝气将根据时间和 DO 两种方式进行工作，即在设定的曝气时段内，曝气系统将按 DO 控制方式工作，而在设定的沉淀时段内，曝气系统将转为时间控制方式。

（2）IAT 池的控制方式

每座 IAT 池中装有虹吸式滗水器 3 台，每台滗水能力为 700m³/h，RAS 泵 2 台，剩余污泥泵 1 台，高低液位开关 3 只，DO 仪 1 只。

IAT 池的曝气阶段可采用时间控制方式，也可切换为溶解氧控制方式，当曝气阶段完成后，PLC 将自动关闭曝气管路中的空气调节阀，停止曝气；IAT 池进入沉淀阶段，在沉淀阶段，池中活性污泥液面开始逐渐下降，上清液析出；当设定的沉淀时间完成后，沉淀阶段结束，滗水阶段开始，虽然此时 DAT 池中的出水仍连续不断地通过导流墙低速流入 IAT 池，但 IAT 池中 3 台滗水器的滗水能力是进水流量的 3 倍，因此 IAT 池液位开始下降，当液位降低到最低液位时，低液位浮球开关打开，控制滗水器电磁放气阀动作，关闭滗水器，

一号SBR池

DAT溶氧 2.241 mg/L　DAT浓度 995 mg/L　IAT溶氧 0.446 mg/L　IAT浓度 6 mg/L

滗水器1
滗水器2

进水闸阀

中液位

至接触池

来自
配水闸井

流量 1334 m³/h

回流污泥泵1　回流污泥泵2

流量 95 m³/h

剩余污泥泵

排泥阀

至浓缩池

自鼓风机房

图 11-6　SBR 反应池

停止滗水，滗水阶段结束，IAT 池进入下一工作循环。

在 IAT 池的曝气和沉淀阶段，2 台 RAS 泵将保持连续工作，不断将活性污泥从 IAT 池打回到 DAT 池，以保持 DAT 池中的 MLSS 总量不变。RAS 泵的工作可采用时间控制方式，也可由污泥浓度控制。

（3）DAT-IAT 池

主要设备按事先设好的时序进行控制，SBR 反应池由 9 座独立的反应池组成，3 个池为一组。IAT 反应池按固定的周期运行，每个时间周期为 3h，其中 1h 曝气，1h 沉淀，1h 滗水。回流污泥泵由 PLC 控制在曝气和沉淀周期内运行，运行时间为 2h。剩余污泥泵在沉淀周期完毕后 10min 由 PLC 控制自动运行，运行 30min 后自动停止（也可以根据实际情况，在曝气阶段排剩余污泥）。泵、阀门、滗水器的工作情况如下。

① 进水电动阀常开。

② 回流污泥泵由 PLC 按 1 中描述的时序过程，控制启动/停止。

③ 剩余污泥泵由 PLC 按 1 中描述的时序过程，控制启动/停止，最低水位的浮球启动保护剩余污泥泵的作用。

④ DN2000 电动闸阀（出泥阀）与剩余污泥泵同时开关。

⑤ 滗水器由 PLC 按 1 中描述的时序过程控制启动，运行区间由设备本身的限位开关控制，当下降到最低时自动返回最高点，下降速度由变频器控制，要求滗水时间不大于 1h。

⑥ DAT 进气蝶阀由 PLC 根据设定的模型及溶解氧信号，调节其开度，使溶解氧 DO 浓度维持在 2mg/L。

⑦ IAT 进气蝶阀由 PLC 按 1 中描述的时序过程，控制开/关，曝气时根据设定的模型及溶解氧信号，调节其开度，使溶解氧 DO 浓度维持在 2mg/L。

11.4.2.4　鼓风机房

鼓风机房需监控进口风量、进风温度、润滑油油温、润滑油压力、压差、变速机轴承温度、电动机轴承温度、电动机线圈温度、出口风压力、出风温度、鼓风机的开度。控制系统见图 11-7，工作原理见图 11-8。

图 11-7　鼓风机房平面布置

图11-8　鼓风机工作原理示意

鼓风机房设有4台单级高速离心风机，此种风机的进风口设有可调导热片，用以调节风量。为 SBR 池进行供气，鼓风机的启、停根据出气管压力来控制。鼓风机的启动或停止是由计算机控制自动进行的。风机启动要求供油系统先投入运行，并关闭导叶片，进风及出风阀门都开启；启动后，放空阀渐渐关闭，导叶片慢慢打开，到达所需风量的位置上。如果以有两台风机在工作，进风导叶片也已完全打开，而曝气池中的供氧量还需增加，则计算机将判定是否增加风机的工作台数。反之，进风导叶片完全关闭，而供氧量还可以减少时，计算机将判定是否关掉一台风机。

① 启动的自动检测。系统能自动检测润滑油压力、油温、轴温、防喘振阀阀位、导叶起始位，如果满足启动条件，系统将给允许开车信号，送到现场控制箱，风机可以启动。

② 当无风机运行时，启动 1 台风机（一般选累计运行时间最短的风机），风机启动后，调整到叶轮使出气管总压力大到设定值（56～60kPa）。

③ 若风机导叶轮开度达到设定最大值，且出气总管压力低于设定职，延时 20min 系统要求增加启动 1 台风机。

④ 取满足启动条件中累计运行时间最短的风机，启动此台风机，待完全启动后，调整导叶轮开度使出气总管压力达到设定值。

⑤ 若出气总管压力大于设定压力，调整导叶轮开度，若导叶轮开度达到最小值，且出气总管的压力高于设定值，延时 20min 系统要求停止 1 台风机，停止本次运行时间最长的风机。

⑥ 鼓风机的防喘振方案。鼓风机当出风压力达到 62kPa 时，打开防喘振阀，使风机不至于进入喘振区工作，以达到保护风机的目的。

⑦ 鼓风机的各项参数，在上位机和现场 HMI 屏上实时显示，出现故障或温度异常将给出报警，具体如下。

a. 启动联锁。润滑油压达到 0.09MPa；润滑油温度正常，为 15～45℃；进口导叶在启动位置；防喘振阀全开。

b. 轻故障报警。润滑油压低于 0.07MPa；增速机轴承温度高于 75℃；润滑油温度高于 55℃；润滑油过滤器差压高于 45kPa 以上；电机轴承温度高于 75℃；电机定子温度高于 120℃。

c. 重故障。润滑油压力低于 0.05MPa；增速机轴承温度高于 85℃；电机轴承温度高于 90℃。

当鼓风机运行时，润滑油压力低于 0.07MPa 时，启动备用油泵，发生重故障时，鼓风机自动停机。

11.4.2.5　配变电系统

为了保证污水处理厂的设备正常运转，对变配电系统的重要组成部分进行监控是有必要的。配变电系统如图 11-9 所示。

上位供配电监控平台实现的监控功能主要体现在下面几个方面。

① 变配电监视系统可显示变配电系统的网络拓扑图，显示回路的开关状态及实时参数，显示综合保护设备的时间记录和故障录波（利用 X-Y 曲线显示插件记录三相电流波形，低电压动作和系统电压波动时的三相电压波形，零序电流动作时电流波形，所录波形存储在计算机节点的硬盘上，并标志日期，时间，并可以随时调用，查看和分析）。

② 在变配电监视系统的监控画面上提供每条配电线路电量参数（包含三相电压，电流，有功功率，功率因数，电度等）进行实时画面监视。并通过对每条配电线路的实时数据分析，在上位监控系统构建变配电最低能耗工作方式。

10KV变配电系统
题专图

图 11-9　配变电系统

③ 变配电监视系统设有故障分析和预测功能，对将要发生故障的重要供电电力器件提供预报警（主要是通过对各电力器件通过的电流，器件的温度变化来判断重要供电电力器件的运行情况）。

④ 变配电监视系统对变配电系统中的故障元器件具有动画锁定功能，当配电系统有故障发生时，监控系统将强制切换到故障元器件所在的监控页面，同时发生故障电力元件的颜色将发生改变，同时发出音响报警功能。通过对线路和元件的编号处理，便于维护人员对故障的排除，缩短维修时间。

⑤ 变配电监视系统具有变电站监控的 SOE 功能可对过流，过载，速断，低电压，单相接地和电气联锁，联动跳闸等的报警和跳闸功能具有故障原因显示功能。

⑥ 变配电监视系统，系统数据可把运行事故的记录以报表的方式保存 3 年以上，并可随时调用，打印和查看。

⑦ 变配电监视系统对污水处理厂的各设备回路用电可进行电量能耗统计，统计数据可以保存 3 年以上，同时可以通过报表的方式进行打印输出，便于对整个污水厂的电量能耗进行管理。

11.5 污水处理过程中常用在线仪表

　　测量仪表在现今高度自动化的污水处理过程中起着重要的作用。可以说仪表是自控系统的"眼睛"，其涉及了污水处理的各个环节，与生产过程有着紧密的联系。仪表应用的合理与否，同自动化控制结合的好坏是评价一个污水处理厂技术先进程度的标志。只有保证仪表的稳定、可靠和精确，才能使污水处理过程正常的运行。因此，生产工艺人员除对工艺和设备掌握以外，还要了解相应的仪表及自动控制方面的知识，才能在岗位上充分发挥作用。

11.5.1 污水处理过程中常用仪表

污水处理厂的测量仪表种类多，特点与工况各不相同。按被测变量的不同，分为物位、流量、压力、温度和成分分析仪表。如按仪表使用方式不同又可分为在线和实验室用仪表，而直接参与过程控制的在线仪表在污水处理中的作用显得十分的重要。表11-2为小城镇污水处理厂常用的检测仪表。

表 11-2 小城镇污水处理厂常用的检测仪表

序号	工艺参数	测量介质	测量部位	常用仪表
1	流量	污水	进、出水管道	电磁流量计、超声波流量计
			明渠	超声波明渠流量计
		污泥	回流污泥管路	电磁流量计
			回流污泥渠道	超声波明渠流量计
			剩余污泥管路	电磁流量计
			消化池污泥管路	电磁流量计
		沼气	消化池沼气管路	孔板流量计、涡街流量计、质量流量计等（所有仪表要求防爆）
		空气	曝气池空气管路	涡街流量计、孔板流量计、质量流量计、均速管流量计
2	温度	污水	进、出水	Pt100 热电阻
		污泥	消化池	Pt100 热电阻
			污泥热交换器	Pt100 热电阻
3	压力	污水	泵站进出口管路	弹簧管式压力表、压力变送器
		污泥	泵站进出口管路	弹簧管式压力表、压力变送器
		空气	曝气管道鼓风机出口	弹簧管式压力表、压力变送器
		沼气	消化池	压力变送器（所有仪表要求防爆）
			沼气柜	压力变送器（所有仪表要求防爆）
4	液位	污水	进水泵站集水池	超声波液位计
			格栅前、后液位差	超声波液位计
		污泥	消化池	超声波液位计、差压变送器、沉入式压力变送器（所有仪表要求防爆）
			浓缩池、贮泥池	超声波液位计
5	pH 值	污水	进、出水管路或渠道	pH 仪
6	电导率	污水	进、出水管路或渠道	电导仪
7	浊度	污水	进、出水管路或渠道	浊度仪
8	污泥浓度	污泥	曝气池、二沉池、回流污泥管路	污泥浓度计
9	溶解氧	污水	曝气池、二沉池	溶解氧测定仪
10	污泥界面	污水、污泥	二沉池	污泥界面计
11	COD	污水	进/出水	COD 在线测量仪
12	BOD	污水	进/出水	BOD 在线测量仪
13	沼气成分	消化沼气	消化池沼气管路	CH₄ 检测仪（所有仪表要求防爆）
14	氯	污水	接触池出水	余氯测量仪

11.5.1.1 成分分析仪表

成分分析仪表是对物质的成分及性质进行分析和测量的仪表。它可分为两大类：一类是测定混合物中某一组分的含量或性质；另一类是测定多组分混合物中的几种或全部组成的含量。污水处理过程中涉及成分分析仪表的种类很多，具体的使用要根据实际要求的情况而定，常用的有 pH 计、浊度仪、溶解氧测量仪和在线 COD 测定仪等。

（1）pH 计

pH 计又叫酸度计，是能连续测量水溶液的氢离子浓度的仪器。pH 计由变送器和测量传感器两大部分组成。污水处理厂为了了解污水的酸碱度情况，一般在沉砂池后安装。

① 工作原理。在被测液体中插入两个不同的电极，其中一个电极的电位随溶液氢离子浓度的改变而改变为工作电极，另一个电极具有固定的电极，叫参比电极，这两个电极形成一个原电池，测定两个电极间的电势，在仪器上通过直流放大器放大后，以数字或指针的形式在仪表上显示出来，就可知道被测液体的 pH 值，这也称为 pH 的电位法测量。pH 计的核心是电位计，通常装有温度补偿装置，用来校正温度对电极的影响。

pH 计的安装与选择要根据污水厂的实际情况而定，污水中不同的有害物质及现场的环境好坏对仪器的测量结果与使用寿命都会有影响。pH 的原电池测量原理与玻璃电极回路结构如图 11-10 所示。

图 11-10 pH 的原电池测量原理与玻璃电极回路结构
1—玻璃电极；2—Ag/AgCl；3—KCl 电解液；4—pH 玻璃透析膜；
5—透析膜；6—参比电极；7—Ag/AgCl；8—KCl 电解液

② 操作维护及使用注意事项。对 pH 仪的操作主要由两部分组成：一是对电极的清洁与检查；二是标定，即每次清洁后对电极进行测量精度的定位调节。由于测量电极长时间浸泡在污水里，电极的表面会产生污垢，严重的会影响到测量的准确，使测量误差加大。因此，污水厂根据实际情况一般每 3～6 个月对电极清洗一次或季节有明显交替时对其进行清洗标定。电极保存与清洗的方法如下。

a. 保存电极时，应使其测量部位浸泡在饱和 KCl 溶液中。在初次使用或久置不用重新使用时，使用前应检查玻璃球表面有无斑点与裂痕，内部充填液是否饱满。

b. 如玻璃电极上的附着物易于去除，可直接用清水冲洗，并用滤纸吸去或轻拭，不能用力擦。参比电极可使用软毛刷、合适的清洗液清洗。

c. 如电极附着大量油脂或乳化物时，可放入清洗剂中清洗。如电极附着无机盐结垢，可将其浸泡于 0.1mol 浓度的盐酸溶液中，待结垢溶解后用水充分清洗。若处理效果不明显，可用丙酮或乙醚进行清洗。使用前，玻璃电极测量部位要在蒸馏水中浸泡 24h 以上，以使形成良好的水化层。

d. 用特殊方法处理后，电极的寿命将受到影响。因此，如无必要，最好不要使用这类方法处理。在安装和拆卸时，必须注意玻璃电极的测量部位不要碰到硬物，防止损坏，同时也不宜接触到油性物质。

对仪表的电路连接、防水、有无断路与渗漏等情况进行检查时，要仔细认真，出现故障时才可及时分析。特别注意的是在维修仪表电路板时，手先接触一下地面物体后再操作，防止静电击坏仪表。

pH 电极的标定是以 pH 值为 7 和 4 的两种标准液为基准进行的。将 pH 电极先后浸泡在 7 号液和 4 号液中，当 pH 值稳定在 ≤±pH0.05 范围内超过 10s 时，测量值稳定，按下确认键，标定完成。如果环境条件不好、操作有误或标准液的值不准确，都会造成标定失败。

北方地区的污水处理厂，在室外使用 pH 计时，一定要注意冬天的防冻。正常情况下 pH 计工作时都应浸泡在水中的，而且污水有一定的温度，因此在使用玻璃电极的情况下也不会受到影响。但如果工艺有检修或停电、停水的情况发生时，pH 计的玻璃电极离开污水就会因介质的冻胀系数不同而冻坏。一般的解决方法就是卸下保存。

图 11-11　溶解氧测量仪传感器示意
1—参考正极（溴化银）；
2—计算电极（溴化银）；
3—密封图；4—电解液；5—膜帽；
6—金阴极（内接设计）；7—膜

（2）溶解氧测量仪表

含氧量的分析仪器大致可分为两大类：一类是根据电化学法制成，如原电池法、固体电介质法等。另一类是根据物理法制成，如热磁式、磁力机械式等。目前，污水处理过程中的液体含氧量的测定属于微氧量分析，一般采用的是电化学法。因其有灵敏度高，选择性好的特点，原电池法最为常用。但同时其响应速度较慢，维护工作量较大。

① 工作原理及构成。溶解氧测量仪用来测量水中溶解的氧气的浓度。其工作原理为：通过覆膜传播的氧分子在金阴极上还原成氢氧根离子（OH^-），在阳极上，银被氧化成银离子（Ag^+ 形成一层溴化银），金阴极释放离子，阳极接收离子形成电流，在正常条件下，电流与介质中氧浓度成正比，电流在测量装置中被转换，在显示屏上显示溶解氧浓度（mg/L）。溶解氧测量仪有传感器和变送器两部分。E+H 的 COS4 系列为覆膜式电流测量传感器，结构如图 11-11 所示。

② 操作维护及使用注意事项。对传感器的清洗要视实际情况而定。处在非连续曝气池中的 DO 一般 1 个月左右清洗一次，而连续曝气池中的 DO 清洗频率要更大，也就是说环境条件对溶解氧测量准确程度的影响是很大的。

清洗传感器时把套管从污水中提出来，操作过程中要注意，不要使测量部位磕碰坚硬的物体，以免碰破传感器的薄膜。用潮湿的布或干的海绵对传感器外表进行清洁（尤其是测量膜）。如果隔膜上有油脂积垢，可以用一般餐具用清洗剂清洗。不一定每次清洗都要换探头中的电解液，可视使用情况和有无渗漏而定。更换电解液的操作过程如图 11-12 所示。

一般出现测量不稳定、膜被损坏和不能标定时，可更换测量膜。溶解氧的标定通常在空气中进行，标定受各种外界环境的影响。

标定的操作过程中装置必须持续供电，程序步骤如下。

① 取出套管，擦拭干净。

② 建议最少 20min 的温度稳定时间，使传感器适应环境温度，避免探头直接暴露在阳光下。

③ 当变送器上的显示值稳定后，可进行校准标定。

④ 标定的斜率范围是 75%～140%，超范围会出现错误显示，标定中断。

⑤ 如果是新换电解液，还要在标定程序前，多增加 1h 的电解液极化时间。

（3）在线 COD 测定仪

COD 的测量分为传统试剂法（高锰酸钾法、重铬酸钾法等）和紫外光法。紫外光法是根据有机物对紫外光有吸收作用的原理，通过对被测物紫外光消光度的测定，而实现 COD

图 11-12   更换电解液的操作过程

的分析测量。

① 工作原理及构成。常见的重铬酸钾法 COD 分析仪原理见图 11-13。

图 11-13   COD 分析仪原理

COD_{Cr} 测定仪先由自吸泵将水样从排放口提升至进水精滤采样杯内，再由进水蠕动泵 P1 将水样提到反应室内。蠕动泵依次将 P2、P3、P4 分别加到反应室内。待加热完毕注入蒸馏水稀释并冷却至室温，之后再由气压泵将混合液吹至测量室内进行测量，并自动计算和显示测量结果。最后，由气压泵将混合液排放掉并将管路吹净，进入下一次测量循环过程。整个过程由 PLC 进行控制。

目前常用的紫外光法在线 COD 测定仪，主要的进口生产厂家有 E＋H 和 HACH 等。紫外光法与重铬酸钾法相比较，有无需进行采样和采样预处理（维护量低）、无需化学试剂（运行成本低）、响应速度快（连续测量）、自动补偿浊度的影响和自动清洗（通过压缩空气清洗）的优点。紫外光在线 COD 测定仪的结构较为简单，整套仪表由三部分组成：变送器、传感器和支架。

② 操作维护及使用注意事项。传统试剂法 COD 测定仪，日常的维护检查，主要是检查仪器工作是否正常。比如进出管路是否通畅，有无泄漏；保持仪器的清洁，尤其是对转动部分和易损件要检查和更换，防止其损坏造成泄漏腐蚀仪器。重铬酸钾和硫酸-硫酸银属于强腐蚀性试剂，并且在工作现场易挥发和吸潮，所以应定期更换。一般至少 3 个月换一次。蠕动泵经常吸取强腐蚀性试剂，应三个月左右检修或更换一次，保证其可靠运行。测量与反应室可每年进行一次彻底的清检。

仪器在出厂时存有设定的工作曲线，但由现场工况的不同，应对其工作曲线进行校核，使其更准确的测定。可由实验室配制 COD 标准液进行校核，校准过程与测量循环过程相同，核准后更改有关参数，对工作曲线进行调节。

仪器暂停使用时，要用蒸馏水彻底清洗后排空，再依次关闭进出口阀门和电源，重新启用时用新试剂进行彻底清洗，并重新校准工作曲线。

紫外光法 COD 测定仪的安装地点流速不能太快，不能有旋涡；不能直接提电缆来取探头；探头测量狭缝方向应同水流方向一致（自净作用）。紫外光法 COD 测定仪的标定方式与传统试剂法的不同。须借助化验室测定结果来标定。最好每周都进行一次人工清洗，保证测量窗口的清洁，保持仪表的正常工作。标定时建议两点标定：一点为蒸馏水样（测得频率，COD 值为 0）；另一点为实际水样（测得频率，通过实验室法测得 COD 值），将这两点数据输入仪表，完成标定。紫外光法 COD 测定仪传感器如图 11-14 所示。

图 11-14　紫外光法 COD 测定仪传感器

（4）浊度仪

① 工作原理及构成。浊度/固体悬浮物浓度仪通过 90°角散射光原理，测量频率在近红外光范围以内（880nm），确保浊度测量在标准化的可比较的条件下进行。红外光变送器的励磁辐射以一定的发射角发射至介质，必须考虑不同的检测镜片的折射率及不同的测量介质中的微粒产生散射并以一定的发射角发射至散射光接收器。介质中的测量值随着参考接收器的值而不断地调整。数字过滤功能干扰信号抑制和传感器自监测功能，确保测量可靠性。除了浊度信号以外，还可检测并传送温度信号。在污水测量中，由于气泡的影响比较大，对其测量的值可作为参考性监测值。

② 操作维护及使用注意事项。对浊度计的操作主要是指其标定过程。浊度计多在污浊的环境下工作，容易对测量部位造成影响。因此，在设计传感器时，一般都会考虑自动清洗的功能。如在测量部位安装自动清洗刷，通过对清洗刷运行时间的设定实现对探头的实时清洁。清洗刷的运行频率不要过大，在可以接受的范围内就可以了，否则会缩短清洗刷电动机的使用寿命，连带造成仪表无法工作。

浊度计的测量与现场的实际情况有直接的关系，如传感器与墙面之间距离的影响，在安装的过程中都要考虑。管道安装时，对于光亮材料管道直径的要求至少为 DN100；传感器应安装在管道上水流均匀的地方，不要把传感器安装在可能积聚空气，可能形成泡沫或可能有固体悬浮物沉淀的地方；安装时要使其斜面朝向介质流向。

浊度计的标定主要有 3 种方法：a. 三点标定；b. 用实验室数据校正现有标定数据；c. 一点强制性标定。

标定测量的基础是三点标定。标定曲线也是变送器根据对已知浓度的三种不同样品的标定取值计算出来的。标定样品可通过对过程介质稀释而得到，通常初始样品浓度的 10%、33% 和 100%，只需在实验室中测定初始样品的浓度就可，简化了操作。此外，在标定的过程中，含泥样品倾向于不断的沉淀，因此需充分搅拌，使其尽可能分布均匀，提高标定的准确性。

（5）有害气体监测仪表　污水处理厂的各种池下、井下，都可能存在有毒有害及易爆易燃气体。有毒气体如 H_2S、CO 等，当含量超过一定值时，将使人发生窒息中毒，所以，如果需要下井、下池作业，操作人员除穿戴防护用品外，还应携带有毒气体报警仪。

有毒气体监测仪种类繁多，它们的工作原理和用途基本相同。其简单原理如图 11-15 所示。

图 11-15　有毒气体监测仪原理

有害气体监测仪的操作要按照各监测仪的说明正确操作，隔一段时间要根据使用情况进行校准，进行校准的仪器及传感器必须处于稳定状态。

11.5.1.2　液位仪表

液位测量是水处理过程中最为基本的测量内容。目前，物位测量仪表的种类很多，有电容式、超声波式、微波式、压力变送式和差压式等。污水厂中主要应用到的是超声波、差压、压力变送和液位开关等可用于液体的测量的仪表。

（1）超声波测量仪

声波可以在气体、液体固体中传播，并有一定的传播速度。声波在穿过介质时，会被介质吸收而衰减，气体的吸收能力最强，衰减最大，液体次之，固体最小，衰减也最少。声波在穿过不同密度的介质分界面时会产生反射。

① 工作原理及构成。超声波液位计是非接触式连续性测量仪表。传感器内的发送器经电子激励，发出一个超声波脉冲信号，该信号以一定速率到达液体表面，由液体表面反射返回，发出回声，此回声再由同一传感器接收，回声返回的时间反映了液面的高度，这个回声信号由传感器传送给变送器，经变送器转换成一个 $4\sim20mA$ 的电信号输出。

一般的传感器的测量角 α 为 $6°\sim8°$ 之间。根据测量要求的不同还分为适用于液体、粉尘和块状固体等情况的超声波测量仪。介质特性如相对密度、电导率、黏度和介电常数等不会影响测量的结果。

传感器测量系统的最大测量范围根据仪器的技术数据而定，由于传感器的减幅振荡的特性，从其下方一定距离内反射的回波脉冲，传感器无法接收，这一距离称为盲区，它决定了传感器膜片到最大料位之间的最小距离。最大测量范围取决于空气对超声波的衰减以及脉冲从介质表面反射的强度。安装传感器时，在盲区内的料位会导致仪表的输出结果失真。因此，在仪表安装时一定要注意对测量的有效位置的选择。

超声波传感器在对料位、位差、平均值和流量的测量上都可使用。在进行流量的测量时，超声波流量仪主要通过检测流体流动时对超声波束的作用，实现对体积流量的测定。应用最广泛的超声波流量测定法为传播时间法和多普勒法。声波在流体中传播，顺流方向传播速度会增大，逆流方向则减小，同一传播距离就有不同的传播时间。传播时间法就是利用传播速度差与被测液体流速的关系得出流速，并结合一定标准的管径得出流量。多普勒法流量计是利用在静止点检测从移动源发出的超声波所产生多普勒频移现象来测定流速，进而得出流量。

② 操作维护及使用注意事项。超声波测量仪器多为免维护仪表，对其进行现场参数的设定后，没有特殊的情况可不用检修与维护。安装的时候一定要根据现场工况，准确无误设定参数。特别是安装的位置高度要仔细选定，使仪表的有效测量范围始终在要求之内。如果

是流量计的安装，更应注意标准管路与渠体的选定，在各种堰与槽的选择上一定要在参数的设定中细致体现。

超声波的操作主要体现在基本设定和基本标定两方面上。料位与流量仪表的基本设定相同，有设定装置的长度、设定工作模式、输入传感器型号和有关外接测量装置的输入（外接限位开关，外接温度传感器）。

料位测量的基本标定是对于空罐/满罐的标定，要输入两个参数值：一是传感器膜到 0％料面的距离；二是 0～100％料面的距离。

流量测量的基本标定需要输入 3 个参数。

a. 传感器膜到 0％点水位的距离。

b. 需要高精度测量时，输入"实际水位"可提高测量精度。

c. 输入关联 Q/h 曲线，即可输入一个内在曲线的代码，也可根据堰的生产厂家提供的规格数据输入一条曲线，如图 11-16 所示。

（2）液位开关

污水处理厂的液位控制是十分重要的，但精度要求不是很高，如在反应池中控制超高液位与报警等，因此多选用浮球或浮桶式液位开关。在规定的报警液位上安置一开关，保证过程的可靠。由于浮球与浮桶液位开关结构简单，不易损坏，因此维护量很小。其原理如图 11-17 所示。

图 11-16　超声波流量计标定示意

图 11-17　液位开关原理

11.5.1.3　流量仪表

各种气、液流体的流量是污水处理过程中必须监测的内容。因此，在污水处理工艺中对流量计的要求是不可缺少的。污水处理涉及的流量一般分为瞬时流量和总量。瞬时流量一般指速度的大小，是指单位时间内流过管道某一截面的流体数量的大小。总量是在某一段时间内流过管道的流体流量的总和，即瞬时流量在某一段时间内的累计值。

流量仪表根据测量原理不同分为电磁流量计、质量流量计、差压流量计、涡街流量计、热式流量计与超声波流量计等。污水处理厂中常用的是电磁流量计、涡街流量计、差压流量计、转子流量计与超声波流量计。

（1）差压流量计

① 工作原理及构成。差压式流量计是通过测量流体流经节流装置所产生的静压差来显示流量大小的一种流量计。它由节流装置（包括节流件和取压装置）、引压管路和三阀组与差压计三部分组成，见图 11-18。

管道上利用节流装置测量流量是应用了流体的动压能和静压能转换的原理进行的。节流装置是设置在管道中能使流体产生局部收缩的节流元件和取压装置的总称。节流元件与取压方式也可分为不同的种类。最常用的标准节流装置是孔板，标准孔板是一块具有圆形开孔并与管道同心的圆片状平板，迎流方向的一侧是一个具有锐利直角入口边缘的圆柱部分，顺着流向的是一段扩大的圆锥体。取压方式有角接取压、法兰取压和径距取压。

② 安装与操作注意事项。差压流量计安装的正确与否，直接影响它的测量精度。如果设计、使用等各环节均符合规定，则测量误差应允许在±1%范围以内。差压式流量计的安装，主要包括节流装置、差压信号管路和差压计三部分。

节流装置的安装应注意以下几个问题：保证节流元件前端面与管道轴线垂直；保证节流元件的开孔与管道同心；密封垫片不得突入管道内壁。

图 11-18　差压式流量计组成
1—节流装置；2—引压管路；
3—阀门；4—差压计

差压信号管路的安装应注意以下几个问题：信号管路应按最短距离敷设，最好在16m以内，管径不得小于6mm；引压管应带有阀门等必要的附件，以备维修和冲洗；引压管路和保温或拌热。

差压计的安装应注意以下几个问题：工况要满足正常工作条件且便于操作和维修；差压计前必须安装三阀组以便差压计的回零检查及冲洗排污。

三阀组的启动顺序：打开正压阀、关闭平衡阀、打开负压阀。停运的顺序是：关闭正压阀和负压阀、打开平衡阀。

差压流量计的主要特点是：结构简单，工作可靠，使用寿命长，适应性强，几乎可测量各种工作状态下的单相流体流量。不足之处是压力损失较大维护工作量较大。

（2）转子流量计

在污水处理中经常会遇到小管径、小流量测量。转子流量计的主要特点是结构简单，灵敏度高，压力损失小且恒定，价格便宜，使用维护简便等。但仪表精度受被测介质密度、黏度、温度、压力等因素的影响。

转子流量计的工作原理与差压流量计的不同，后者是在节流面积不变的条件下，以差压变化来反映流量大小，而前者是以压差不变利用节流面积的变化来反映流量的大小，也可称为恒压差、变面积的流量测量方法。其主要由一根自下而上扩大的垂直锥管和一只随流体流量大小而可上下移动的转子组成。

在对转子流量计的维护上也十分简单，注意内部的清污和冬季的防冻即可。

（3）电磁流量计

电磁流量计适用测量具有导电性的液体介质的流量，多用于污水处理过程中的污泥处理部分。

电磁流量计由检测和转换两部分组成。被测介质的流量经检测部分变换成感应电势，然后再由转换部分将感应电势转换成标准的统一直流信号进行输出。为了避免磁力线被测量导管的管壁短路，并使测量管在磁场中尽可能地降低涡流损耗，测量导管应由非导磁的高阻材料制成。

电磁流量计是基于电磁感应原理而工作的流量测量仪表。其测量的基本原理为：在非导磁材料做成的管道外，安装一对磁极，分别为N极和S极，用来产生测量磁场。当有导电性的液体流过管道时，因流体切割磁力线作用而产生了磁感应电动势，感应电动势是通过与磁极垂直方向的两个电极引出的，当磁场的强度不变时，管道直径一定的情况下，这个感应电势的大小与流速形成固定的关系，通过显示仪表的反映，就实现了对管道内流体流量的测量。原理如图11-19所示。

电磁流量计的测量优势主要体现在：无可动部件，管内光滑无阻力，所以压力损失小，

图 11-19 电磁流量计原理

可高精度的测量较宽的管径，并与流动的状态无关。流量计最好垂直安装，使流体自下而上流过，以消除电极表面可能有的固体粒子沉淀和气泡的影响。流量计的周围要避免有强磁场的干扰和影响。

对电磁流量计的维护与检修可参照化工仪表检修规程中的电磁流量计维护检修规程进行。

（4）涡街流量计

在流体中垂直于流向插入一根非流线型柱状物体（旋涡发生体），当流速大于一定值时，在柱状物的下游两侧产生两列旋转方向相反、交替出现的旋涡，称为卡门涡街，通过对其计算可得出被测流体的体积流量。

涡街流量计由检测器、放大器和转换器组成。旋涡发生体多为圆柱或三角柱形。

涡街流量计在污水厂中使用多是测量气体流量，鼓风机上是最常到的。其测量精确度较高，结构简单，安装、维护方便。由于速度式测量方法，管道内流速分布对测量的准确性有较大影响，因此，旋涡发生体前面至少要有 15D 长、后面要有 5D 长的直管段（D 为管径）。如果管径大，要求的直管段就更大。

涡街流量计的维护与检修可参照化工仪表检修规程中的涡街流量计维护检修规程进行。

11.5.1.4 压力测量仪表

（1）弹性式压力表

水泵的进出水管上一般选用不锈钢耐震压力表，进行现场压力指示。为了保证弹性元件能在弹性变形的安全范围内可靠地工作，在选择压力表量程时，必须根据被测压力的大小和压力变化的快慢，留有足够的余地，因此，压力表的上限值应该高于工艺生产中可能的最大压力值。在测量稳定压力时，所测压力的最大值一般不能超过仪表测量上限的 2/3；测量脉动压力时，最大工作压力不应超过测量上限值的 1/2；测量高压时，最大工作压力不应超过测量上限值的 3/5。一般被测压力的最小值应不低于仪表测量上限值的 1/3。从而保证仪表的输出量与输入量之间的线性关系，提高仪表测量结果的精确度和灵敏度。

压力计安装的正确与否，直接影响到测量结果的准确性和仪表的使用寿命。其主要有三方面注意事项。

① 取压点的选择。为保证测量的是静压，取压点与容器壁要垂直，并要选在被测介质直线流动的管段部分，不要选在管路拐弯、分叉、死角或其他易形成旋涡的地方。取压管内端面与生产设备连接处的内壁保持平齐，不应有凸出物。测量液体压力时，取压点应在管道的下部，使导压管内不积存气体；测量气体压力时，取压点应在管道上方，使导压管内不积存液体。

② 导压管铺设。导压管粗细要合适，尽量短，减少压力指示的迟缓。安装应保证有一定倾斜度，利于积存于其中之液体排出。北方冬季注意加设保温伴热管线。应在取压与压力计间装上隔离阀，利于日后维修。

③ 压力计的安装。压力计要安装在易观察和检修的地方。应注意避开振动和高温影响。

测量高压的压力计除选用有通气孔的以外，安装时表壳应向无人处，以防意外。

对压力表的使用进程中应注意经常检查传压导管的严密性，及时消除渗漏现象，及时疏通导管的堵塞，如果发生零位偏移可进行调节，保证计数的正确。

（2）压力变送器

在被测点和仪表安装地点距离较远时或数值进入系统联动时要采用变送器把压力信号转变为电流或电压信号再进行检测。压力变送器对液位的测量多实现在管道与罐体等压力容器中。通过对容器内压力变化的测量，得出容器内液位的变化。

① 使用与操作。对压力变送器的操作主要包括对零点的调校和对量程的调校。

零点调校应在一定的基准试验条件下进行，如对温度、湿度和气压等都有规定的要求。具体做法是：在零压力状态下，用精度高于压力变送器精度3倍以上的仪表现场仿真器，以产品规定的标准供电，预热一定时间后，观察零位输出值，若偏差超出变送器精度允许范围，对仪表进行调节。

量程调校前必须先在基准试验条件下完成零点调校。具体做法是：将压力变送器与基准压力计密封连接，加压至压力变送器满量程。然后观测压力变送器的输出值，如果压力变送器的输出值与理论值比对有误差，用仪表现场仿真器对变送器的量程进行调整。此过程要经过多次实验，应由从事过专门计量和仪表调校的人员操作。

② 使用注意事项及故障分析。压力变送器属于敏感精密仪器，当应用在管路中时，要安装在远离泵、阀，并加装缓冲管或缓冲容器，以免压力冲击损坏变送器。应用过程中要使压力变送器探头处于常规温度状态，可以有效保证及延长仪器的使用寿命。压力变送器常见故障见表11-3。

11.5.1.5 温度计

温度计在污水处理过程中主要应用在对进水、设备电机与环境温度的测量，按工作原理分为膨胀式、辐射式、热电阻和热电偶等种类的温度测量仪表。

（1）双金属温度计

与玻璃管液体温度计的工作原理相同，双金属温度计也是基于物体受热体积膨胀的性质而制成，因此通称它们为膨胀式温度计。

双金属温度计是利用两种膨胀系数不同的金属元件来测量温度的温度计，它属于固体温度计。其结构简单、牢固，可应用于工况不好的地方，有适应性强的特点。

（2）热电阻温度计

表 11-3　压力变送器常见故障

故障现象	产生原因	解决方法
输出信号出现偏差或跳字现象，而过程压力无异常波动	由安装环境造成的零点漂移	零点调整
	环境温度超出使用范围	更换仪表，或加散热装置
	变送器壳体进水或侵蚀	置于60℃干燥箱中烘干后调校
	电源或二次仪表出现故障	更换或调整二次仪表滤波设置
无输出信号，开路或短路，零位输出过大或过小	电源接线反了	重新接过
	电路保护元件或芯片击穿	返厂家维修
	敏感元件因过压冲击损坏	返厂维修
	供电电源或二次仪表损坏	更换或维修
	过流过压造成传感器烧毁	返厂维修

热电阻温度计是一种适合高温测量的温度仪表，在测量较低的温度时精度相应降低，其

适用于一200～500℃温度范围内的测量。

热电阻温度计是由热电阻、连接导线及显示仪表所组成，是利用金属导体的电阻值，随着温度的变化而改变的特性来进行温度测量的。常见的有金属热电阻与半导体热电阻两种。由于热电阻输出的是电阻信号，所以热电阻温度计便于远距离显示或传送信号。

（3）热电偶温度计

热电偶温度计是以热电效应为基础的测温仪表。它由热电偶、连接导线及显示仪表三部分组成。

热电偶是由两种不同的导体（或半导体）材料焊接或铰接而成，焊接的一端与被测介质充分接触，感受被测温度，称为热电偶的工作端或热端；另一端与导线连接，称为自由端或冷端。如果热端受热后，冷、热两端的温度不同，则在热电回路中产生热电势，通过对其反应就可实现对温度的测量。

11.5.2　仪表维护人员的要求

污水处理厂的仪表维护人员日常工作主要分以下 5 个方面。

11.5.2.1　巡回检查

仪表维护人员在自己所辖仪表维护保养责任区，根据所辖责任区仪表分布情况，选定最佳巡回检查路线，每星期至少巡回检查两次。巡回检查时，仪表维护人员应向当班工艺人员了解仪表运行情况。

① 查看仪表指示、记录是否正常，现场一次仪表（变送器）指示和控制室显示仪表、调节仪表指示值是否一致，调节器输出指示和调节阀阀位是否一致。

② 查看仪表电源（电源电压是否在规定范围内）。

③ 检查仪表保温、伴热状况。

④ 检查仪表本体和连接件损坏和腐蚀情况。

⑤ 检查仪表和工艺接口泄漏情况。

⑥ 查看仪表完好状况。

11.5.2.2　定期润滑

定期润滑是仪表日常维护的一项内容，其周期应根据具体情况确定。

需要定期润滑的仪表和部件如下。

① 固定环室的双头螺栓、外露的丝扣；

② 保护箱、保温箱的门轴；

③ 恶劣环境下固定仪表、调节阀等使用的螺栓、丝扣，外露部分等。

11.5.2.3　定期排污

定期排污主要有两项工作，一是排污清洗，二是定期进行吹洗。这项工作应因地制宜，并不是所有过程检测仪表都需要定期排污。

（1）排污清洗

排污主要是针对差压变送器、压力变送器、浮球液位计和溶解氧等仪表，由于测量介质含有粉尘、油垢、微小颗粒和污物等在导压管内、测量膜上沉积（或在取压阀内沉积），直接或间接影响测量。排污清洗周期可由仪表维护人员根据实践自行确定。

定期排污应注意事项如下。

① 排污清洗前，必须和工艺人员联系，取得工艺人员认可才能进行；

② 流量或压力调节系统排污前，应先将自动切换到手动，保证调节阀开度大小不变；

③ 对于差压变送器，排污前先将三阀组正负取压阀关死；

④ 排污阀下放置容器，慢慢打开正负导压管排污阀，使物料和污物进入容器，防止物料直接排入地沟，否则，一来污染环境，二来造成浪费；

⑤ 由于阀门质量差，排污阀门开关几次以后会出现关不死的情况，应急措施是加装盲板，保证排污阀处不至泄漏，以免影响测量精确度；

⑥ 开启三阀组正负取压阀，拧松差压变送器本体上排污（排气）螺丝进行排污，排污完成拧紧螺丝；

⑦ 观察现场指示仪表，直至输出正常，若是调节系统，将手动切换成自动。

（2）吹洗

吹洗是利用吹气或冲液使被测介质与仪表部件或测量管线不直接接触，以保护测量仪表并实施测量的一种方法。吹气是通过测量管线向测量对象连续定量地吹入气体。冲液是通过测量管线向测量对象连续定量地冲入液体。

对于腐蚀性、黏稠性、结晶性、熔融性、沉淀性介质进行测量，并采用隔离方式难以满足要求时，才采用吹洗。

吹洗应注意事项如下。

① 吹洗气体或液体必须是被测工艺对象所允许的流动介质，通常应满足下列要求。

a. 与被测工艺介质不发生化学反应；

b. 清洁，不含固体颗粒；

c. 通过节流减压后不发生相变；

d. 无腐蚀性；

e. 流动性好。

② 吹洗液体供应源充足可靠，不受工艺操作影响。

③ 吹洗流体的压力应高于工艺过程在测量点可能达到的最高压力，保证吹洗液体按设计要求的流量连续稳定地吹洗。

④ 采用限流孔板或带可调阻力的转子流量计测量和控制吹洗液体或气体的流量。

⑤ 吹洗流体入口点应尽可能靠近仪表取源部件（或靠近测量点），以便使吹洗流体在测量管线中产生的压力降保持在最小值。

11.5.2.4 保温伴热

检查仪表保温伴热，是仪表维护人员日常维护工作的内容之一，它关系到节约能源，防止仪表冻坏，保证仪表测量系统正常运行，是仪表维护不可忽视的一项工作。

这项工作的地区性、季节性比较强。特别是北方的冬天，仪表维护人员应巡回检查仪表保温状况，检查安装在工艺设备与管线上的仪表。如电磁流量计、涡街流量计、法兰式差压变送器、浮球液位开关和调节阀等保温状况，观察保温材料是否脱落，是否被雨水打湿造成保温材料不起作用。个别仪表需要保温伴热时，要检查伴热情况，发现问题及时处理。

检查差压变送器导压管线保温情况，检查保温箱保温情况。差压变送器导压管内，物料由于处在静止状态，有时除保温以外还需加装伴热装置。对于电伴热应检查电源电压，保证正常运行。

11.5.2.5　开停车注意事项

污水处理运行开车、停车很普遍。短时间停车对仪表影响不大，工艺人员根据仪表进行停车或开车操作，需要仪表维护人员配合的事不多，仪表自身需要处理的事也不多。而全厂大检修，或者某部分工艺流程的仪表开停车（大的开停设备与长时间间隔的）一定要运行与维护人员同技术负责人一起实现，下面对其要求做一介绍。

（1）仪表停车

仪表停车相对比较简单，应注意事项如下。

① 和工艺人员密切配合。

② 了解工艺停车时间和设备检修计划。

③ 根据设备检修进度，拆除安装在该设备上的仪表或检测元件，如热电偶、热电阻、法兰差压变送器、浮筒液位计、超声波液位计、压力表等。以防止在检修化工设备时损坏仪表。在拆卸仪表前先停仪表电源。

④ 根据仪表检修计划，及时拆卸仪表。拆卸法兰式差压变送器时，一定要注意确认内部物料已空才能进行。若物料倒空有困难，必须确保液面在安装仪表法兰口以下，待仪表拆卸后，及时装上盲板。

⑤ 拆卸热电偶、热电阻、电动变送器等仪表后，电源电缆和信号电缆接头分别用绝缘胶布、粘胶带包好，妥善放置。

⑥ 拆卸压力表、压力变送器时，要注意取压口可能出现堵塞现象，形成局部有憋压现象；物料冲出来伤害仪表维护人员。正确操作是先松动安装螺栓，排气与残液，待气液排完后再卸下仪表。

⑦ 拆卸环室孔板时，注意孔板方向，一是检查以前是否有装反，二是为了再安装时正确。由于直管段的要求，工艺管道支架可能少，要防止工艺管道一端下沉，给安装孔板环室带来困难。

⑧ 拆卸的仪表的位置编号要放在明显处，安装时对号入座，防止同类仪表由于量程不同安装混淆，造成仪表故障。

⑨ 带有联锁的仪表，切换置于手动然后再拆卸。

（2）仪表开车

仪表一次开车成功或开车顺利说明仪表检修质量高，开车准备工作做得好。反之，仪表维护人员就会在工艺开车过程中手忙脚乱，有的难以应付，甚至直接影响工艺生产。由于仪表原因造成工艺停车、停产，是仪表维护工作中最忌讳的事。

仪表开车应注意事项如下。

① 仪表开车要和工艺密切配合。要根据工艺设备、管道试压试漏要求，及时安装仪表，不要因仪表影响工艺开车进度。

② 由于全厂大修，拆卸仪表数量很多，安装时一定要注意仪表位号，对号入座。否则仪表不对号安装，出现故障很难发现（一般仪表维护人员不会从这方面去判断故障原因或来源）。

③ 仪表供电。仪表总电源停的时间不会很长，这里讲仪表供电是指在线仪表和控制室内仪表安装接线完毕，经检查确认无误后，分别开启电源箱自动开关，以及每一台仪表电源开关，对仪表进行供电。用 24VDC 电源时，要特别注意输出电压值，防止过高或偏低。

④ 气源排污。气源管道一般采用碳钢管，经过一段时间运行后会出现一些锈蚀，由于开停车的影响，锈蚀会剥落。仪表空气处理装置用干燥的硅胶时间长了会出现粉末，也会带入气源管道内。另外一些其他杂质在仪表开车前必须清除掉。排污时，首先气源总管要进行排污，然后气源分管进行排污。

⑤ 孔板等节流装置安装要注意方向，不要把方向安装反。要查看前后直管段内壁是否光滑、干净，有污物要及时清除。管内壁不光滑可用锉、砂布打光滑。环室的位置要在管道中心，孔板垫和环室垫要注意厚薄，材料要准确，尺寸要合适。节流装置安装完毕要及时打开取压阀，以防开车时没有取压信号。取压阀开度建议全开后再返回半圈，不要满开。

⑥ 调节阀安装时注意阀体箭头和流向一致。若物料比较脏，可打开前后截止阀冲洗后再安装（注意物料回收或污染环境），前后截止阀开度应全开后再返回半圆。

⑦ 用隔离液加以保护的差压变送器、压力变送器，重新开车时，要注意在导压管内加满隔离液。

⑧ 热电偶补偿导线接线注意正负极性，不能接反。热电阻 A、B、C 三线注意不要混淆。

⑨ 检修后仪表开车前应进行联动调校，即现场一次仪表（变送器、检测元件等）和控制室二次仪表（盘装、架装、计算机接口等）指示一致，或者一次仪表输出值和控制室内架装仪表（配电器、安保器、服务器输入接口）的输出值一致。检查调节器输出、DCS 输出、手操器输出和调节阀阀位指示一致（或与电气阀门定位器输入一致）。

⑩ 有联锁的仪表，在仪表运行正常，工艺操作正常后再切换到自动（联锁）位置。

11.6 小城镇污水处理厂自动控制系统的日常维护和管理

11.6.1 一般规定

11.6.1.1 电气系统运行管理

电气运行管理应注意以下几点。

① 变、配电装置的工作电压、工作负荷和温度应控制在额定值的允许变化范围内。

② 对变配电室内的主要电气设备巡视检查，并应按要求做好运行日志。

③ 当变、配电室设备在运行中发生跳闸时，在未查明原因之前严禁合闸。

④ 电气设备的运行参数应按时记录，并记录有关的命令指示、调度安排，严禁漏记、编造和涂改。应遵守当地电力部门变电站管理制度的规定。

⑤ 应严格遵守变压器运行规程。

⑥ 高、低压变、配电装置的清扫、检修工作必须符合《电业安全工作规程》的规定。

⑦ 当在电气设备上进行倒闸操作时，必须符合《电业安全工作规程》及"倒闸操作票"制度的规定。

⑧ 当变、配电装置在运行中发生异常情况不能排除时，应立即停止运行。

⑨ 电容器在重新合闸前，必须使断路器断开，并将电容器放电。

⑩ 隔离开关接触部分过热，应断开断路器、切断电源；当不允许断电时，则应降低负

荷并加强监视。

⑪ 所有的高压电气设备，应根据具体情况和要求选用含义相符的标示牌。

⑫ 应根据腐蚀情况对电缆接头、接线端子等直接接触腐蚀气体的部位进行防腐处理。

⑬ 电器综合保护装置的保养、检修，应按规定的周期进行，并应保留检定值的记录。

⑭ 对变电站运行数据、各种记录应进行备份，并应保留检定值的记录。

11.6.1.2 自动控制系统运行管理

自动控制系统运行管理应注意以下几点。

① 自控系统应设置用户使用权限。

② 当自控系统需要与外界网络相连时，应只设置一条途径与外界相连，同时应采取必要的措施保护硬件和软件，并应及时升级。

③ 自控系统应采取有效措施避免病毒和非法软件的侵入。

④ 应根据工艺需求、现场实际情况布设各类测量仪表，监测点设定的参数不得随意改动。

⑤ 应定期对仪表进行维护和校验，属国家强检范围的仪表应按周期由技术监督部门进行标定。

⑥ 仪表维护、检修时，应先查看保护接地情况，带电部位应设明显标志，防止触电。

⑦ 仪表的测量范围、精度、灵敏度应符合工艺要求。

⑧ 应将自控系统的软件、程序存档，并应定期备份运行数据。

⑨ 中央控制系统的显示参数应与现场设备、仪表的运行状况相符，并应定期维护和校核。

⑩ 正常情况下，PLC 应长期保持带电状态，并应及时更换 CPU 电池。

⑪ PLC 机站、计算机房应保持适宜设备正常工作的温度和湿度。

⑫ 应定期对各种在线分析仪表进行校准，并应确保测量准确。室外仪表箱（柜）应有防腐蚀功能，并应定期维护保持清洁。

11.6.2 档案资料管理

需要保存的档案资料包括以下内容。

① 仪表位号。

② 仪表型号、生产厂。

③ 安装位置。

④ 测量范围。

⑤ 投入运行日期。

⑥ 检验、标定记录（标定日期、方法、精度校验记录）。

⑦ 维修记录（包括维修日期、故障现象及处理方法，更换部件记录），日常维护记录（零点检查、量程调整、检查，外观核查，泄漏检查，清洗），原始资料（应包括设计、安装等资料，厂家提供的产品合格证，出厂检验记录，设计参数，孔板计算书，使用，维护说明书）。

11.6.3 日常维护、保养及检修

仪器、仪表维修与维护应该按照生产厂家提供的说明书和手册来进行。一般来说，日常

维护工作分为四个部分，即每日巡视检查；清洗、清扫；校验与标定；检修与部件更换。

11.6.3.1 巡视检查

巡视检查的内容主要包括：仪表就地显示值是否异常，仪表引压管道有无泄漏，接线是否松动，供电电源是否稳定，冬季还应检查仪表保温拌热情况是否良好，冷凝水是否应该排放等。一般用肥皂水检查气动仪表接头有无泄漏。若怀疑某台仪表指示异常时，可用便携式仪表测量与其对照，或根据实际工艺情况判断。

11.6.3.2 清洗与清扫

溶解氧分析仪、浓度计、pH计等探头部分需要定期清洗。清扫应包括对仪表本体部分进行的清扫、擦除尘土、清扫仪表保温箱内的杂物。平时应列出清洗计划，定期按照要求进行清洗。

11.6.3.3 校验与标定

测量仪表都应该定期对其零点、量程进行检查、校验，并根据检查情况，对仪表进行零点量程的调整。调整时，应严格按照产品说明书的要求进行接线，所使用的标准仪表的精度应高于被测仪表2～3个等级。

对于水质分析仪表的标定、校验，应按照其说明书要求，配制相应的溶液或试剂，按照其要求的方法进行校验工作。

校准、校验周期随仪表厂家类型的不同而不同。对于热工测量（如温度、压力、液位、流量）仪表至少应半年做一次零点回零检查，一年做一次量程检查。在每次校验调整后，都应填写校验记录，并存档。

11.6.3.4 故障维修及部件更换

仪器仪表出现故障首先要进行故障分析时，分析故障原因，确定故障部位，然后再确定维修方案或更换部件。切忌盲目调整及更换部件，从而造成故障扩大，以至报废整台仪表。对于一些仪表应请生产厂家的专业人员进行修理或返回其生产厂修理。

11.6.4 仪表设备的防护

污水处理厂的自动化仪表设备应在以下几个方面做好防护工作。

11.6.4.1 防尘与防堵塞

把仪表和设备加上防护罩或密封箱，解决仪表和设备外部的防尘问题。对于用于被测介质中的仪器仪表，防止杂质与污泥附着、淤积是比较困难的，除按照使用手册要求加强清洗以外，还可以采用以下办法：①加粗取样管；②加设专用清洗装置；③加装吹气或液气（固）分离装置或杂物清理装置；④加装保护屏。

11.6.4.2 防腐蚀

仪表的一次元件要与污水、污泥或药液等介质接触，因此要选择耐腐蚀的材料。同时还可以采用以下方法：①涂装保护屏；②应用保护管（测温度时）。

11.6.4.3 防热及防冻

高温会降低一些仪表设备零部件的机械强度，并会使弹性元件发生变形。污水处理厂的蒸汽管道，鼓风机出风管以及室外仪表，都涉及防热问题。为防止高温的影响，可加设隔热罩，或加长取样（或引压）管路。

装有怕冻的液体介质仪表，在寒冷地区使用时须采用保温和伴热措施。伴热常用蒸汽管线伴热和电伴热两种方式。

11.6.4.4　防（震）振

自动化仪表和设备的振动一个是内部的振动一个是外部的振动。其中外部振动比较普遍存在，主要是动力机械的振动。采用的减振方法一般为：①加设橡皮减振器；②加弹簧减振器；③增设缓冲器或节流器。

11.6.4.5　防爆

污水处理厂泥区沼气具有易燃性和易爆性。因此，泥区的仪表和设备要采取防爆措施：常用的方法有：①选择防爆型仪表设备；②选择防爆型电气设备；③选用合适的通风方法和设备。

11.6.4.6　抗干扰

空间电磁场干扰、电源上叠加的瞬态脉冲和接地网络中的地电流共阻抗耦合都会对污水处理厂对自动化系统产生的干扰。此外，漏电流、接触电阻、雷电等也会对污水处理厂自控系统产生一定的干扰。对于电磁干扰可以采用电磁屏蔽的方法抗干扰，另外，要减少电源干扰和漏电流干扰。

第 12 章 化验监测

化验监测是污水处理厂运行管理工作中的一项重要工作内容，对污水处理厂的运行管理具有非常重要的作用。

① 为污水处理系统正常运行提供科学依据。准确的水质检测结果可以反映出污水处理厂各处理工艺段的控制指标，有助于指导技术人员选择运行最佳工况点，使污水处理运行能经济、稳定地进行。

② 有利于控制出水质量，保证达标排放。污水厂运行日常管理，最重要的工作就是要保证出水在任何时候都能达到国家规定的排放标准。要求污水厂化验室能准确提供各项指标的检测结果，发现出水一项或数项指标达到临界状态或超标要及时反馈，便于厂内技术人员及时寻找原因，调整工艺。

③ 及时掌握水厂进水水质。通过准确可靠的水质监测结果，能够及时掌握污水厂各类入网单位的水质情况，防止工业废水超标后对厂内处理工艺的冲击。

除此之外，污水厂日常运行积累的各项指标的检测数据也是本地区进行污水处理规划的重要依据。

12.1　化验室

12.1.1　一般规定

① 城镇污水处理厂水、泥、气等监测项目、检测方法应符合国家现行标准《城镇污水处理厂污染物排放标准》(GB 18918)、《污水综合排放标准》(GB 8978)、《城市污水水质检验方法标准》(CJ/T 51) 和《城市污水处理厂污泥检验方法》(CJ/T 221) 的规定。

② 化验室应建立、健全质量管理体系、环境管理体系和职业健康安全管理体系。

③ 每一个监测项目都应有完整的原始记录。当日的样品应在当日内完成检测（粪大肠菌群数和 BOD_5 除外）。对检测的原始数据，应进行复审。

④ 化验监测的各种仪器、设备、标准药品及检测样品应按产品的特性及使用要求固定摆放整齐，并应有明显的标识。

⑤ 化验监测所用的量具应按规定由国家法定计量部门进行校正，必须使用带"CMC"标识的计量器具。

⑥ 化验室必须建立危险化学品、剧毒物的申购、储存、领取、使用、销毁等管理制度。

⑦ 化验样品的水样保存、容器类别均应符合现行国家标准《水质采样品的保存和管理

技术规定》（GB 12999）的规定。

⑧ 化验室宜配置紧急喷淋设施。

⑨ 化验室应配备防火、防盗等安全保护设施。工作完毕后，应对仪器开关、水、电、气源等进行关闭检查。

⑩ 易燃易爆物、强酸强碱、剧毒物及贵重器具必须由专门部门负责保管，并应建立监督机制，领用时应有严格手续。

⑪ 化验室应设专人对检测的水样和泥样进行编号、登记和验收；化验室检测的精度范围和重现性应符合国家现行的规范。

12.1.2 分析用水与标准溶液

12.1.2.1 分析用水

化验室应根据实验工作的不同要求选用符合质量要求的化验用水。化验室中常用水有自来水、蒸馏水、去离子水和超纯水。通常情况下，自来水是天然水经常规处理而得到的，它含杂质较多，只能用于初步洗涤、冷却和加热等；蒸馏水和去离子水纯度较高，适用于配制溶液和进行分析化验工作。化验用水对分析质量的影响很大，因此分析用纯水必须符合下列3个条件。

① 外观清澈透明，无气味，pH 值为 5.5~7.5。

② HNO_3 酸化，加 1% 的硝酸银（$AgNO_3$）后无白色浑浊。

③ 调 pH=10，加入铬黑 T 指示剂后呈蓝色，表示金属含量低。

12.1.2.2 标准溶液的配制和标定

用来直接配制标准溶液或校准未知溶液浓度的物质，称为基准物质。基准物质应符合下列要求：

① 纯度较高，杂质含量少可以忽略；

② 物质的组成应精确地与化学式相符合；

③ 不论物质是以固态或液态保存，性质应稳定不变。

标准溶液的配制和标定有两种方法。

（1）直接法

准确称取一定量的物质，溶解后制成一定体积的溶液，根据所称取物质的质量及所配成溶液的体积，可用下式计算出溶液准确浓度。

$$c_B = \frac{M}{M_B V}$$

(12-1)

式中　c_B——标准溶液的物质的量浓度，mol/L；

　　　V——配成物质的体积，mL；

　　　M——物质 B 的质量，g；

　　　M_B——物质的摩尔质量，g/mol。

（2）间接法

首先配制接近于所需要浓度的溶液，然后再由基准物质回测它的准确浓度。例如：配制 0.1000mol/L 的硫酸亚铁铵溶液。

先称取 39.5g 硫酸亚铁铵溶于水中，边搅拌边缓慢加入 20mL 浓硫酸，冷却后移入

1000mL 容量瓶中，加水至标线，摇匀。再准确吸取 10.00mL 重铬酸钾标准液于 500mL 的锥形瓶中，加水稀释至 110mL 左右，缓慢加入 30mL 浓硫酸混匀，冷却后，加 3 滴亚铁灵指示剂（约 1.5mL），最后用硫酸亚铁铵溶液滴定，溶液颜色由黄经绿、蓝至红褐色即为终点。

$$c_{硫酸亚铁铵} = \frac{0.2500 \times 10.00}{V_{滴定}} \tag{12-2}$$

式中 $V_{滴定}$——滴定 10.00mL 重铬酸钾时消耗硫酸亚铁铵溶液的体积，mL。

标定好的标准溶液保存时不要与空气接触，避免水分蒸发和吸收 CO_2 从而引起浓度改变，较长时间不用应重新标定后再用。

12.1.3　常用仪器

① 精密仪器。包括分析天平、浊度计、pH 计、分光光度计、生物显微镜、DO 分析仪、BOD_5 测定仪、COD_{Cr} 测定仪、气相色谱仪、余氯测定仪、原子吸收分光光度计等。

② 电气设备。包括恒温箱、可调高温炉、蒸馏水器、六联电炉、BOD_5 培养箱、电冰箱、恒温水浴箱、电烘箱、电动离心机、高压蒸汽灭菌锅、搅拌机等。

③ 玻璃仪器。包括烧杯、量筒、量杯、漏斗、试管、容量瓶、移液管、吸管、玻璃棒、酸式滴定管、碱式滴定管、刻度吸管、DO 瓶、比色管、冷凝管、酒精灯、蒸馏水瓶、碘量瓶、洗气瓶、广口瓶、称量瓶、锥形瓶、分液漏斗、圆底烧瓶、平底烧瓶、凯式烧瓶、玻璃蒸发皿、平皿、玻璃管、干燥器等。

④ 其他设备。操作台、扭力天平、滴定管架、采样瓶、冷凝管架、漏斗架、分液漏斗架、比色管架、烧瓶夹、酒精喷灯、定量滤纸、定性滤纸、定时钟表、温度计、搪瓷盘、防护眼镜、洗瓶刷、滴定管刷、牛角匙、白瓷板、标签纸、医用手套等。

12.1.4　化学试剂与溶液

12.1.4.1　化学试剂

目前我国生产的常用试剂规格分为以下 4 种，见表 12-1。

表 12-1　我国生产的常用试剂规格

等级	名称及符号	标签颜色	用　　途
一	保证试剂（GR）	绿	纯度很高,杂质含量低,用于要求较高的分析,有的可作基准物质,主要用来配制标准溶液
二	分析试剂（AR）	红	纯度较高,杂质含量较低。用于一般分析,可配制普通溶液
三	化学纯（CP）	蓝	质量较分析试剂差,用于工处分析及试验
四	实验试剂（LR）	黄	纯度较差,杂质含量更多,用于普通实验

选择试剂时应根据需要在不降低分析结果准确度的前提下，本着节约的原则选用合格试剂。购买试剂时应根据日常使用情况确定数量，过多会造成试剂因存放时间过长而质量下降，过少则会影响检测工作的正常开展。对新购试剂应对其质量进行必要的检查。

12.1.4.2　试液

溶液浓度的表示方法有质量浓度，常用单位有 g/L、mg/L 等；质量摩尔浓度，单位为 mol/L；还有质量分数、体积分数等。

配制溶液时应注意以下几点。

① 配制时所用试剂的名称、数量及有关计算，均应详细记录。

② 当配制准确浓度的溶液时。如溶解已知量的某种基准物质或稀释某一已知浓度的溶液时，必须用经校准的容量瓶，并准确地稀释至标线，然后充分混匀。

③ 配制溶液时一定要将浓酸或浓碱缓慢地加入水中。并不断搅拌，待溶液温度冷至室温后，才能稀释到规定的体积。

④ 若溶质需加热助溶或在溶解过程中放出大量溶解热时，应在烧杯中配制，待溶解完全并冷到室温后，再将溶剂倒入试剂瓶中。

试液使用与保存时应注意以下几点。

① 碱性试液和浓盐类试液不能用磨口玻璃瓶储存，以免瓶塞与瓶口固结后不易打开。

② 配制好的试液应在瓶签上写明试剂名称、浓度、配制日期、配制人、有效期及其他需注明的事项。

③ 有些标准溶液会因化学变化或微生物作用而变质，需要注意保存并经常进行标定。有些试液受日光照射易引起变质，这类试液应储存于棕色瓶中，并放暗处保存。

④ 盛有试液的试剂瓶应放在试液橱内或无阳光直射的试液架上，试液架应安装玻璃拉门，以免灰尘积聚在瓶口上而导致污染。

⑤ 试液瓶附近勿放置发热设备，以免使试液变质。

⑥ 试液瓶内液面以上的内壁，常凝聚着成片的水珠，用前应振摇，以混匀水珠和试液。

⑦ 吸取试液的吸管应预先洗净和晾干。多次或连续使用时，每次用后应妥善存放避免污染，不允许裸露平放在桌面上或插在试液瓶内。

⑧ 同时取用相同容器盛装的几种试液，特别是当两人以上在同一台面上操作时，应注意勿将瓶塞盖错而造成交叉污染。

⑨ 当测定同一批样品并需对分析结果进行比较时，应使用同一批号试剂配制的试液。

⑩ 已经变质、污染或失效的试液应随即废弃，以免与新配试液混淆而被误用。

⑪ 有毒溶液应按规定加强使用管理，不得随意倾倒于下水道中。

12.1.5 常用水质分析方法

水质分析的方法与水中待测成分的性质和含量有关系。常用的水质分析方法有化学法、气相色谱法、离子色谱法、原子吸收法、原子荧光法、电极法等。其中化学法包括重量法、容量滴定法和光度法三种，容量滴定法又可分为沉淀滴定、氧化还原滴定、络合滴定和酸碱滴定等，光度法又可分为比浊法、比色法、紫外分光光度法、红外分光光度法和可见光光度法等。

12.1.5.1 重量分析法

重量分析就是根据反应产物的质量来确定待测组分的含量的。重量法准确度高，不需要标准试剂或基准物质，直接用分析天平就可以求得结果。

常用的重量分析有两类：一是沉淀重量法；二是气化法。

重量分析法的精度高但只适用于含量比较高的组分，并且分析操作需要时间长，试样次数多时不适用。

12.1.5.2 容量分析法

容量分析是将一种已知准确浓度的试剂溶液加到被测物质的溶液中，直到所加的试剂与被测物质的毫克当量数相等时，根据试剂溶液的浓度和用量，计算出被测物质的含量。

容量分析法可分为中和滴定法、配位滴定法、沉淀滴定法、氧化还原滴定法和非水溶液滴定法。

① 中和滴定法。是酸中的 H^+ 和碱中的 OH^- 互相结合成水的方法。

② 配位滴定法。利用形成配合物的反应。

③ 沉淀滴定法。是被测定的元素或离子与所加的试剂生成难溶化合物的方法。

④ 氧化还原滴定法。有高锰酸盐法、重铬酸钾法、碘定量法。

⑤ 非水溶液滴定法。可以解决不溶于水的有机物及由于滴定产物的水解不能显出锐敏终点的分析。

12.1.5.3　比色分析法

比色分析法和分光光度法是目前最常用的污水中微量污染物含量的测定方法。比色分析法分两类。

① 目视比色法。使用人的眼睛观察比较溶液颜色的深浅的方法。色阶法是最常用的一种使用标准系列进行比色的目视比色方法，缺点是配置标准系列花费的时间较多且不能长期保存。

② 光电比色法。是把人眼换成光电管或光电池作为感知元件，把光线强弱、溶液颜色浓淡转化为电流强弱，再用指针在刻度盘上表示出来，从而反映出待测溶液的浓度。这种测定仪器叫做光电比色计或分光光度计。

12.1.5.4　分光光度法

此法应用棱镜或光栅等单色光器，可以获得较高纯度的单色光，弥补了光电比色计光波长、范围宽的不足，可获得十分精确细致的吸收光谱曲线。灵敏度与准确度较高。有时还可测两种以上的组分。

分光光度法可分为两类。

① 与标准溶液的对比法。对比法是在最大吸收波长下测定已知标准溶液的吸光度，再通过公式进行计算。

② 标准曲线法。是在测定前先用一系列浓度由小到大的标准溶液测出其不同浓度时的吸光度，然后以所测的吸光度与标准系列浓度值作出标准曲线（也叫工作曲线），再测出未知样的吸光度，用该曲线计算出其浓度值。

此法优点是比对比法准确，操作简便，减少了误差，避免了每次都需测标准样的弊病。

为了方便迅速地得到检测结果，现在各种水质分析项目的检测有向仪器方法发展的趋势，但水质的常规分析还是以化学法为主，只有待测成分含量较少、使用普通化学分析法无法准确测量时，才考虑使用仪器法，而且仪器法往往也需要用化学法予以校正。

12.2　取样及监测项目

12.2.1　取样与保存

12.2.1.1　取样

应选择工艺流程各阶段具有代表性的位置作为取样点，并应符合下列规定。

① 应在总进水口处取进水水样，并应避开厂内排放污水的影响，宜为粗格栅前水下1m处。

② 应在总出水口处取出水水样，宜为消毒后排放口水下1m处或排放管道中心处。

③ 应依据不同污水、污泥处理工艺确定中间控制参数的取样点。

④ 应在污泥处理前、后处取泥样。

⑤ 应在脱硫塔前、后取沼气样。

城镇污水处理厂污水、污泥及厂界废气应符合现行国家标准《城镇污水处理厂污染物排放标准》(GB 18918)中对取样与监测的有关规定。

噪声控制的测量方法及测点位置应符合现行国家标准《工业企业厂界环境噪声排放标准》(GB 12348)的规定。

12.2.1.2　水样的保存方法

水样采集后，由于物理、化学和生物的作用会发生各种变化。为使这些变化降低到最小程度，必须对所采集的水样采取保护措施。水样的保存方法应根据不同的分析内容加以确定。

（1）充满容器或单独采样

采样时使样品充满取样瓶，样品上方没有空隙，减少运输过程中水样的晃动。有时对某些特殊项目需要单独定容采样保存，比如测定悬浮物时定容采样保存，然后可以将全部样品用于分析，防止样品分层或吸附在取样瓶壁上而影响测定结果。

（2）冷藏或冷冻

为了阻止生物活动、减少物理挥发作用和降低化学反应速度。水样通常应在4℃冷藏，储存在暗处。如 COD_{Cr}、BOD_5、氨氮、硝酸盐氮、亚硝酸盐氮、磷酸盐、硫酸盐及微生物项目时，都可以使用冷藏法保存。有时也可将水样迅速冷冻，但冷冻法会使水样产生分层现象，并有可能使生物细胞破裂，导致生物体内的化学成分进入水溶液，改变水样的成分，因此尽可能不使用冷冻的方法保存水样。

（3）化学保护

向水样中投加某些化学药剂，使其中待测成分性质稳定或固定，可以确保分析的准确性。但要注意加入的保护剂不能干扰以后的测定，同时应做相应的空白试验，对测定结果进行校正，如果加入的保护剂是液体，则必须记录由此而来的水样体积的变化。化学保护的具体方法如下。

① 加生物抑制剂。如在测定氨氮、硝酸盐氮和 COD_{Cr} 的水样中，加入 $HgCl_2$ 抑制微生物对硝酸盐氮、亚硝酸盐氮和氨氮产生的氧化或还原作用。

② 调节 pH 值。如在测定 Cr^{6+} 的水样需要加 NaOH 调整 pH 值至8，防止 Cr^{6+} 在酸性条件下被还原。

③ 加氧化剂。如在水样中加入 HNO_3(pH 值<1)-$K_2Cr_2O_7$(0.05%)，可以改善汞的稳定性。

④ 加还原剂。如在含有余氯的水样加入适量的 $Na_2S_2O_3$ 溶液，可以把余氯除去，消除余氯对测定结果的影响。

12.2.2 化验项目及检测周期

① 城镇污水处理厂日常化验检测项目、周期和方法应符合现行国家标准《城镇污水处理厂污染物排放标准》(GB 18918)的规定，并应满足工艺运行管理需要，可按表 12-2、表 12-3 中的规定确定。

表 12-2 污水分析化验项目及检测周期

检测周期	序号	分析项目	检测周期	序号	分析项目
每周	1	氯化物	每半年	1	总汞
	2	MLVSS		2	烷基汞
	3	总固体		3	总镉
	4	溶解性固体		4	总铬
每月	1	阴离子表面活性剂		5	六价铬
	2	硫化物		6	总砷
	3	色度		7	总铅
	4	动植物油		8	总镍
	5	石油类		9	总铜
	6	氟化物		10	总锌
	7	挥发酚		11	总锰

注：1. 亚硝酸盐氮、硝酸盐氮、凯氏氮的分析周期未列入表中，宜为每日分析项目，应根据工艺需要酌情增减；

2. 其他项目可按现行国家标准《城镇污水处理厂污染物排放标准》(GB 18918)的有关规定选择控制项目执行。

表 12-3 污泥分析化验项目及检测周期

分析周期	序号	分析项目		分析周期	序号	分析项目
每日	1	含水率		每月	1	粪大肠菌群
每周	1	pH值			2	蛔虫卵死亡率
	2	有机分			3	矿物油
	3	脂肪酸			4	挥发酚
	4	总碱度		每半年	1	总镉
	5	沼气成分			2	总汞
	6	上清液	总磷		3	总铅
	7		总氮		4	总铬
	8		悬浮物		5	总砷
	9	回流污泥	SV%		6	总镍
	10		SVI		7	总铜
	11		MLSS		8	总锌
	12		MLVSS				

注：1. 沼气成分分析包括甲烷、二氧化碳、硫化氢、氮等。

2. 采用好氧堆肥处理方法，每月检测一次粪大肠菌群和蛔虫卵死亡率。

② 再生水出水水质化验项目及检测周期应根据再生水用途分别符合相应的现行国家标准《城市污水再生利用 城市杂用水水质》(GB/T 18920)、《城市污水再生利用 景观环境水水质》(GB/T 18921)、《城市污水再生利用 地下水回灌水质》(GB/T 19772)和《城市污水再生利用工业用水水质》(GB/T 19923)的规定和检测。

③ 对城镇污水处理厂厂界废气、工作场所的有毒有害气体、噪声等项目应定期进行监测。

④ 除臭系统的氨、硫化氢、臭气及甲烷等项目的浓度应定期检测。

12.2.3 主要理化指标分析方法

城市污水处理厂主要理化指标分析方法见表12-4。

表 12-4 城市污水处理厂理化指标分析方法

序号	项 目	方 法	检测范围	方法来源
1	pH 值	玻璃电极法		GB 6920—86
2	COD_{Cr}	重铬酸钾法	10～800	GB 11914—89
3	BOD_5	稀释与接种法	>3	GB 7488—87
4	SS	重量法	>5	GB 11901—89
5	VSS	灼烧重量法		
6	TSS	重量法	>2	CJ 26.4—91
7	DO	碘量法	0.2～20	GB 7489—87
8	NH_3-N	纳氏比色法	0.05～2.0	GB 7479—87
9	NO_2^--N	分子吸收分光光度法	0.003～0.2	GB 7493—87
10	NO_3^--N	酚二磺酸分光光度法	0.02～1.0	GB 7480—87
11	TN	蒸馏纳氏比色法	0.05～2.0	GB 7479—87
12	TP	钼蓝比色法	0.025～0.6	
13	挥发酚	氯仿蒸取法	0.002～6	GB 7490—87
14	碱度	酸碱滴定法		
15	挥发酸	蒸馏滴定法		
16	大肠菌群数	发酵法		GB 5750—85

注：除 pH 值和大肠菌群数外，均以 mg/L 计。

第 13 章　安全生产与安全教育

13.1　安全生产

13.1.1　防毒气

在城市下水道中和污水处理厂矿各种池下和井下，都有可能存在有毒有害气体。这些有毒有害气体虽然种类繁多成分复杂，但根据危害方式的不同，可将它们分为有毒气体（窒息性气体）和易燃易爆气体两大类。有毒气体是通过人的呼吸器官在人体内部直接造成危害的气体，如硫化氢、氰化氢、一氧化碳等气体。由于这些气体在人体内部一般起的作用是抑制人体内部组织或细胞的换氧能力，引起机体组织缺氧而发生窒息性中毒，因此叫窒息性气体。而易燃易爆气体，则是通过各种外因，如接触未熄灭的火柴棍、烟蒂、火种、油灯等引起燃烧甚至爆炸而造成危害，如甲烷（沼气）、石油气、煤气等均属于这一类。

下水道和污水池中危害性最大的气体是硫化氢和氰化氢，尤其是硫化氢，城市污水系统中都存在。硫化氢的第一个主要来源是城市的石油、化工、皮革、皮毛、纺织、印染、采矿、冶金等多种工厂或车间的废水所携带的硫化物进入下水道后，遇到酸性废水起反应，生成毒性硫化氢气体。硫化氢的第二个主要来源是城市生活污水、污泥等，在下水道或污水池中长期缺氧，发生厌氧分解而生成。

鉴于在下水道、集水井和泵站内均有硫化氢出现的可能性，鉴于历史上的一系列惨痛教训，污水处理厂必须采取一系列安全措施来预防硫化氢中毒。

① 掌握污水性质，弄清硫化物污染来源。每个泵站和污水厂应对进水的硫化物浓度作分析。每升生活污水一般只含零点几到十几毫克的硫化物（视腐败程度而异）。工业污水排入下水道的硫化物浓度要求低于 1mg/L，但目前许多工厂做不到，工业硫化物和酸性废水的滥排滥放是造成下水道、泵站、污水厂内硫化氢超标的主要根源，对超标排放硫化物和酸性废水的工厂应采取严厉的监督措施。严重威胁工人生命安全的，应及时向上级有关领导部门申报，采取有效措施。

② 经常检测工作环境、泵站集水井、敞口出水井，下池下井处理构筑物的硫化氢浓度时，必须连续监测池内、井内的硫化氢浓度。

③ 用通风机鼓风是预防 H_2S 中毒的有效措施，通风能吹散 H_2S，降低其浓度，下池、下井必须用通风机通风，并必须注意由于硫化氢相对密度大，不易被吹出的情况，在管道通

风时，必须把相邻窨井盖打开，让风一边进，一边出。泵站中通风宜将风机安装在泵站底层，把毒气抽出。

④ 配备必要的防 H_2S 用具，防毒面具能够防 H_2S 中毒，但必须选用针对性的滤罐。

⑤ 建立下池、下井操作制度，进入污水集水池底部清理垃圾，进入下水道窨井封拆头子或其他下池、下井操作，都属于危险作业，应该预先填写下池、下井操作单，经过安全技术员会签并经基层领导批准后才能进行。建立这一管理制度能够有效控制下池下井次数，避免盲目操作，并能督促职工重视安全操作，避免事故的发生。

⑥ 必须对职工进行防 H_2S 中毒的安全教育，下水道、泵站、处理厂内既然存在硫化氢，那么必须使职工认识硫化氢的性质、特征、中毒护理及预防措施。用 H_2S 中毒事故的血的教训教育职工更是必不可少的。

13.1.2 安全用电

污水处理厂经常要操作机械设备，如刮砂机、刮泥机及其他有关机械都是用电驱动的，因此用电安全知识是污水处理厂职工必须掌握的。

对电气设备要经常进行安全检查。检查包括：电气设备绝缘有无破损；绝缘电阻是否合格；设备裸露带电部分是否有防护；保护接零线或接地是否正确、可靠；保护装置是否符合要求；手提式灯和局部照明灯电压是否安全；安全用具和电器灭火器材是否齐全；电气连接部位是否完好等。

对污水处理厂职工来说，必须遵守以下安全用电要求。

① 不是电工不能拆装电气设备。

② 损坏的电气设备应请电工及时修复。

③ 电气设备金属外壳应有有效的接地线。

④ 移动电具要用三眼（四眼）插座，要用三芯（四芯）坚韧橡皮线或塑料护套线，室外移动性闸刀开关和插座等要装在安全电箱内。

⑤ 手提行灯必须采用 36V 以下的电压，特别潮湿的地方（如沟槽内）不得超过 12V。

⑥ 各种临时线必须限期拆除，不能私自乱接。

⑦ 注意使电器设备在额定容量范围内使用。

⑧ 电器设备要有适当的防护装置或警告牌。

⑨ 要遵守安全用电操作规程，特别是遵守保养和检修电器的工作票制度，以及操作时使用必要的绝缘用具。

⑩ 要经常进行安全活动，学习安全用电知识。如果由于防范不足，发现有人触电则首要的是尽快使触电人脱离电源。当触电人脱离电源后应迅速根据具体情况作对症救治，同时向医务部门呼救。

污水处理厂职工除了具备安全用电和触电急救知识外，还应懂得电器灭火知识。由于设备损坏或违章操作会造成线路短路；导线或设备超负荷，使局部接触电阻过大，从而产生大量的热量，引起火灾。当发生电器火灾时，首先应切断电源，然后用不导电的灭火机灭火。不导电的灭火机是指干粉灭火机、1211 灭火机、酸碱灭火机和泡沫灭火机等，这些灭火机绝缘性能好，但射程不远，所以灭火时，不能站得太远，但应站在上风为宜。

13.1.3 防溺水和防高空坠落

污水处理厂职工常在污水池上工作，防溺水事故极其重要，为此要求做到以下几点。

① 污水池必须有栏杆，栏杆高度1.2m。

② 污水池管理工不能随便越栏工作，越栏工作必须穿好救生衣并有人监护。

③ 在没有栏杆的污水池上工作时，必须穿救生衣。

④ 污水池区域必须设置若干救生圈，以备不测之需。

⑤ 池上走道不能太光滑，也不能高低不平。

⑥ 铁栅、池盖、井盖如有腐蚀损坏，需及时掉换。

此外，污水处理工还应懂得溺水急救方法。

污水处理厂职工有时需登高作业。例如调换池上电灯泡，放空污水池后在池上工作也相当于登高作业。登高作业应牢记：登高作业"三件宝"（安全帽、安全带、安全网），并遵守登高作业的一系列规定。

13.1.4 防雷

① 应该留在室内，并关好门窗；在室外工作的人员应躲入建筑物内。

② 不宜使用无防雷措施或防雷措施不足的电视、音响等电器，不宜使用水龙头。

③ 切勿接触天线、水管、铁丝网、金属门窗、建筑物外墙，远离电线等带电设备或其他类似金属装置。

④ 避免使用电话和无线电话。

⑤ 切勿游泳或从事其他水上运动，不宜进行户外球类、攀爬、骑驾等运动，离开水面以及其他空旷场地，寻找有防雷设施的地方躲避。

⑥ 切勿站立于山顶、楼顶或其他凸出物体，切勿近导电性高的物体。

⑦ 切勿处理开口容器盛载的易燃物品。

⑧ 在旷野无法躲入有防雷设施的建筑物内时，应远离树木、电线杆、桅杆等尖耸物体。

⑨ 在空旷场地不宜打伞，不宜把羽毛球拍、高尔夫球棍等工具物品扛在肩上。

⑩ 不宜驾驶、骑行车辆赶路。

13.1.5 防火防爆

13.1.5.1 火灾与爆炸

凡是超出有效范围的燃烧都称为火灾。其中造成人身和财产的一定损失即为火灾，否则称为火警。

爆炸是指物质由一种状态迅速地变为另一种状态，并在瞬间释放出巨大能量，同时产生巨大声响的现象，可分为物理性爆炸和化学性爆炸两类。物理性爆炸，是指物质因状态或压力突变（如温度、体积和压力）等物理性因素形成的爆炸，在爆炸的前后，爆炸物质的性质和化学成分均不变。而化学性爆炸，是指物质在短时间内完成化学反应，形成其他物质，并同时产生大量气体和能量的现象。

火灾是超出有效范围的燃烧。而燃烧的形成必须同时具备三个基本条件，即：有可燃物质；有助燃物质；有能导致燃烧的能源（也就是火源）。此"三要素"互相结合、互相作用，燃烧才能形成。缺少其中任何一个条件都不会发生燃烧。而灭火的基本原理就是消除其中任一条件。

火灾与爆炸是相辅相成的，燃烧的三个要素一般也是发生化学性爆炸的必要条件。而且可燃物质与助燃物质必须预先均匀混合，并以一定的浓度比例组成爆炸性混合物，遇着火源才会爆炸。这个浓度范围叫做爆炸极限。爆炸性混合物能发生爆炸的最低浓度叫爆炸下限，反之为爆炸上限。物理爆炸的必要条件：压力超过一定空间或容器所能承受的极限强度。而防爆的基本原理，同样也是消除其中任一必要条件。

13.1.5.2　防火防爆的管理

污水处理厂及泵站防火防爆的管理，主要应注意以下几点。

① 全厂（站）上下必须牢固树立"安全第一，预防为主"的思想，认真贯彻执行有关法律、法规和标准。加强组织领导，落实职责。

② 学习掌握有关法规、安全技术知识、操作技能，严格训练、提高能力、持证上岗。

③ 经常定期或不定期地进行安全检查，及时发现并消除安全隐患。

④ 配备专用有效的消防器材、安全保险装置和设施，专人负责，确保其时刻处于良好状态。

⑤ 消除火源：易燃易爆区域严禁吸烟。维修动火实行危险作业动火票制度。易产生电气火花、静电火花、雷击火花、摩擦和撞击火花处应视工作区域采取相应防护措施。

⑥ 控制易燃、助燃物：少用或不用易燃、助燃物。加强密封，防止泄漏可燃、助燃物。加强排风，降低泄漏可燃、助燃物浓度，使之达不到爆炸极限。

13.1.6　化验室安全管理

污水处理厂一般都有水质分析化验室，化验室工作应遵守以下几点安全规则。

① 加热挥发性或易燃性有机溶剂时，禁止用火焰或电炉直接加热，必须在水浴锅或电热板上缓慢进行。

② 可燃物质如汽油、酒精、煤油等物，不可放在煤气灯、电炉或其他火源附近。

③ 当加热蒸馏及有关用火或电热工作中，至少要有一人负责管理。高温电热炉操作时要戴好手套。

④ 电热设备所用电线应经常检查是否完整无损。电热器械应有合适垫板。

⑤ 电源总开关应安装坚固的外罩，开关电闸时，绝不可用湿手并应注意力集中。

⑥ 剧毒药品必须制订保管、使用制度，应设专柜双人双锁保管。

⑦ 强酸与氨水分开存放。

⑧ 稀释酸时必须仔细缓慢地将硫酸加到水中，而不能将水加到硫酸中。

⑨ 用吸液管吸取酸、碱和有害性溶液时，不能用口吸而必须用橡皮球吸取。

⑩ 倒、用硝酸、氨气和氢氟酸等必须戴好橡皮手套。启用乙醚和氨水等易挥发的试剂瓶时，绝不可使瓶口对着自己或他人。尤其在夏季当启开时极易大量冲出，如不小心，会引起严重伤害事故。

⑪ 从事产生有害气体的操作，必须在通风柜内进行。

⑫ 操作离心机时，必须在完全停止转动后才能开盖。

⑬ 压力容器如氢气钢瓶等必须远离热源，并停放稳定。

⑭ 接触污水和药品后，应注意洗手，手上有伤口时不可接触污水和药品。

⑮ 化验室应备有消防设备，如黄沙桶和四氯化碳灭火机等，黄沙桶内的黄沙应保持干燥，不可浸水。

⑯ 化验室内应保持空气流通，环境整洁，每天工作结束，应进行水、电等安全检查。在冬季，下班前应进行防冻措施检查。

13.2 安全生产教育

安全生产教育是指向单位内外全体有关人员进行的安全思想（态度）、安全知识（应知）、安全技能（应会）的宣传、教育和训练。它在污水处理厂（站）的建设和运行管理中占有重要的地位。

现代工业生产过程是人—机器—环境系统。可靠的系统需由安全生产来保证。其中人是生产的主体，具有能动的创造力，机器、环境为人所驾驭或改造。但人的自由度比较大，尽管在主观上不会愿意伤害自己，可是由于生理、心理、经济、社会等多种因素的影响，人发生行为的失误是难以完全避免的。人对于机器的驾驭和对环境的适应，也不是天生的，而必须经过长期的培训和练习。现代工业生产是集体劳动，在作业过程中的协调配合也至关重要。一个人的失误可能使周围设施和他人受到伤害或破坏。要保证生产作业中的协调，也要经过严格培训，并且要靠规程和纪律的约束。现在企业中发生的工伤事故，70%左右或多或少与人的失误（无知、误动作或违章）有关。由此可见，加强安全教育，是十分重要又异常艰巨的任务。

安全教育的作用在于以下几点。

① 有利于提高职工安全意识，树立安全第一思想。

② 有利于提高职工安全知识水平和实际操作技能。

③ 有利于动员职工参与安全管理。

④ 对新企业（尤其像污水处理行业）、新干部、新工人来说具有特殊的重要意义。

13.2.1 安全生产教育制度

安全生产教育制度，是由单位管理人员安全教育、新工人三级安全教育、特种作业人员培训、"四新"和变换工种安全教育、全员性的经常教育等多种教育制度和教育活动所组成的体系。

① 认真贯彻执行党、国家以及上级下达的安全生产方面的方针、政策和法令。

② 经常进行安全思想、安全技术和组织纪律性教育，确保安全生产。

③ 位安全生产领导小组每年组织职工日常安全教育两次，部门安全员每月组织职工日常安全教育一次，班组教育天天讲。

④ 新工人进厂（含临时工、培训转岗和实习人员）必须经单位（由单位级安全员负责）、部门（由部门级安全员负责），班组（由班组长指定）三级安全教育，并经考试合格后，方可独立操作。

⑤ 接待部门对临时来参观学习人员应讲明一般安全注意事项，并责任到人。

⑥ 单位安全生产领导小组每年组织特殊工种培训一次。电工、焊工、车辆驾驶必须由主管部门组织进行专业安全技术教育并经考试合格取得安全作业证后，方可从事作业。

⑦ 各级各类安全教育成绩由单位档案室统一归档，作为晋级、上岗之依据，实行一票否决。

13.2.2 安全职责

安全责任制是指各级领导、各职能部门和各岗位职工在各自生产工作范围内，必须承担相应安全责任的制度，是安全生产管理规章制度的核心。国家有关法律多处明确规定。现对各部分人员及部门安全职责简单介绍如下。

13.2.2.1 厂长（站长）、经理的安全职责

① 对本单位安全生产工作负全面领导责任，负责贯彻执行国家及上级有关安全生产的法令和指示。

② 支持下属部门安全方面的工作，经常听取汇报，及时研究解决有关安全的重大问题，定期召开安全工作会议。

③ 组织制定、修改、审批本单位安全技术规程、安全规章制度和安全技术措施，并组织贯彻和实施。

④ 组织本单位安全大检查，对重大隐患组织落实整改。

⑤ 组织各类重大事故调查、处理工作。

13.2.2.2 部门负责人的安全职责

① 对本部门安全工作负全面领导责任，负责贯彻执行国家及上级有关安全生产的法令、指示和决定。

② 组织制定或修订部门安全技术规程和安全生产管理制度。组织编制本部门安全技术措施，认真实施，不断改善劳动条件。

③ 组织开展安全生产竞赛，总结、交流安全生产经验。

④ 负责新工人（实习、培训人员）部门级教育和职工的安全生产思想、安全技术教育，并定期组织考核。

⑤ 组织定期、不定期的安全检查，及时落实，整改隐患，使本部门的设备、安全装置处于良好状态。

⑥ 组织并参加各类事故调查，分析处理，并及时上报。

⑦ 加强群众安全组织的领导，充分发挥部门安全员的作用。定期开展群众性的安全活动。

13.2.2.3 安全员的安全职责

① 安全员是其分管领导的助手，协助其贯彻上级有关安全生产的指示和规定，并检查执行情况。

② 参加制定或修订所属部门安全技术规程和有关安全生产制度，并检查执行情况。

③ 参加编制所属部门安全技术措施计划，做好防毒、防火、防爆等工作。

④ 协助所属部门领导搞好职工安全思想、安全技术教育和安全技术考核工作。

⑤ 参加所属部门扩建、改建工程设计和设备制造、工艺条件变动方案的审查。

⑥ 深入现场检查，制止违章作业，对紧急情况或不听劝阻者，有权停止其工作并报请领导处理。

⑦ 经常了解所属部门安全装置、防护器材、灭火器材的完好情况，对不安全因素及时提出整改意见。

⑧ 负责事故统计、上报，参加各种事故调查、分析并提出防范措施。

⑨ 教育指导有关职工对劳动保护用品、防护器具的正确使用和保管。

13.2.2.4 岗位工人的安全职责

① 严格遵守各项安全生产规章制度，不违章作业，并制止他人违章作业。

② 精心操作，严格控制工艺条件，原始记录整洁、准确可靠。

③ 按时巡回检查，发现异常及时处理。发生事故要正确分析、判断、处理并及时向有关领导报告。

④ 加强设备维护，经常保持作业场所卫生、整洁，搞好安全、文明生产。

⑤ 正确使用，妥善保管各种防护用品和器具。

⑥ 有权拒绝违章作业。

各类其他人员比照以上相应条款执行。

13.2.2.5　安全技术部门的安全职责

① 协助厂（站）长组织推动生产中的安全工作，贯彻执行国家及上级有关安全生产的法令和制度。

② 组织协助有关部门制定或修订，审查安全技术规程和安全生产管理制度，并监督、检查执行情况。

③ 组织编制、汇总，审查安全技术措施计划，并督促执行。

④ 组织对职工进行安全思想和安全技术的宣传教育，定期组织安全技术考核，指导各级安全员的工作。

⑤ 组织、参加全厂（站）性安全大检查，监督检查隐患的落实整改工作。

⑥ 参加新建、改建、扩建大修工程及新产品的设计审查、竣工验收及试运转工作。

⑦ 负责工伤事故统计上报，参加各类重大事故调查处理和工伤鉴定工作。

⑧ 督促有关部门按规定及时分发和合理使用个人防护用品、保健食品和清凉饮料。

⑨ 经常进行现场检查，协助解决问题。出现违章有权制止，情况紧急可先令其停止工作或生产，并立即报告领导处理。

⑩ 组织开展安全生产竞赛，总结和推广安全生产的先进经验。

⑪会同有关部门研究执行防止职业中毒和职业病的措施。督促有关部门做好劳逸结合和女工保护工作。

各类其他部门的安全职责比照以上相应条款执行。

13.2.3　安全生产的一般要求

13.2.3.1　安全生产、劳动保护的意义和含义

劳动保护是指国家为了保护劳动者在生产过程中的安全与健康，保护生产力，发展生产力，促进社会主义建设的发展，在改善劳动条件，消除事故隐患，预防事故和职业危害，实现劳逸结合和女职工保护等方面，在法律、组织、制度、技术、设备、教育上所采取的一系列的综合措施。劳动保护在我国也称为劳动安全卫生。在国外也有的叫做职业安全卫生。劳动保护是一门综合性科学，其基本含义是保护劳动者在生产过程中的生命安全和身体健康。就广义而言，是指对劳动者政治权利、劳动权利和劳动报酬等各方面权利和权益的保护。

安全生产是劳动保护的目的和方向，是劳动保护的首要任务。

劳动安全卫生是劳动者在从事劳动过程中的安全、卫生状态和条件。其包含两个互相联系的方面，即：一方面，是指劳动者在身心不受劳动过程中危害因素的损伤、毒害或威胁，处于安全、健康、舒适、高效的活动的状态；另一方面，是指使劳动者身心处于安全、健康状态的客观保障条件。就狭义而言其与劳动保护的含义相通相近，广义而言则较之更深，涉及面更广。为实现劳动安全卫生目标而采取的各种措施，统称为劳动安全卫生工作。劳动安

全卫生工作同医疗卫生、环境保护等工作，都是为了保障人的安全、健康。它们的区别在于：劳动安全卫生工作，是以保障劳动者在劳动过程中的安全、健康为目标，以劳动过程中与职工及其劳动条件相关的安全、卫生问题为工作对象和范围。劳动安全卫生工作，要求从劳动过程中人—机—环境系统各要素及其相互关系出发，研究和采取组织的与技术的措施，消除或控制各种危险和有害因素，创造安全、卫生的劳动条件和工作秩序，以保障劳动者的安全、健康和持久的劳动能力，保证社会生产的顺利进行。

要搞好安全生产、劳动保护工作。首先，是社会生产力发展的客观需要。劳动过程中的机器设备、原材料和劳动环境，会产生各种对人体有危险或危害的物质因素。在一定条件下对人体造成伤害或疾病，轻则使生产停滞或中断，重则使劳动者丧失劳动能力，甚至夺去他们的生命。客观事实是不以人的意志为转移的。第二，人的劳动活动受到人体生理和心理特性的限制，即通常所说的人体局限性。劳动者是生产的主体。劳动的过程就是劳动者体力、智力消耗的过程，而人的体力、智力消耗是与人的生理、心理特性密切相关的。人体各部位的结构、尺寸和用力范围；人们作业时的能量供应与消耗、疲劳与恢复；人的视觉、听觉和平衡觉机能；人对生产中信息（包括危险信息）的感知、传递、判断、处理等反应能力，都有其固有的特性。考虑了这些问题，才能保障工效的提高，劳动者的劳动能力得到正常运用和发挥。第三，劳动安全卫生是劳动者群体的共同需要，是重大的社会问题、人权问题。安全的需要，是人的最低层次的需要，只有满足安全需要，才谈得上其他高层次的需要。安全是最广大劳动群众所共同的根本的切身利益所在，是劳动者的生存权问题。

综上，我们只有充分认识和运用客观规律，做好安全生产、劳动保护工作，才能促进经济、社会的发展。

13. 2. 3. 2　生产过程中的常见事故和危害

① 污水处理过程主要能耗是电，配置的电器设备多，如不注意安全用电可能会出现触电事故。

② 污泥消化过程产生的大量沼气，如不采取预防措施，极可能引起爆炸事故。

③ 污水池、检查井内易产生和积累有毒有害气体，清理污水池、下井清淤一定要有防范措施，否则，造成中毒乃至死亡的事故，时有发生。

④ 未按操作规定和设备检修程序而进行生产巡查、设备检修时，易发生设备、人身事故。

⑤ 污水处理工作者因长期接触污水、污泥等污染物，应注意卫生措施，污染物中的各种病菌和寄生虫卵都有可能产生疾病，影响身体健康等。

⑥ 机械设备的运转，产生大量的噪声污染，应采取防噪减震措施，尽可能降低对人体的危害。

13. 2. 3. 3　安全生产的立法和标准体系

加强安全生产，改善劳动条件，保护劳动者在生产过程中安全健康，是国家的一项基本政策。其法律依据有《中华人民共和国宪法》和国务院《关于加强安全生产工作的通知》都对安全生产、劳动保护做了明确规定：要加强安全生产方面的法制建设和制度建设，在目前已有法规、制度的基础上，通过总结经验教训，加快安全生产法规、标准和制度的补充、完善。应强调有法必依、执法必严、违法必究，并强调制度的严肃性，对违反制度的必须予以追究，把安全生产工作纳入法制和制度管理的轨道。要进一步做好事故的调查处理工作，事故发生后立即严肃认真地查处，对因忽视安全生产工作，违章违纪造成事故的，必须坚决追究有关领导人和当事人的责任，构成犯罪的，由司法机关依法追究刑事责任；要认真吸取教训，提出有效防范措施，防止事故再次发生。

建设部颁布的第3号令，对重大事故报告和调查程序规定做出了明确规定。抓生产必须抓安全，抓效益必须以保障劳动者的安全健康为目标和原则。

为了这一原则和目标，必须牢固树立安全第一，预防为主的思想，把生产过程中的危险因素消灭在萌芽之中；把危害健康的防范措施切实落实；把国务院对安全生产的重要规定与本行业实际结合起来，建章立制，做到安全生产有规程，劳动保护有关条例，检查落实有依据，处理事故有准则。

我国劳动安全标准法工作是1980年以后才正式开始的，到2000年年底已形成了一整套国家、行业和地方标准，其专业涵盖了管理、生产设备、工具、生产工艺、防护用品等。这一标准体系，从技术条件或管理业务方面提出了比较具体的统一规定，作为处理有关专业问题时的依据。《中华人民共和国标准法》规定，有关安全生产、劳动保护的标准是强制性标准。

参 考 文 献

[1] 李圭白，张杰主编.水质工程学（第二版）（下册）.北京：建筑工业出版社，2013.

[2] 城镇污水处理厂运行、维护及安全技术规程（CJJ 60—2011）.北京：建筑工业出版社，2011.

[3] 李亚峰，佟玉衡，陈立杰主编.实用废水处理技术.北京：化学工业出版社，2007.

[4] 李亚峰，晋文学主编.城市污水处理厂运行管理（第三版）.北京：化学工业出版社，2015.

[5] 王晖，周杨主编.污水处理工.北京：建筑工业出版社，2004.

[6] 李亚峰，班福忱，许秀红等编著.废水处理实用技术及运行管理（第二版）.北京：化学工业出版社，2015.

[7] 纪轩主编.污水处理工必读.北京：中国石化出版社，2004.

[8] 张统主编.间歇性活性污泥法污水处理技术及工程实例.北京：化学工业出版社，2002.

[9] 李亚峰，夏怡，曹文平等编著.小城镇污水处理设计及工程实例.北京：化学工业出版社，2011.

[10] 郑俊.曝气生物滤池污水处理新技术及工程实例.北京：化学工业出版社，2002.

[11] 张弛，汪美贞主编.污水处理百问百答.杭州：浙江工商大学出版社，2011.

[12] 吴国林主编.水污染的检测与控制.北京：科学出版社，2004.

[13] 徐亚同主编.废水生物处理的运行管理与异常对策.北京：化学工业出版社，2003.

[14] 张统主编.SBR及其变法污水处理与回用技术.北京：化学工业出版社，2003.

[15] 王文东主编.废水处理生物技术.北京：化学工业出版社，2014.

[16] 张自杰主编.废水处理理论与设计.北京：建筑工业出版社，2003.

[17] 尹士君，李亚峰编著.水处理构筑物设计与计算（第二版）.北京：化学工业出版社，2008.

[18] 卜秋平，陆少鸣，曾科主编.城市污水处理厂的建设与管理.北京：化学工业出版社，2002.

[19] 王宝贞，王琳主编.水污染治理新技术.北京：科学出版社，2004.

[20] 崔玉川，杨崇豪，张东伟编.城市污水回用深度处理设施设计计算.北京：化学工业出版社，2003.

[21] 徐强主编.污泥处理处置新技术新工艺处理.北京：化学工业出版社，2011.

[22] 刘景明主编.水处理工.北京：化学工业出版社，2014.